高职高专“十二五”规划教材

电 路 原 理

梁宝德　主　编
刘　玉　副主编

北　京
冶 金 工 业 出 版 社
2022

内 容 提 要

全书共分6章，主要内容包括：电路的基本概念和定律，电路的基本分析方法，动态电路时域分析，正弦交流电路的稳态分析，三相交流电路，互感耦合电路。每章均配有习题与思考题，为了配合教学需要，书后附录还设计了6个实验。

本书可作为高等职业技术学院等电类专业的教学用书，也可作为自学及培训教材或供工程技术人员参考。

图书在版编目(CIP)数据

电路原理/梁宝德主编.—北京：冶金工业出版社，2012.6（2022.1重印）
高职高专“十二五”规划教材
ISBN 978-7-5024-5961-1

Ⅰ.①电… Ⅱ.①梁… Ⅲ.①电路理论—高等职业教育—教材
Ⅳ.①TM13

中国版本图书馆CIP数据核字(2012)第135374号

电路原理

出版发行	冶金工业出版社	**电　　话**	(010)64027926
地　　址	北京市东城区嵩祝院北巷39号	**邮　　编**	100009
网　　址	www.mip1953.com	**电子信箱**	service@mip1953.com

责任编辑 郭冬艳 美术编辑 彭子赫 版式设计 葛新霞
责任校对 石 静 责任印制 李玉山
三河市双峰印刷装订有限公司印刷
2012年6月第1版，2022年1月第4次印刷
787mm×1092mm 1/16；13.25印张；321千字；203页
定价29.00元

投稿电话 (010)64027932 投稿信箱 tougao@cnmip.com.cn
营销中心电话 (010)64044283
冶金工业出版社天猫旗舰店 yjgycbs.tmall.com
（本书如有印装质量问题，本社营销中心负责退换）

前 言

高等职业教育的培养目标是实用型、技能型人才，即重在培养学生的实践能力和对理论知识实际应用的能力。在“够用即可”的大原则下，基础理论的课堂教学学时应适当减少，为适应这一原则，调整教学内容，编写一部与其相适应的教材则势在必行。

“电路原理”是高等职业学校和高等专科学校电气、电子、机电类各专业重要的专业基础课，内容主要包括电路的基本概念和定律、电路的基本分析方法、动态电路的时域分析、正弦稳态电路分析、三相交流电路、互感与理想变压器电路等。

本书作者结合自己三十多年的职业教育教学的实践经验，以通俗的语言介绍复杂的电路问题，将教学中的重点和难点以最浅显的方法加以分解，尽量降低学生学习的难度，旨在使行业内普遍认为难教难学的电路原理课程变得容易接受。为了适应高职高专学生的理解和读者自学的需要，本书中引用了大量的例题来对基本概念和基本理论进行透彻分析，以期达到以例说理的目的。同时在各章之后还提供了大量的练习题，且习题难度适中，易于自学，读者可通过参照例题来完成课后习题，增加学生的自信和掌握复杂电路知识的乐趣。

与同类教材相比较，本教材的主要特点是：

（1）通俗易懂、易于教学与自学。教材编写人员都是具有丰富教学实践经验的老师，深知每个课题的合理切入点以及每个教学难点的分解法，尽力从最浅显的角度入手来编写教材。

（2）结合实际需要组织教材，特别针对电气自动化和机电一体化等专业的后续课程，突出了三相电路的教学内容，并且引入了非正弦电路的相关知识，为后续开设的电机学等课程打好基础。

（3）突出重点，删除冗余。结合高职高专学生的实际，抓住每个章节应该重点掌握的主要内容做深入浅出的分析和介绍，要求重点掌握一种分析方法，而非将许多方法都提出来，如第3章就重点突出了换路定律和三要素公式的应用。这样做既利于学生掌握，又为减少学时打好基础。

本书可作高等职业技术学院和高等工程专科学校电类专业的教学用书，或非电类专业的本科教材，也可供技师学院、继续教育学院、中等专业学校等各类院校的相关专业教学使用，并可作自学及培训教材或供工程技术人员参考。本教材建议教学时间为60~80学时，目录中带有星号的章节内容，教师可视学时等情况不讲或少讲。

全书共分6章，由云南锡业职业技术学院梁宝德副教授担任主编。其中第3章~第6章由梁宝德编写，第2章由刘玉负责编写，龙琼波参加了第1章的编写工作，杨国斌和昆明理工大学杜礼霞参加了本书的审校。在此对所有参加与关注本书和出版工作的各位领导和老师一并表示感谢。

由于作者水平有限，书中存在缺点错误，殷切期望得到广大读者的批评和指正。

编 者

2012年3月

目 录

1 电路的基本概念和定律

知识点

1. 电路元件 R、L、C；
2. 电路变量 U、I、P；
3. 基尔霍夫定律 KCL、KVL；
4. 电阻的串并联；
5. 电路中的电位及其计算；
6. 受控源。

学习要求

1. 建立电路模型概念，理解电路各种变量的意义和单位换算；
2. 掌握应用欧姆定律和基尔霍夫定律对电路进行分析的方法；
3. 掌握电位分析方法；
4. 掌握串、并联电路的分压、分流公式；
5. 了解受控源。

电路原理是高等学校电气、机电、电力、电子等专业重要的专业基础课，电路原理这门课程的主要内容是研究电路的基本规律和基本分析计算方法。通过学习本课程，可以为后续专业课的学习和对电气相关知识的研究与应用打好基础。

本章从建立电路模型、认识电路基本变量出发，学习讨论电路元件、电路的基本定律和电路的等效等重要概念。

1.1 电路模型

通常，人们把若干个电路元件、器件等按照不同的方式和特定的规律连接在一起，就构成了各式各样的实用电路，如自动控制设备、卫星接收设备、邮电通信设备的电路等。由于电路中的器件、元件种类繁多，给实物构成的电路进行研究和分析问题带来了很多不便，为分析和研究实际电气装置的需要，通常采用模型化的方法，即用抽象的理想元件及其组合代替实际的器件，从而构成了与实际电路相对应的电路模型，这样不仅简化了电路图，还使得电路分析变得更简单。

1.1.1 电路的基本概念

1.1.1.1 电路的组成

电路就是电流流经的路径，也就是电的传送路径。它由电源、负载和中间环节组成。

手电筒是我们最熟悉也最简单的电路，如图 1-1a 所示就是实物画出的电路的示意图，它由电源（干电池）、负载（小灯泡）和开关（中间环节）三部分组成，导线是连接这三部分必不可少的，当开关 S 闭合时，电路接通，正电荷将从电源正极通过导线流经小灯泡中的灯丝，回到电源负极，此时我们就会看到小灯泡发光。手电筒电路的工作原理，说明了电路的作用是把电能传送到小灯泡里，并通过小灯泡实现了能量的转换。

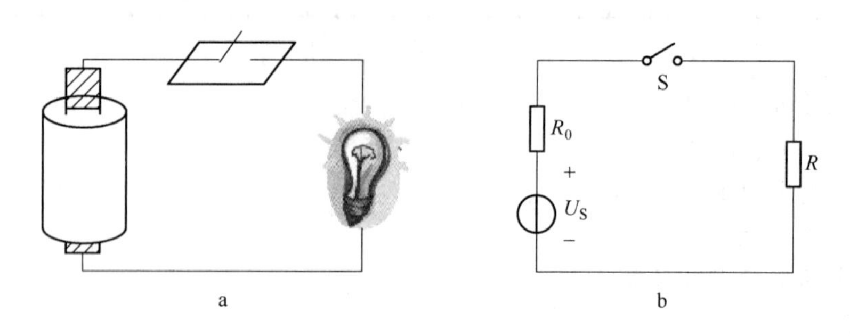

图 1-1　手电筒电路与其电路模型

1.1.1.2　电路的功能

电路的种类是很多的，但从功能上来说，总体可概括为两大类：

（1）进行能量的传输、转换与控制的强电系统，它是由发电机、变压器、开关、电动机和输电线路等组成的；

（2）进行信号的传输和处理的弱电系统，它是由电阻、电容、晶体管、集成元件等组成的。

在电力工程中，发电厂（发电机）送出的电能经过变压器、输电线路等中间环节最后输送到用户，在用户这里又经过日光灯、电冰箱、电风扇等设备转换成我们需要的各种能量。

在信息工程中，信号经过放大、转换、发射、接收、还原等传递和处理过程，使地球变得更小，让我们能够在几乎同一时间知道发生在大洋彼岸的事件。例如扬声器电路，人将声音传递给话筒，话筒又将声音传递给放大器，经检波等过程的处理后我们就可以听到真实的声音。

1.1.2　理想元件与电路模型

用特定的电路符号画出的电路图就是**电路模型**。

我们在画手电筒、电冰箱、日光灯、电机控制电路时，按照实物画起来就比较麻烦，而且比较复杂的电路中有成百上千的零件，把它们一个个按实物画出来也是不现实的。经过长期的研究，人们掌握了各种电路及其元器件的基本电磁规律，亦即器件和电路的形式虽然很多，但就其基本电磁关系而言，却有着许多共同之处，如电灯、电炉和电阻等，它们都是消耗电能而产生热量的，如果归类，所有的用电器件就可归纳成消耗电能，建立磁场和建立电场三种最基本的形式了，从而可分别使用电阻 R、电感 L 和电容 C 这三种理想的模型元件及其组合来代替各种各样的电路了。

图 1-1b 就是手电筒电路的电路模型，其中 U_S 表示干电池两端电压，而干电池的内阻则用与 U_S 串联的 R_0 表示，内阻 R_0 画在 U_S 符号的上边或下边都行，小灯泡的电阻用 R 表示。

图 1-2 为理想电阻、电容和电感的元件模型符号。

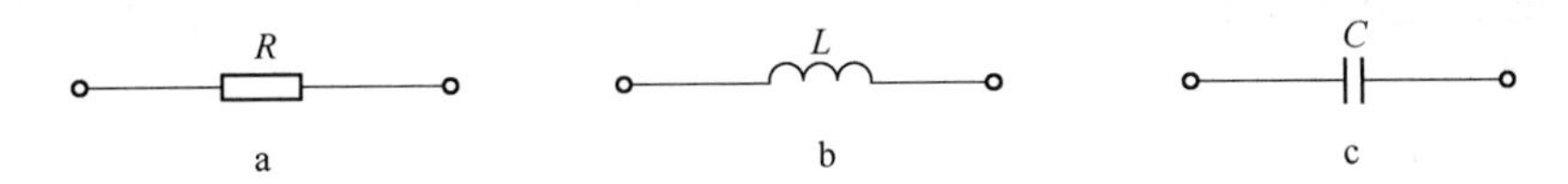

图 1-2　理想电阻、电感、电容的元件模型符号
a—电阻；b—电感；c—电容

所谓理想就是指性质单一，对一个元件只考虑它的主要功能，例如一个电感元件是用绝缘的漆包铜线一圈一圈绕在一个骨架上制成的，如图 1-3a 所示，它的主要功能就是起电感作用建立磁场和存储能量，用电感模型画出来就如图 1-3b 所示。

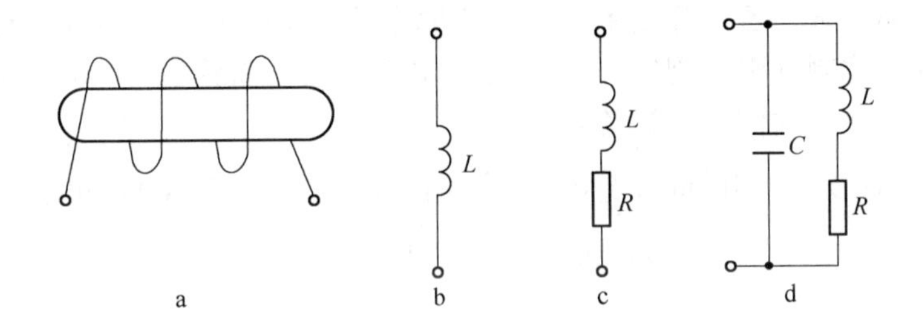

图 1-3　实际电感元件在不同应用条件下的模型

实际中的元件往往是多元而复杂的，如绕制线圈的铜是存在电阻的，制成的线圈也会有一定电阻，另外各匝线圈之间还含有分布电容，在理想电感中我们把它的电阻和电容都忽略了。然而在深入专业课程的学习和电路问题分析中，有时就不能忽略线圈上的电阻和电容，例如在中、低频电路中必须考虑导线电阻的作用时，线圈应由一个理想电感元件与一个理想电阻元件的串联来表示；而在高频电路中，分布电容的作用显得就明显了，这时必须用三个理想元件的串并联来表示了。如图 1-3c、d 所示。这个例子也说明实际上真正的“理想元件”是不存在的，本课中所讨论的理想化元件，是抓住了它在特定环境下的主要特征。

1.2　电路变量

在电路问题中，电流、电压和电功率是三个最常用的重要变量，在展开分析电路和对相关电学问题进行研究时，最关心的也是这三个物理量。因此首先建立并深刻理解这些基本物理量的基本概念是十分重要的。

1.2.1　电流

在物理学中，电流是电荷在导体中移动的现象，电流的大小称为电流强度，在本课中提到的电流不仅表示一种物理现象，而且也代表着一个物理量。

定义：单位时间内通过导体截面的电荷量称为电流。

电流的方向规定为正电荷的定向移动方向。

电流分为直流电流和交流电流两种，若电流的方向和大小恒定不变，则称为恒稳电流，即直流电流（DC）。直流电流用 I 表示，当用 Q 表示在时间 t 内通过导体截面的电荷量时，电流的表达式如下：

$$I = \frac{Q}{t} \tag{1-1}$$

若电流的大小和方向都随时间变化，则为交变电流，也称交流电流（AC）。交流电流用 i 表示，若用 $\mathrm{d}q$ 表示在 $\mathrm{d}t$ 时间内通过导体截面的电荷量。表达式如下：

$$i = \frac{\mathrm{d}q}{\mathrm{d}t} \tag{1-2}$$

电流不仅有大小，而且有方向。在计算和分析直流电路时，经常会遇到电流的实际方向难以确定的情况，这时可先任意假定电流的参考方向，若计算结果 $I>0$，表明电流的实际方向与参考方向一致，若计算结果 $I<0$，表明电流的实际方向与参考方向相反。

按照在国际单位制（SI）规定，电流的单位是安培，简称安（A），实际运用中还有毫安、微安、纳安等，它们的换算关系是：

$$1\mathrm{A}(安) = 10^3\mathrm{mA}(毫安) = 10^6\mu\mathrm{A}(微安) = 10^9\mathrm{nA}(纳安)$$

$$1\mathrm{kA}(千安) = 10^3\mathrm{A}(安)$$

1.2.2　电压

1.2.2.1　电压

电压是对电场做功能力大小的一种描述。

定义：把单位正电荷从 a 点移动到 b 点电场力所做的功称为电压。

两点间的电压就是这两点间的电位差。

电压的方向规定为在电场中正电荷所受电场力的方向，即电位降落的方向，或高电位指向低电位的方向。

直流电压用 U 表示，把电荷 Q 由 a 点移动到 b 点电场力做的功表示为 W，则直流电压为：

$$U = \frac{W}{Q} \tag{1-3}$$

随时间变化的交流电压用 u 表示电压，把电荷 $\mathrm{d}q$ 由 a 点移到 b 点电场力做的功表示为 $\mathrm{d}w$，则交变电压为：

$$u = \frac{\mathrm{d}w}{\mathrm{d}q} \tag{1-4}$$

1.2.2.2　电位

电位是电压的另一种表现形式，当然也是做功能力的体现。

在实际电路的分析计算中，为了方便起见，通常在电路中选取适当的参考点（根据实际情况，可随意拟定，一般可取电路中的接地点或公共线（⊥）为参考点），设参考点的电位为0V，各点相对于参考点的电压即为该点电位。电位用字母“V”表示，下标用一个小写字母表示。

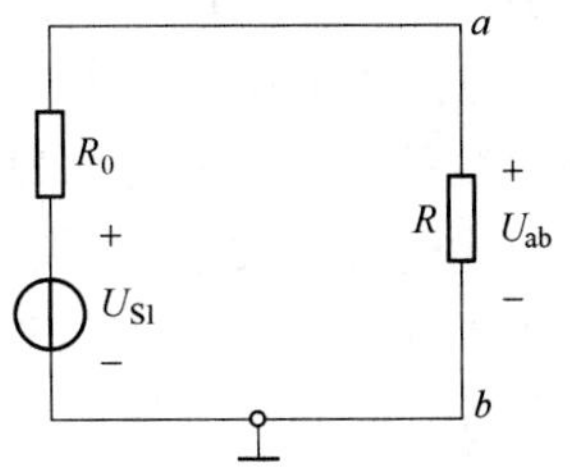

在图1-4中，可选择 b 点为参考点，以 V_a 表示 a 点的电位，则两点间的电压：

$$U_{ab} = V_a - V_b \tag{1-5}$$

图1-4 电压与电位

注意：在电路中，电压是指任意两个点之间的关系，而电位则是把这两个点之间的一个给固定下来了，在下标的使用上也有区别，电压使用两个下标，而电位只有一个下标。这一概念务必引以重视，以避免混淆。

电压的单位在国际单位制中为伏特（V），简称伏。把1库仑（C）的正电荷从 a 点移到 b 点，电场力做的功为1焦耳（J），则 a、b 两点间的电压为1伏（V）。

电压的单位换算关系如下：

$$1\text{V(伏)} = 10^3\text{mV(毫伏)} = 10^6\mu\text{V(微伏)}$$

$$1\text{kV(千伏)} = 10^3\text{V(伏)}$$

1.2.3 电功率及关联方向

1.2.3.1 电功率

电功率是表征电场力做功快慢的物理量。

定义：单位时间内电场力所做的功称为电功率。

多数情况下电功率以电压、电流一样都是随时间变化的，我们将随时间变化的功率定义为：在 $\mathrm{d}t$ 时间内电场力做的功为 $\mathrm{d}w$，则电功率 p 为

$$p = \frac{\mathrm{d}w}{\mathrm{d}t}$$

把式（1-2）和式（1-4）带入上式可得

$$p = \frac{\mathrm{d}w}{\mathrm{d}t} = \frac{\mathrm{d}q}{\mathrm{d}t}\frac{\mathrm{d}w}{\mathrm{d}q} = ui \tag{1-6}$$

对于电压、电流不随时间变化的直流，上式也可推广为如下形式：

$$P = UI$$

功率的单位在国际单位制中用瓦特表示，简称瓦（W），1W功率等于每秒产生（或消耗）1焦耳（J）的功。对于大的功率还可以用千瓦（kW）表示，对于小的功率可以用毫瓦（mW）表示，它们的关系为

$$1\text{W(瓦)} = 10^3\text{mW(毫瓦)};\quad 1\text{kW(千瓦)} = 10^3\text{W(瓦)}$$

1.2.3.2 关联参考方向

电路中的元件有的是在消耗功率，有的是在产生功率，为了在普遍情况下都能清楚地

辨别元件是产生还是消耗功率，需要建立关联参考方向的概念。

电流和电压参考方向的关联与非关联是这样定义的：当元件两端电压的参考方向和电流的参考方向一致时称为**关联参考方向**，否则称为**非关联参考方向**。

这里的“关联”，指的就是所设定的电流方向与所设定的电压降低方向一致，如图1-5 a、b 所示（为了具有普遍意义，图中方形符号表示任意元件）。由定义可以看出，所谓关联参考方向，其实就是按照元件是否消耗功率的情况来定义的，因而对于电阻元件，通常只画出电压或者电流中的任意一个的方向，而另外的一个就是默认与之关联，如图 1-5c 所示。显然这样的默认只存在于电阻元件，因为电阻是只会消耗功率的。

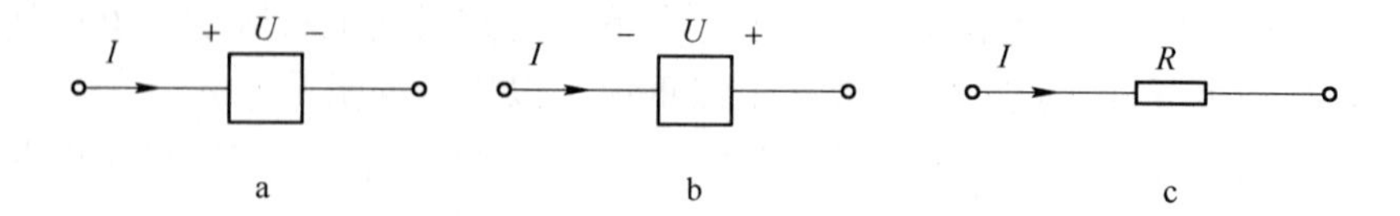

图 1-5　电压与电流关联参考方向

a—关联；b—非关联；c—默认关联

注意：在电路分析中，为了计算正确，所设的参考方向应尽量和实际方向一致，且参考方向一旦设定，就不可以随意更改，否则将会影响计算结果的准确性。

实际方向指的是用电流表测量电流时，串联在电路中的电流表“+”极性端接真实电流的入端，“-”极性端接出端；电压表并联在电路中，表的“+”极性接高电位端，“-”极性端接低电位端。这样测得的电流、电压方向就是实际方向，而电路原理中把标在电路图中的电流、电压方向一律看成参考方向。

建立了关联方向的概念之后，电路中的电功率就存在两种计算结果：

（1）u、i 方向关联时

$$p = +iu \qquad (\text{直流功率 } P = +UI) \tag{1-7}$$

（2）u、i 方向非关联时

$$p = -iu \qquad (\text{直流功率 } P = -UI) \tag{1-8}$$

用以上两个公式计算时，无论用式（1-7）还是式（1-8）进行计算，只要结果 $p>0$，则该元件是消耗功率，也就说明该元件为负载；若 $p<0$，则说明该元件是产生功率，也就说明该元件一般为电源。

根据能量守恒定律，对一个完整的电路，产生功率的总和应等于消耗功率的总和。

【例 1-1】　在图 1-6 所示电路中，电压源 $U_S=9V$，电路中的电流 $I=4A$，试计算电源和电阻上的功率。

解：电阻 R 上的 U、I 方向关联，所以由式（1-7）可得

$$P_R = +UI = 9\times4 = 36W$$

结果是 $P_R>0$，说明电阻 R 上消耗了 36W 的功率。

电源 U_S 上的 U、I 方向非关联，由式（1-8）得

$$P_S = -UI = -9\times4 = -36W$$

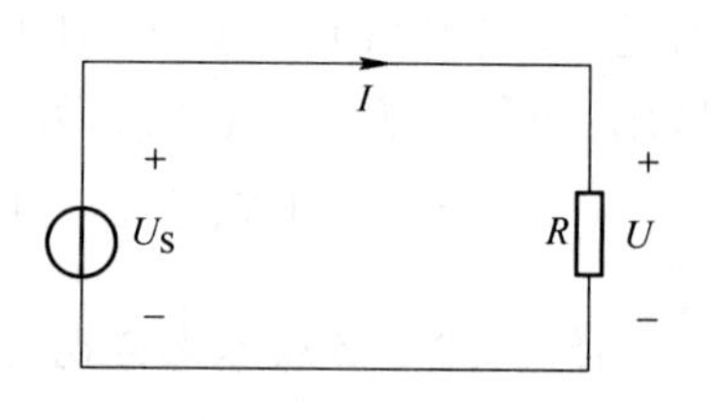

图 1-6　例 1-1 图

结果是 $P_S>0$，说明电源 U_S 上产生了 36W 的功率（也可以说是消耗功率 -36W）。

【例 1-2】 电路如图 1-7 所示，已知 $U_1=10V$，电压表的读数为 1V，电流表的读数为 1A，求：

（1）U_2、U_3；

（2）各元件产生的功率或消耗的功率。

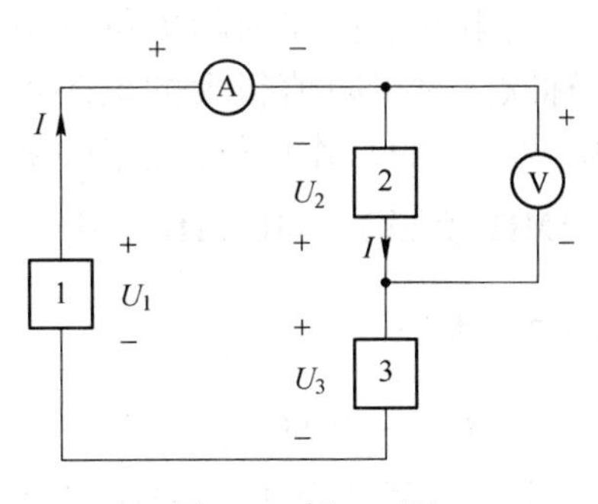

图 1-7 例 1-2 图

解：由图分析可知：电压表的读数就是 U_2 的大小，而方向相反，则 $U_2=-1V$。

元件 2 为非关联参考方向，则：

$P_2=-U_2I=-(-1)\times1=1W>0$，即元件 2 为消耗功率；

元件 1 为非关联参考方向，则：

$P_1=-U_1I=-10\times1=-10W<0$，即元件 1 为产生功率；

根据功率守恒关系，即在同一个电路中，输出功率和消耗的功率相等，可得

$$P_1+P_2+P_3=0$$

因此 $P_3=9W>0$，即元件 3 为消耗功率；

元件 3 为关联参考方向，则 $P_3=U_3I$，则 $U_3=9V$。

由上题可知，判断某个元件是输出还是消耗功率，与计算结果密切相关。再者就是判断元件上 U、I 的方向是否关联是一个重要环节，要把各个元件的 U、I 方向标示在元件的就近处，以便判别其是否关联。

1.3 欧姆定律

1.3.1 欧姆定律与线性电阻

欧姆定律是电路的重要定律之一，适用于线性元件，它表明了在电阻 R 中通过电流 I 时，其两端产生电压降 U 的情况。

当 U、I 为关联参考方向时：

$$U=IR \tag{1-9}$$

当 I、U 参考方向为非关联时：

$$U=-IR \tag{1-10}$$

在交变电路中，以小写字母表示其中的电流、电压，欧姆定律的形式为：

$$u=ir$$

如前所述，在电路分析过程中，对于电阻来说，常将流过电阻的电流 I 和其两端的电压 U 的方向取为关联参考方向。但在有些特殊场合（如晶体管放大电路中的输出电压与输出电流），却标为非关联参考方向，这时使用欧姆定律，应注意用式（1-10），即公式前要加负号。

注意：欧姆定律仅适用于线性电阻，也就是电阻值不会随着电流或电压的变化而变化，这样的电阻称为线性电阻。它的伏安特性是一条穿过坐标原点的直线，该直线的斜率为 R。如图 1-8 所示。

电阻的单位在国际单位制中为欧姆（Ω），简称欧，对于阻值很大的电阻可用千欧（kΩ）或兆欧（MΩ）作单位，它们的换算关系是

$$1\text{M}\Omega(\text{兆欧}) = 10^3\text{k}\Omega(\text{千欧}) = 10^6\Omega(\text{欧})$$

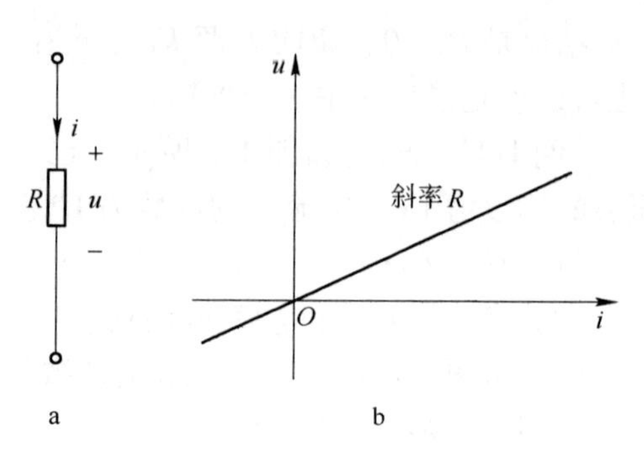

图 1-8　线性电阻与其伏安特性

1.3.2　电导

电导是电阻的倒数，在进行较为复杂的电路分析时，用电导有时会比较方便。设 G 表示电阻 R 的电导，则有

$$G = \frac{1}{R} \tag{1-11}$$

用电导表示出来的欧姆定律为

$$I = GU$$

在国际单位制中，电导的单位为西门子，简称“西”（S）。

1.3.3　电阻上消耗的电能

电能就是电流所具有的能量，电能转化为其他能量形式的过程就是电流做功的过程，因而电能的多少可以用电功来度量。电能也叫电功，用 W 表示。

电阻上产生的功就是电阻 R 在时间 t 内所消耗的电能，这一能量全部转化成热能，而热量又全部散发到了它的周围。

由功率定义得 $P = \frac{W}{t}$，即单位时间内电场力做的功，则电阻消耗的能量可表示为

$$W = Pt \tag{1-12}$$

结合欧姆定律可以得到以下几个功率的计算式：

$$P = UI = I^2R = \frac{U^2}{R} \tag{1-13}$$

在国际单位制中，电能和热能的单位均用焦耳（J）表示。

如果功率 P 用千瓦（kW）作为单位，时间 t 用小时（h）作为单位时，则由式（1-12）计算出的电功单位称为“千瓦时”，即“kW · h”或“度”。

应用中学物理中学过的焦耳和卡之间的换算关系，在时间 t 内，电阻 R 中产生的热量用卡为单位来表示时，就可以得到焦耳-楞次定律的表达式。

$$Q = 0.239Pt = 0.239I^2Rt \tag{1-14}$$

【例 1-3】　某电阻的阻值为 5Ω，工作电压为 220V，求 15min 消耗的电能为多少度及该电阻上流经的电流为多少。

解：电阻消耗的电能为

$$W = \frac{U^2}{R}t = \frac{220^2}{5} \times \frac{15}{60 \times 1000} = 2.42\ \text{度}$$

由欧姆定律可计算出电流，即

$$I = \frac{U}{R} = \frac{220}{5} = 44\text{A}$$

【例 1-4】 某车间有 30 盏 220V、100W 的白炽灯和 20 个 220V、45W 的电烙铁，平均每天用电 8h，问按每月 30 天计一个月用多少度电？

解： 总功率为

$$P = 0.1 \times 30 + 0.045 \times 20 = 3.9\text{kW}$$

总时间

$$t = 8 \times 30 = 240\text{h}$$

因此总的耗电量为

$$W = Pt = 3.9 \times 240 = 936\text{kW} \cdot \text{h} = 936 \text{ 度}$$

1.3.4　电路的工作状态及电器设备的额定值

电路有三种工作状态，分别为负载运行状态（通路）、空载运行状态（开路）和短路状态。

1.3.4.1　负载运行状态

负载运行状态又称带载工作状态，如图 1-9a 所示，将开关 S 闭合，电路就处于负载工作状态。此时，电路中的电流为：

$$I = \frac{U_S}{R_S + R_L}$$

电源的端电压为：　$U = U_S - R_S I$

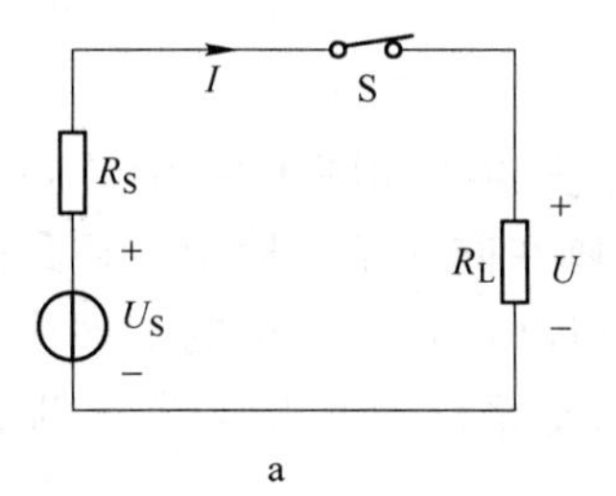

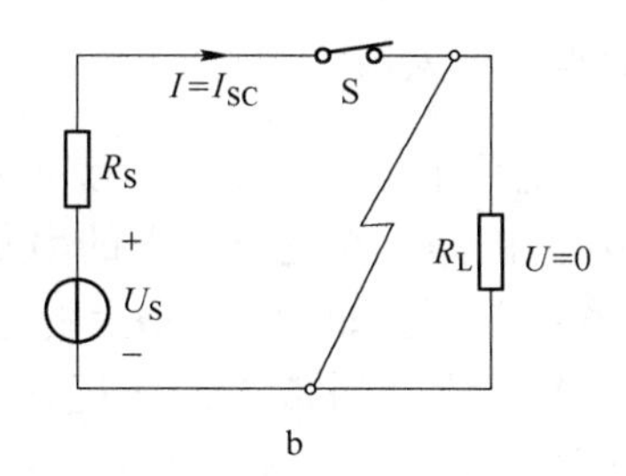

图 1-9　电路的工作状态

1.3.4.2　空载运行状态

空载运行状态又称开路，它是电路的一个极端运行状态。当开关断开或导线断路时，电源和负载未构成闭合回路，就会发生这种状态，如图 1-9 中的开关 S 断开时。这时外电路所呈现的电阻对电压源来说是无穷大，此时，电路中的电流为零，即 $I = 0$。电源的端电压，即开路电压 $U_{OC} = U_S - R_S I = U_S$。电源输出的功率和负载消耗的功率均为零。

1.3.4.3 短路状态

当电源的两输出端由于某种原因（如电源线绝缘损坏，操作不慎等）相接触时，会造成电源被直接短路的情况，如图 1-9b 所示，它是电路的另一个极端运行状态。

当外电路被短路时，外电路的电阻为零，此时，电路中的电流为：

$$I = I_{SC} = \frac{U_S}{R_S}$$

式中，I_{SC}为短路电流。因电路中的负载电阻 R_L 被短路，流过它的电流为零，此时电压源的端电压和负载的端电压均为零，电源的输出功率和负载消耗的功率也为零。但是这并不意味着电源不产生功率，电源产生的功率此时全部消耗在内阻上，将导致电压源的温度急剧上升，极有可能烧毁电源或由于电流过大造成供电设备损坏，甚至引起火灾。为了防止此类现象的发生，可在电源输出端接入熔断器等短路保护电器。

1.3.4.4 电气设备的额定值

所有的电气设备，都有特定的额定值，这是一组根据设计、材料和制造工艺等因素，由生产厂家提供的设备的各项性能指标和技术数据，电气设备按照额定值使用时，既经济合理，又安全可靠；而超过额定值运行时，设备将会受到损坏或者减少使用寿命。

例如灯泡上标示“220V、40W”，就是它的额定电压和额定功率，意味着这个灯泡我们只能将其接到 220V 的电压下工作，这时它的使用功率就是 40W。

1.4 基尔霍夫定律

1845 年德国物理学家基尔霍夫提出了电路参数计算的两个定律，为电路的分析计算起到很好的奠基作用。基尔霍夫定律包含基尔霍夫第一定律（节点电流定律 KCL）和基尔霍夫第二定律（回路电压定律 KVL），它既适用于线性直流电路、交流电路，也适用于非线性电路（如含有二极管、三极管的电路）。在学习该定律之前，需要了解电路的常用名词术语。

1.4.1 电路常用名词术语

（1）**支路**。电路中任意一段无分支的电路称为**支路**。如图 1-10 中的 *adc*、*abc*、*ac* 都叫支路。需要注意的是，无论支路上的串联元件是画在同一条线段上，还是画在几条线段上，二者并无本质差别。如 *abc* 支路上的电阻既可以画在 *a* 点右边的水平线上，也可以画在 *c* 点右边的水平线上。通常人们还把含有电源的支路称为有源支路（例如 *adc*、*abc* 支路），把不含电源的支路称为无源支路（如 *ac* 支路）。

（2）**节点**。电路中三条或三条以上支路的汇聚点称为**节点**。图 1-10 中 *a*、*c* 两个节点，应注意的是两个元件的连接点不一定是节点，例如图 1-10 中 *b*、*d* 点就不是节点。有些较为复杂的电路，会碰到四个支路交叉的情况，必须注意，只有打有小黑点的交叉点才表示连接关系，因而只有打了小黑点的交叉点才是节点。在图 1-11 中 a 是节点，而 b 不是节点，只是交叉点。

（3）**回路**。电路中任一闭合的路径称为**回路**。例如图 1-10 中就有 *abca*、*adca* 和 *adcba* 三个回路。

（4）**网孔**。内部不含其他支路的最简单的回路，称为**网孔**。图 1-10 中有两个网孔，

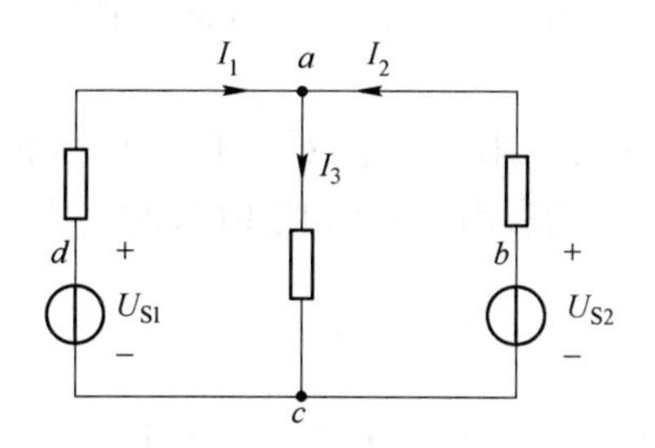

图 1-10　电路结构举例

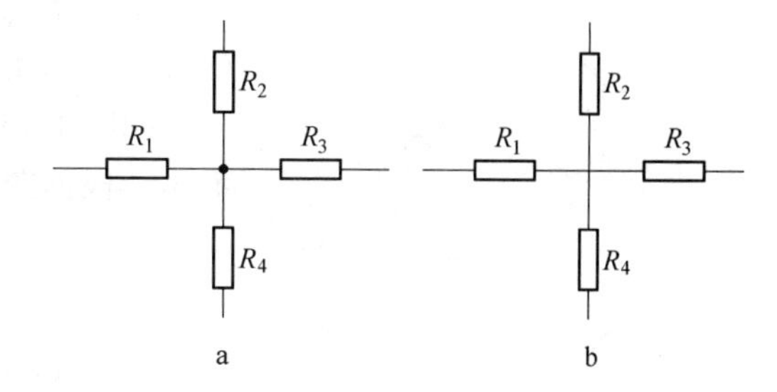

图 1-11　节点与交叉点

分别是 *abca* 和 *acda*。而回路 *abcda* 中因为含有其他支路（有支路 *ac*），故该回路不是网孔。

【**例 1-5**】　在图 1-12 所示电路中，说出其有多少个节点、支路、回路、网孔，并分别指出是哪些。

解： 有四个节点，分别是 *a*、*b*、*d*、*f*。

有 6 条支路，分别是 *af*、*ab*、*ad*、*bed*、*fgcd*、*fhb*。

有 7 条回路，分别是 *abeda*、*abhfa*、*afgcda*、*gfhbedcg*、*gfhbadcg*、*abedcgfha*、*fhbedaf*。

有 3 个网孔，分别是 *gfadcg*、*fhbaf*、*abeda*。

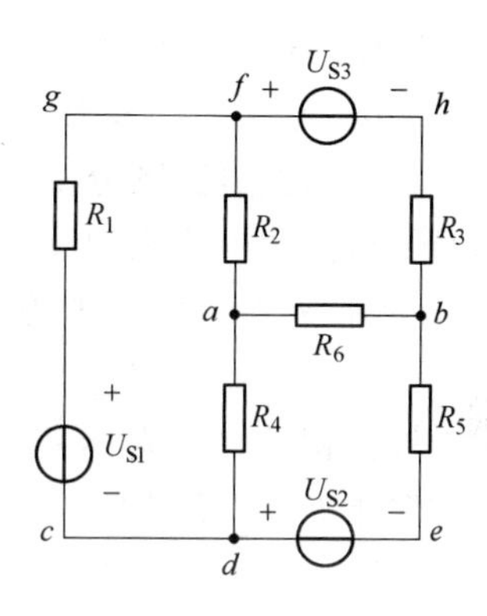

图 1-12　例 1-5 图

1.4.2　基尔霍夫第一定律

基尔霍夫第一定律的内容是：**对于电路中的任何一个节点，任意瞬间流入该节点的电流总和等于从该节点流出的电流总和**。表达式如下：

$$\Sigma I_{入} = \Sigma I_{出} \tag{1-15}$$

基尔霍夫第一定律揭示了电路中任意节点上电流之间应该遵循的规律，因而也叫节点电流定律（简写作 KCL）。

按照式（1-15）列写节点电流方程，为了不出差错，应该按照参考电流方向，将流入节点的电流列在方程的左边，流出的电流列在方程的右边。

KCL 还可叙述为：对于电路中的任何一个节点，任意瞬间流入和流出该节点电流的代数和等于零。这一形式用数学式子表示为

$$\Sigma I = 0 \tag{1-16}$$

按照式（1-16）列写节点电流方程时，应该注意以参考方向为准，流入的电流取正号，流出的电流取负号。

如在图 1-10 中对于节点 *a* 列写电流方程时，按照第一种形式，即式（1-15）可以列得

$$I_1 + I_2 = I_3$$

用第二种形式，即式（1-16）又可写成

$$I_1 + I_2 - I_3 = 0$$

可以看出，两种形式列出方程的含义是完全一样的。

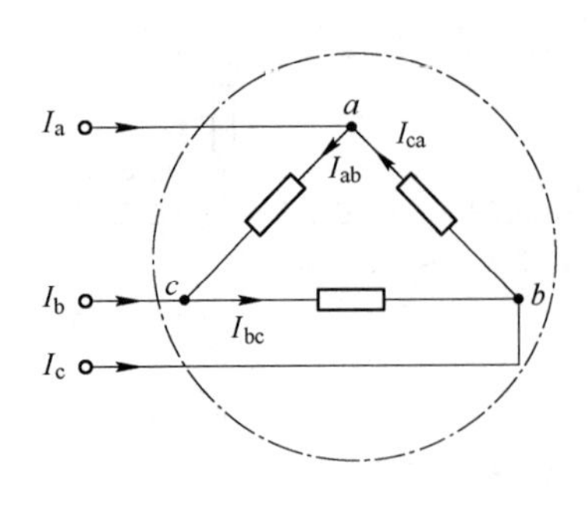

图 1-13 KCL 的应用

KCL 不仅适用于电路中的节点，也可推广到电路中任意假设的封闭面。

如图 1-13 所示电路，用虚线框对三角形电路做一封闭面，根据图上各电流的参考方向应用 KCL 时，则有

$$I_a + I_b + I_c = 0$$

而对图中 a 点应用 KCL 列写电流方程时有

$$I_a + I_{ca} = I_{ab} \quad 或 \quad I_a + I_{ca} - I_{ab} = 0$$

【例 1-6】 如图 1-14 所示的某一部分电路，电路中已知电流 $I = 10\text{mA}$，$I_1 = 6\text{mA}$，$I_2 = 4\text{mA}$，求 I_3、I_4 和 I_5。

解：根据电路图分析可知，本题属于节点电流问题，用基尔霍夫电流定律直接进行计算便可得两块电流表的读数。

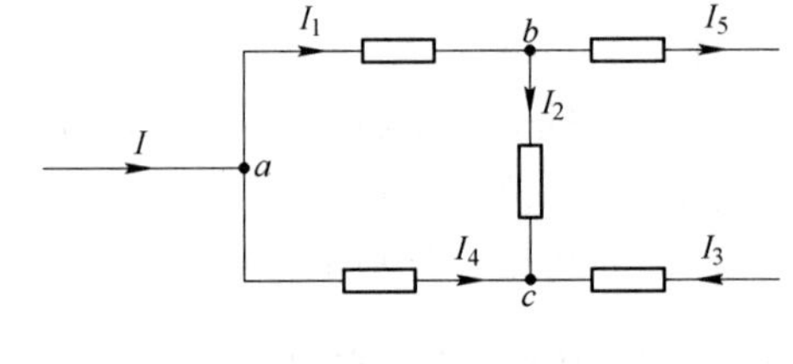

图 1-14 例 1-6 图

对于 a 节点列 KCL 方程可得：

$$I = I_1 + I_4$$

代入计算得 $I_4 = 4\text{mA}$

对于 b 节点列 KCL 方程可得：

$$I_1 = I_2 + I_5$$

代入计算得 $I_5 = 4\text{mA}$

对于 c 节点列 KCL 方程可得：

$$I_3 = -(I_2 + I_4)$$

代入计算得 $I_3 = -6\text{mA}$

计算结果 I_3 为负值，说明图中所标示的参考方向与实际方向相反。

由以上的例题可知，用 KCL 解题时会遇到两个电流取正、负号的问题，一个是变量前运算符号的取值，一般都习惯取流入为正、流出为负；另一个是电流值本身的正、负，它取决于参考方向和实际方向是否一致。在计算时，若题目中没有给出明确的参考方向可根据需要任意假定参考方向，若计算结果为正则实际方向与参考方向一致，反之则相反。

1.4.3 基尔霍夫第二定律

基尔霍夫第二定律的内容可叙述为：**在任一瞬间，对于电路的任一回路，沿回路巡行一周，回路中各段电压降的总和等于该回路中电压升的总和**。

用数学式子可表示为

$$\Sigma U_{升} = \Sigma U_{降} \tag{1-17}$$

基尔霍夫第二定律描述了电路中任意回路上电压之间应该遵循的规律，因而也叫回路电压定律（简写作 KVL）。

KVL 还可叙述为：在任一瞬间，对于电路的任一回路，沿回路巡行一周，各段电路电压的代数和等于零。

用数学式子可表示为：

$$\Sigma U = 0 \tag{1-18}$$

按照后一种形式列电压回路方程时，通常的习惯是以参考方向为准，电压降取正号，电压升取负号。

如图 1-15 所示电路，按照外回路 *abcdea* 的方向巡行一周，以图中的参考方向为准，电压升高的有 U_{S1}、U_{S2}、U_1，降低的有 U_2、U_4，列得回路电压方程即

$$U_{S1} + U_{S2} + U_1 = U_2 + U_4$$

若按电压的代数和为零来表示，则该回路电压方程还可写成

$$U_2 + U_4 - U_1 - U_{S1} - U_{S2} = 0$$

按照内回路 *bcdb* 的方向巡行一周时，电压升高的有 U_3，电压降低的有 U_2、U_4 和 U_{S3}，列出方程为

$$U_3 = U_{S3} + U_2 + U_4$$

证明 KVL 的正确性是很容易做到的，因为沿巡行回路的起点巡行一周，该点也就是它的终点，求一周电压降的代数和，实际上就是求同一点（例如 *a* 点）的电位差，当然就有

$$\Sigma U = V_a - V_a = 0$$

KVL 不仅适用于电路中的任意闭合回路，还可求回路中任意两点的开口电路电压。例如我们将图 1-15 中的 R_4 从电路中移去，就得到图 1-16 所示电路，图中，U_{cd}为开口电压，其含义指电压由 *c* 点指向 *d* 点，其电压参考方向表示在图上为 *c* +、*d* -。要求电压 U_{cd}时，仍可以利用 KVL 来列方程求取，只需将待求的开口电压作为一段回路中的电压参与列入方程就可以了。列出这个开口回路的 KVL 方程为

$$U_3 = U_{S3} + U_2 + U_{cd}$$

或

$$U_{cd} = -U_{S3} + U_3 - U_2$$

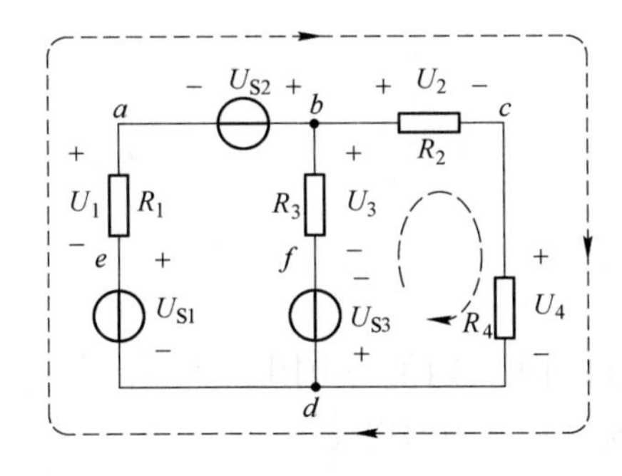

图 1-15　基尔霍夫电压定律

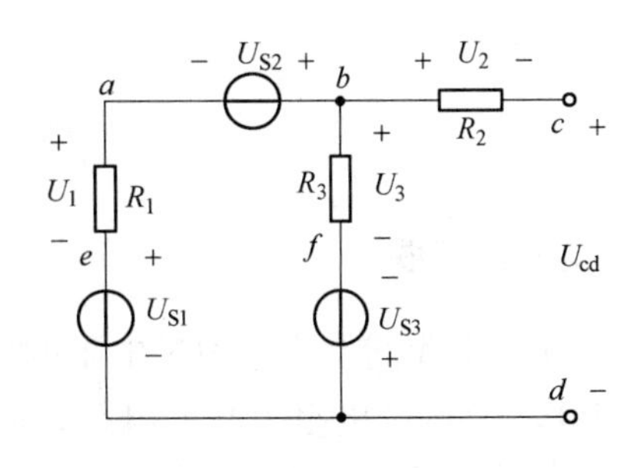

图 1-16　开口电压

应用上述方法求复杂电路中任意两点间的电压是很方便的。

【例 1-7】　在图 1-17 所示电路中，已知 $U_S = 10V$，$R_S = 2\Omega$，*I* 为负载电流，问电压 U_{ab}为多少。

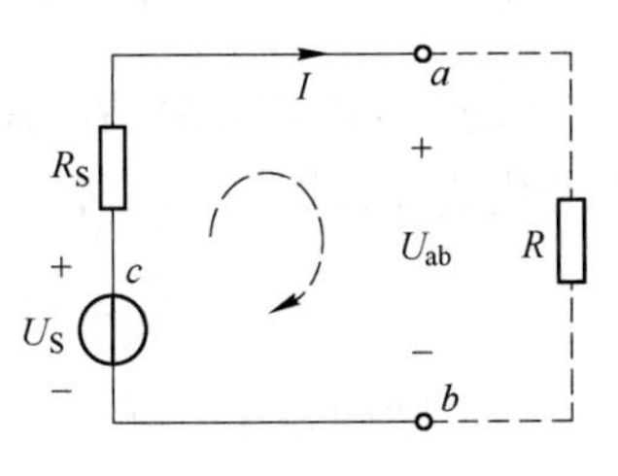

图 1-17　例 1-7 图

解：电路中存在电流 *I*，我们可以想像为一个闭合通路（如图中的虚线部分）待求电压 U_{ab}只不过是回路中的一段电压这样就可以应用 KVL 解题了。先在 *a*、*b* 两端标出 U_{ab}的电压参考方向，再设定回路的绕行方向，将开路的 U_{ab}作为回路的一部分来列写 KVL 方程有

$$U_{ab} + U_{bc} + U_{ca} = 0$$

由电路元件的伏安关系代入上式

$$U_{ab} - U_S + IR_S = 0$$

于是

$$U_{ab} = U_S - IR_S$$

代入已知数值得

$$U_{ab} = 10 - 2I$$

1.5　等效电路

电路的等效包含了电阻的等效，电源的等效。在日常生活中，三节 1.5V 的干电池串联起来就是4.5V，因此可用一个 4.5V 电压源 U_S 来代替三节 1.5V 的干电池。两个 3Ω 电阻串联起来是 6Ω，因此也可以用一个 6Ω 的电阻来代替两个 3Ω 电阻，如图 1-18 所示。分析比较图 1-18a 和 b，我们发现两图中的电流 I 和电压 U_{ab} 的值是相等的。这就是说，我们可以用比较简单的分图 b 去代替分图 a，这种“代替”就称为等效。满足两个电路等效的条件是：两个电路必须具有相同的电压和电流关系（简称为具有相同的 VCR）。

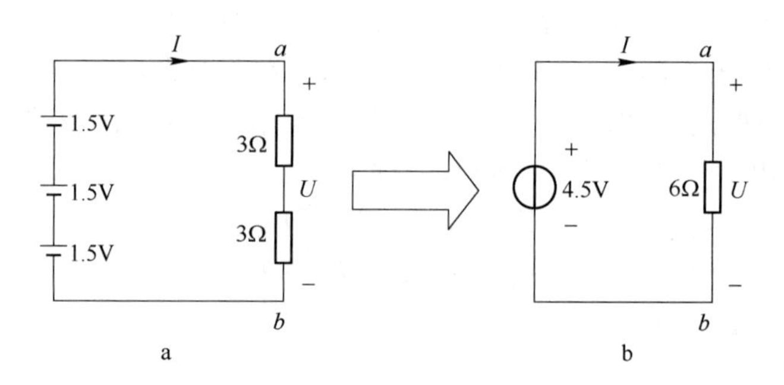

图 1-18　电路的等效

1.5.1　电阻的串联

在物理学中我们就学过通过电阻的串联，可以得到更大阻值的电阻。

图 1-19a 是两个电阻串联的电路，而图 1-19b 就是它的等效电路。

电阻串联电路的主要特点是：

（1）通过串联电阻的电流相同。即

$$I = I_1 = I_2 \tag{1-19}$$

（2）串联电阻两端的总电压 U 等于各电阻上电压的代数和，即

$$U = U_1 + U_2 \tag{1-20}$$

应用欧姆定律，得

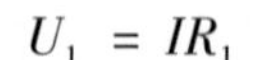

$$U_1 = IR_1$$

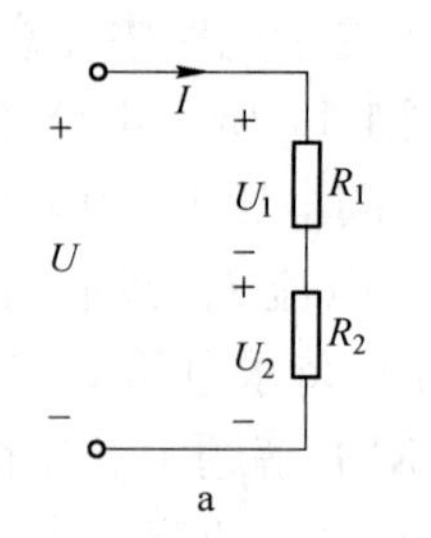

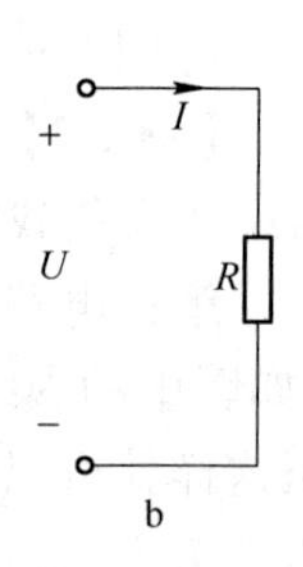

图 1-19　电阻的串联

$$U_2 = IR_2$$

将其代入式（1-20）得

$$U = IR_1 + IR_2 = IR$$

其中

$$R = R_1 + R_2 \tag{1-21}$$

我们把 R 称为两个串联电阻的等效电阻，也就是可以用图 1-19b 中的 R 来等效表示图 1-19a 中的两个电阻 R_1、R_2 串联后的电阻，电路两端的电压、电流及总功率不变。

（3）总电压 U 与各个电阻上电压的分配关系为：

$$\left.\begin{aligned} U_1 &= \frac{R_1}{R_1 + R_2}U \\ U_2 &= \frac{R_2}{R_1 + R_2}U \end{aligned}\right\} \tag{1-22}$$

可见，串联电阻上的电压分配与其电阻的阻值成正比的。

式（1-22）称为电阻串联的**分压公式**，这是一个电路分析中经常使用的公式，必须牢记。

各电阻消耗的功率可由以上各式导出为：

$$\left.\begin{aligned} P_1 &= IU_1 = I^2R_1 \\ P_2 &= IU_2 = I^2R_2 \end{aligned}\right\} \tag{1-23}$$

式（1-23）指出，各个串联电阻上消耗的功率也是与其电阻值成正比的。

1.5.2 电阻的并联

电阻并联时的 VCR 关系与串联时是截然不同的，图 1-20a 是两个电阻并联的电路。电阻并联也有三个主要特点：

（1）各并联电阻两端的电压是同一个电压。

$$U_1 = U_2 = U \tag{1-24}$$

（2）并联电阻的总电流等于各电阻中电流的代数和。即

$$I = I_1 + I_2 \tag{1-25}$$

应用欧姆定律，上式可得

$$I = \frac{U}{R_1} + \frac{U}{R_2} = U\left(\frac{1}{R_1} + \frac{1}{R_2}\right) = \frac{U}{R}$$

由此可得

$$\frac{1}{R} = \frac{1}{R_1} + \frac{1}{R_2} \tag{1-26}$$

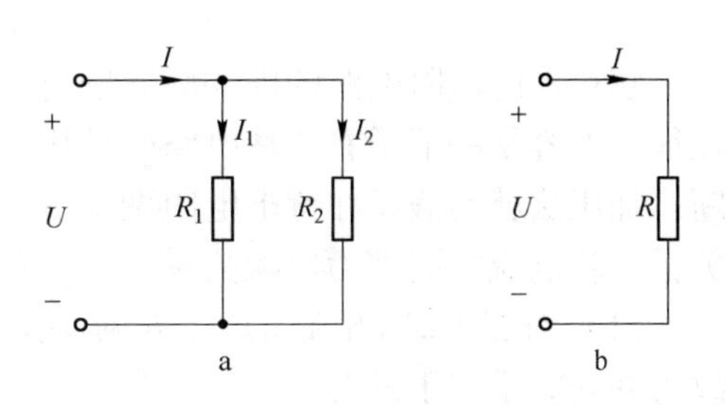

图 1-20 电阻的并联

这是两个电阻的并联关系，不难推出多个电阻并联时有

$$\frac{1}{R} = \frac{1}{R_1} + \frac{1}{R_2} + \frac{1}{R_3} + \cdots + \frac{1}{R_n} \tag{1-27}$$

从式（1-26）我们可以推出常见的两个电阻并联时等效电阻的计算式是

$$R = \frac{R_1 R_2}{R_1 + R_2} \tag{1-28}$$

式（1-28）的应用频率高，必须记住它。

要注意的是，电阻并联后得到的总电阻的阻值一定小于并联电阻中最小的一个电阻值。对于电阻并联的表示形式，我们还经常简写为：$R_1 /\!/ R_2 /\!/ R_3 /\!/ \cdots /\!/ R_n$。

（3）并联电阻上各电流的分配关系：

当两个电阻并联时，将欧姆定律及 $R = \frac{R_1 R_2}{R_1 + R_2}$ 代入 $I_1 = \frac{U}{R_1}$ 及 $I_2 = \frac{U}{R_2}$，就得到两电阻并联时的**分流公式**为：

$$\left.\begin{aligned} I_1 &= \frac{R_2}{R_1 + R_2} I \\ I_2 &= \frac{R_1}{R_1 + R_2} I \end{aligned}\right\} \tag{1-29}$$

可见，并联电阻的电流分配是以其电阻值成反比的。式（1-29）也是电路的分析计算中经常使用的公式之一，必须牢记。

【例 1-8】 求图 1-21 中各电路 a、b 两点间的等效电阻 R_{ab}。

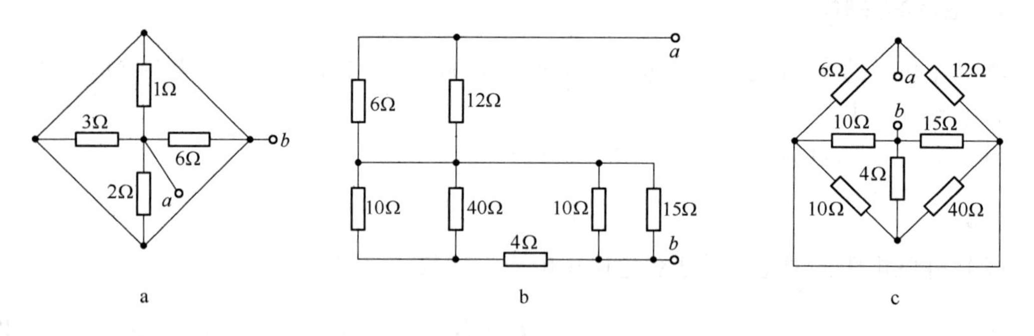

图 1-21　例 1-8 图

解： 求解电阻电路的串并联问题时，首先弄清电路的连接结构是解题成功的关键。而往往又不容易一下子看清楚电路的结构，通常可使用两种方法：加压法和扭动变形法来判断。加压法就是假设在待求电阻两端 a、b 加上电压 U，若各电阻上电压相同，则为并联关系，若电流相同则为串联关系。

（1）对图 1-21a 电路的 a、b 两端加压后，我们发现每个电阻上都具有相同的电压，故为并联关系。于是有

$$R_{ab} = 3 /\!/ 1 /\!/ 2 /\!/ 6 = 3 /\!/ 6 /\!/ 2 /\!/ 1 = 2 /\!/ 2 /\!/ 1 = 1 /\!/ 1 = 0.5\Omega$$

对于图 1-21b 和 c，加压法不能说明电阻上的电压关系，我们宜采用扭动变形法。

（2）将图 1-21b 原来的电路图扭动变形之后，会发现电阻之间的连接关系就变得清晰了。为便于读者理解，将电路的变形过程画入图 1-22 中。由此得

$$R_{ab} = 6 \mathbin{/\!/} 12 + (40 \mathbin{/\!/} 10 + 4) \mathbin{/\!/} 10 \mathbin{/\!/} 15 = 4 + 4 = 8\Omega$$

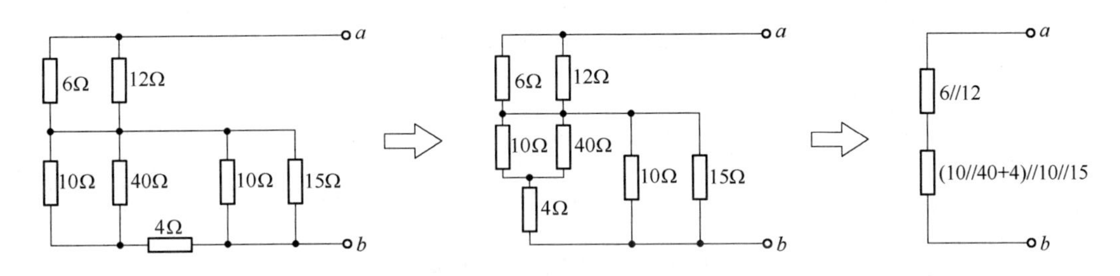

图 1-22　例 1-8 电路图（1）

（3）对于图 1-21c 的扭动变形过程如图 1-23 所示。

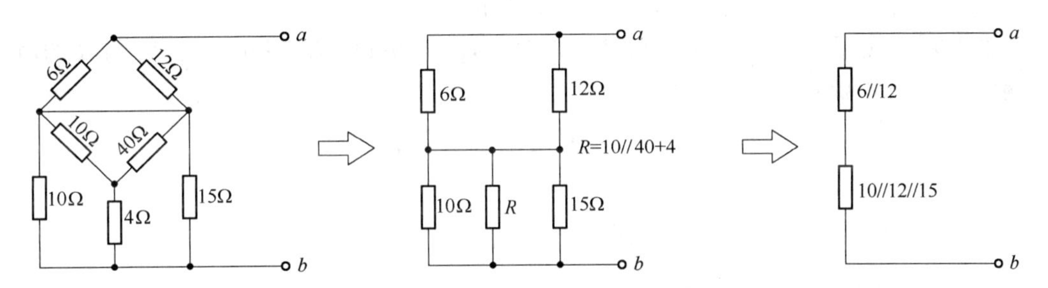

图 1-23　例 1-8 电路图（2）

得：$$R_{ab} = 6 \mathbin{/\!/} 12 + 10 \mathbin{/\!/} (10 \mathbin{/\!/} 40 + 4) \mathbin{/\!/} 15 = 8\Omega$$

1.6　电路中的电位计算

在 1.2 节中，我们已经学习过电压与电位的概念，它们是一个物理量的两种不同的体现形式。在电路分析中，电位的求取是经常要做的事，而在电子技术中又常用电位法来分析各元件的工作状态。

电位是针对于一个特定的参考点来说的，因而计算电路中各点电位时，应首先选定电路中某点作为参考点，参考点用图形符号“⊥”表示，并规定参考点的电位为零，电路中任一点与参考点之间的电压就是该点的电位。选择不同的参考点对于同一点上就会有不同的电位，但两点间的电压是不会随参考点选取的不同而发生变化的。显然选择一个合理的参考点将会对简化电路的计算带来方便。

在电路的分析中，一般选地线或公共线作为参考点，这样常可使计算变得简单。在实际供电系统电路中，人们常说有所谓的“地线”，这种地线是指通过专用接地装置与大地紧密相连的，为安全起见，所有用电设备的金属外壳都要通过地线与大地相连接。

在实际应用中，为简化电路常常不用画出电源，而是标出电源的电位值及其极性，这

种画法会使得电路变得更加清晰明了。如在图 1-24a 电路中，若选节点 c 作为参考点，利用电位概念，可简化为图 1-24b 所示的电路，用这一电路来分析计算会简单得多。

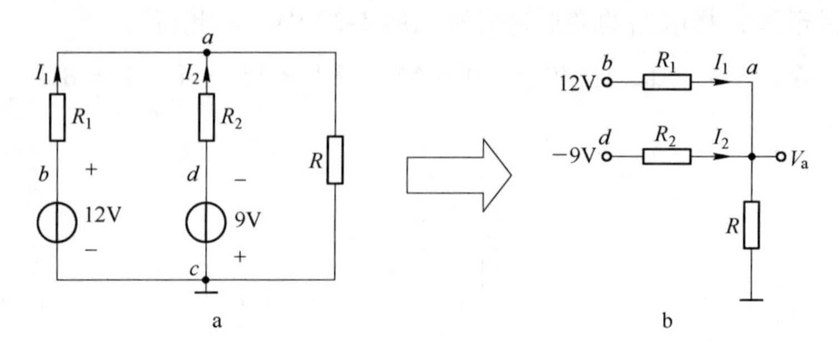

图 1-24　电路的电位标示画法图

对于图 1-24b 的形式需要一个逐步熟悉的过程，千万不能误以为电路构不成回路，各电阻上电流为零而产生错误的计算结果，造成错误的原因是对电位的理解不够。要对图 1-24的简化道理加深理解，通过多次练习来掌握它。

【例 1-9】 在图 1-24 中，若已知 $R_1=2\text{k}\Omega$、$R_2=6.5\text{k}\Omega$、$I_1=4\text{mA}$，求 V_a 与 R 的值。

解： 由已知电流得

$$V_a = 12 - I_1R_1 = 12 - 2\times4 = 4\text{V}$$

$$I_2 = \frac{-9-V_a}{R_2} = \frac{-9-4}{6.5} = -2\text{mA}$$

由 KCL 关系得电阻 R 上的电流为

$$I = I_1 + I_2 = 4 - 2 = 2\text{mA}$$

于是有

$$R = \frac{V_a}{I} = \frac{4}{2} = 2\text{k}\Omega$$

【例 1-10】 图 1-25a 中已标出 a、c 点的电位，试求 b 点电位 V_b 及电压 U_{bc}。

解： $V_a=12\text{V}$，$V_c=-3\text{V}$，都是相对参考点“地”来说的，我们可以看作是 a 点到参考点“地”间有一个 +12V 电源，同样 $V_c=-3\text{V}$，也可认为 c 点到“地”间有一个 −3V 电源，于是得到其原理电路如图 1-25b 所示。

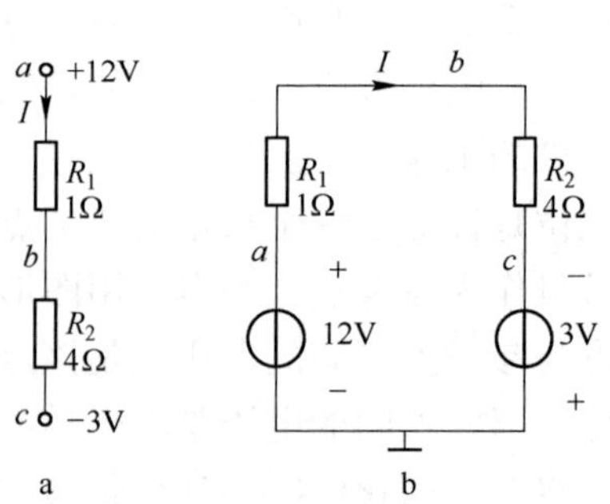

图 1-25　例 1-10 图

深入理解了电位含义后，由图 1-25a 就可直接进行计算，因为

$$U_{ac} = V_a - V_c = 12 - (-3) = 15\text{V}$$

$$I = \frac{U_{ac}}{R_1+R_2} = \frac{15}{1+4} = 3\text{A}$$

而 R_1 上电压降

$$U_1 = IR_1 = 3 \times 1 = 3\text{V}$$

可见 b 点的电位比 a 点低 3V，即

$$V_b = V_a - 3\text{V} = 9\text{V}$$

这种用已知点的电位比较来求未知点电位的方法称为**电位比较法**，读者熟练掌握后可提高做题速度。

【例 1-11】 在图 1-26 所示电路中，求开关 S 断开和闭合时，a 点电位 V_a。

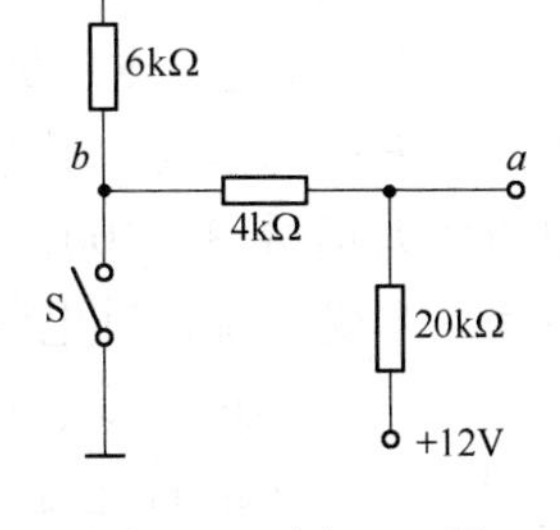

图 1-26　例 1-11 图

解：(1) 当开关 S 断开时，电路呈三电阻串联的电路，电路中的电流为

$$I = \frac{12-(-12)}{6+4+20} = 0.8\text{mA}$$

方向向上，于是有

$$V_a = 12 - 0.8 \times 20 = -4\text{V}$$

(2) 当开关 S 闭合时，b 点电位为 0，这时只有两个电阻串联，利用分压公式可得

$$V_a = \frac{4}{4+20} \times 12 = 2\text{V}$$

注意到本例中的电阻单位用 kΩ，而电流单位用 mA 时，就可以直接代入欧姆定律公式计算，以后都如此。

【例 1-12】 在图 1-27 电路中，已知数据如图中标示，求 a、b 两端的开路电路电压 U_{ab}。

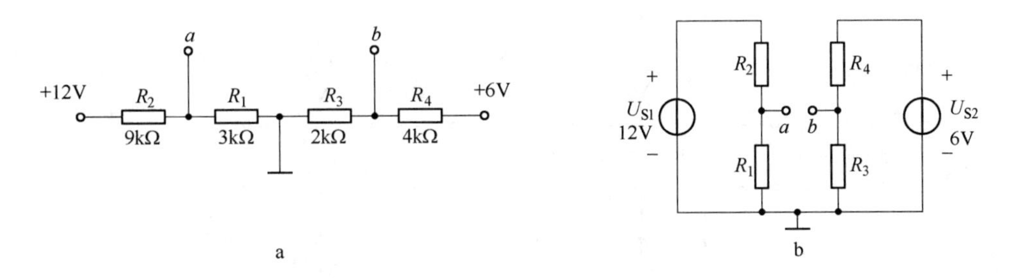

图 1-27　例 1-12 图

解：仔细分析电路可知，本题属于两个串联电路，电路可等效变形如图 1-27b 所示。中间存在着接地点就不能把四个电阻看成串联电路，其上的电流也不相等。

由分压公式，可得 a、b 两点电位分别为：

$$V_a = \frac{R_1}{R_1+R_2}U_{S1} = \frac{3}{3+9} \times 12 = 3\text{V}$$

$$V_b = \frac{R_3}{R_3+R_4}U_{S2} = \frac{2}{2+4} \times 6 = 2\text{V}$$

于是有

$$U_{ab} = V_a - V_b = 3 - 2 = 1\text{V}$$

*1.7　受控源

在各类电路的分析中，有时会遇到电路中含有受控源的情况。本节讨论受控源的常见形式和含有受控源电路的基本分析方法。

受控源也是一种电源，它表示电路中某处的电压或者电流的大小、方向受其他支路电压或电流的控制。电子电路中的晶体管元件就是典型的受控源器件。

图 1-28a 是一支三极管，这种元件的集电极电流大小和方向总是受到其基极电流 I_B 控制的，当它的电流放大倍数 $\beta = 100$，而 $I_B = 0.01\text{mA}$ 时。集电极就是一个受控源，其电流 $I_C = \beta I_B = 1\text{mA}$，若 I_B 大小变了，I_C 也就跟着变，像这样用一个支路的电流去控制另一个支路的电流的受控源就叫做**电流控制电流源**，其符号如图 1-29a 所示。

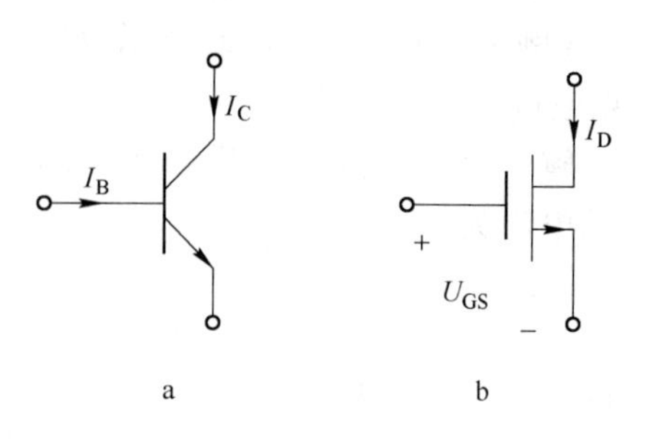

图 1-28　三极管

图 1-28b 是一支场效应管，它的漏极电流 I_D 总是受其栅极与源极之间的电压，即图中电压 U_{GS} 控制的，当 U_{GS} 的大小和方向改变时，I_D 的大小及方向也会随着改变，像这样的受控源就叫做**电压控制电流源**，其模型符号如图 1-29b 所示。

此外，还存在另外两种常见的受控源如图 1-29c、d 所示。其中图 1-29c 为**电流控制电压源**，它的输出电压是受其输入电流控制的，典型实例为电流互感器；而图 1-29d 表示的是**电压控制电压源**，它的输出电压是受其输入电压控制的，典型实例就是变压器。

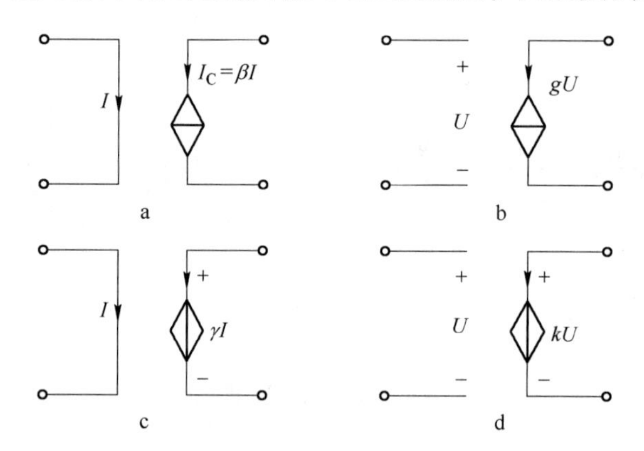

图 1-29　受控源模型图

作带有受控源电路的分析时，重要的是要记住它的大小和方向是随另外一个点的电压或电流的改变而改变的这一特点，就可以方便地进行分析和计算了。

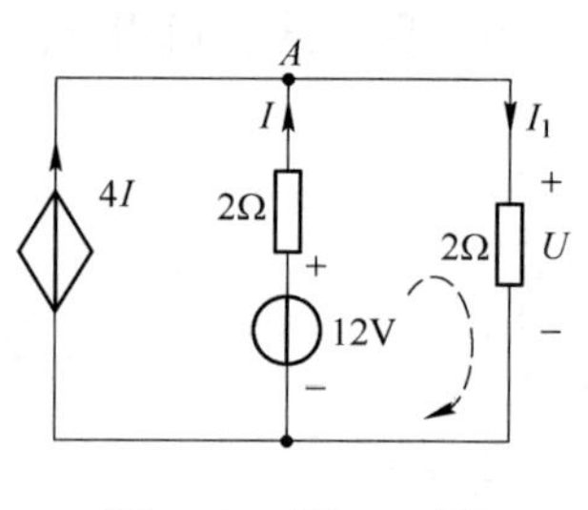

图 1-30　例 1-13 图

【例 1-13】　求图 1-30 的电压 U 和电流 I。

解：本题含有一个电流为 $4I$ 的受控电流源，其电流是受中间支路电流 I 控制的。在节点 A，可采用基尔霍夫电流定律即 KCL 来列出方程，从而计算各支路的电流。

即　$$I_1 = 4I + I = 5I$$

对于电路的右边应用 KVL 列出回路方程得

$$2I_1 + 2I = 12$$

$$2 \times 5I + 2I = 12$$

即得　$$I = 1\text{A}$$

对右边支路应用欧姆定律，可求得 U，即

$$U = 2I_1 = 2 \times 5 \times 1 = 10\text{V}$$

【例 1-14】　求图 1-31a 中 a、b 端的输入电阻 R_I 和 c、d 两端的输出电阻 R_O。

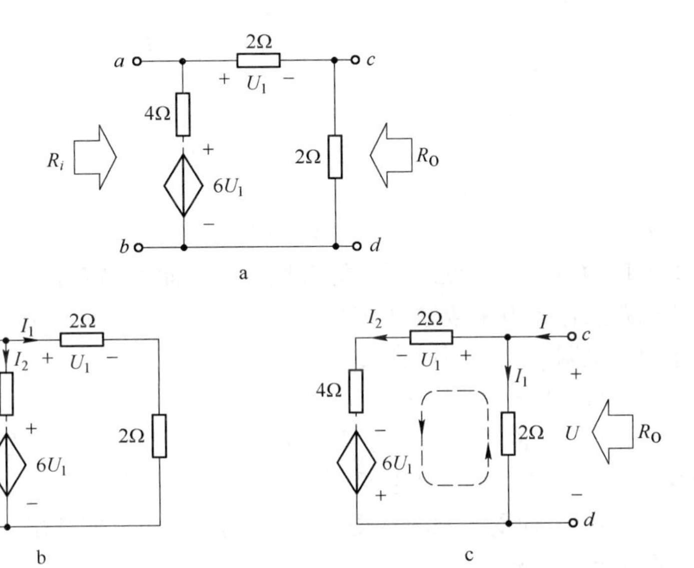

图 1-31　例 1-14 图

解： 通常我们把电路中加有输入信号的端子叫输入端，由输入端看进去的电阻称为输入电阻，一般用 R_I 表示；而在电路输出端常加有负载，由负载端看入的电阻叫做输出电阻，一般用 R_O 表示。

对于含有受控源的电路，不能简单地用串、并联的方法来计算 R_I 和 R_O。而应该采用假想电源法。这种方法是设想在我们所要求解线端等效电阻的两端存在一个电压源，具体做法就是在电路待求端加上电压 U，并求出电流 I，再按照欧姆定律求出 $R = U/I$。

这里先看输入电阻的求法，如图 1-31b 所示，首先在 a、b 两端标出电压 U，再在 a 端标出输入电流 I。

在图 1-31b 中两个 2Ω 电阻为串联，其两端电压为 U，由欧姆定律得

$$I_1 = \frac{U}{2+2} = \frac{U}{4}$$

$$U_1 = I_1 \times 2 = \frac{1}{2}U$$

受控源两端电压为

$$6U_1 = 6 \times \frac{1}{2}U = 3U$$

由 KCL 得

$$I_2 = I - I_1 = I - \frac{U}{4}$$

由左边回路按巡行方向列出 KVL 方程，得

$$4I_2 + 6U_1 = U$$

将 $I_2 = I - \frac{U}{4}$, $6U_1 = 3U$ 代入，得

$$4\left(I - \frac{U}{4}\right) + 3U = U$$

经整理得

$$4I = -U$$

即得输入电阻

$$R_I = U/I = -4\Omega$$

在这里出现的负号是受控源电路的常见情况，而不是有什么实际的负电阻，就是说，含有受控源电路的输入电阻或输出电阻可以为正值，也可以为负值，当然还可以为零。今后若遇到像此例电阻为 -4Ω 的情况，不必大惊小怪。

接下来再看输出电阻 R_O 的求法。如图 1-31c 所示，类似求 R_I 的方法。先在 c、d 端标出 U 及 I，找出 U 与 I 的关系，就可求出 $R_O = U/I$，在此需要提醒注意的是，由于设想的电压 U 是从右端加入的，由此产生的电流 I 的方向及控制电压 U_1 的方向都应与图 1-31b 中的 I 和 U_1 方向相反，而受控源 $6U_1$ 受 U_1 的控制，也应反向标出。

显然并联电阻上电流为

$$I_1 = \frac{U}{2}$$

由 KCL 可知，电阻串联支路上电流 I_2 为

$$I_2 = I - I_1 = I - \frac{U}{2}$$

由欧姆定律得

$$U_1 = 2I_2 = 2\left(I - \frac{U}{2}\right) = 2I - U$$

受控源两端电压

$$6U_1 = 6(2I - U) = 12I - 6U$$

按图 1-31c 左边支路列出 KVL 方程，得

$$2I_2 + 4I_2 - 6U_1 = U$$

将 $I_2 = I - \frac{U}{2}$ 和 $6U_1 = 12I - 6U$ 代入上式，得

$$6\left(I - \frac{U}{2}\right) - 12I + 6U = U$$

整理后得

$$-12I + 2U = 0$$

得
$$R = \frac{U}{I} = 6\Omega$$

通过本例的解题过程，我们可以看到含有受控源电路中求取输入、输出电阻的解题步骤是先令一个支路电流为 I_1，再由电流关系找出 I_2，之后在 I_2 支路与外加电压 U 形成的回路中，按巡行方向列出 KVL 方程并求解，就可以解得所求。

本 章 小 结

本章所介绍电路的基本概念和基本定律，是电路原理课程的最基础部分，也是电气电子类各门课程的重要基础，读者应该熟练掌握，为学习后续章节及以后的相关学科打好基础。

本章几个主要内容如下。

1. 理想元件与电路模型

电路中的电气部件虽然繁多，但是就其能够体现电路性态和功能的主要电磁特性来说，都可以用电阻、电感和电容这三种性质单一的理想化电路元件和它们的组合来代替。

电阻 R，代表能量的消耗。

电感 L，代表建立磁场并存储能量。

电容 C，代表建立电场并存储能量。

用电源元件和上述三种理想化元件来表示的电路叫做电路模型。本课及后续电子电气课程均以电路模型形式来加以讨论。

2. 电路中的相关物理量

（1）电流 i：电流是电荷的定向移动形成的，其大小用电流强度表示。

对于交变电流：
$$i = \frac{dq}{dt}$$

对于恒稳电流：
$$I = \frac{Q}{t}$$

电流的单位为安培（A），电流的方向规定以正电荷移动方向为正，做题时假设的电流方向为电流的参考方向。

（2）电压 u：电压是描述电路做功能力大小的物理量，它存在于电路中任意两点之间，其定义为：$u = \frac{dw}{dq}$。

电位是电压的另外一种表现形式，它只是针对于特定的参考点而言，两点间的电位差为该两点之间的电压，即 $U_{ab} = V_a - V_b$。

电压的单位为伏特（V）；电压的方向规定为：电位降落的方向为电压的实际方向；做题时假设的电压降方向为电压参考方向。

（3）功率 P：电流做功的速率称为功率。计算式：$P = UI$。

功率的单位为瓦特（W）；功率计算时正负的取值由电压和电流参考方向是否关联来决定。

U、I 的参考方向关联时：$P = +UI$

U、I 的参考方向非关联时：$P = -UI$

无论用其中哪一个公式计算，只要 $P>0$，就是消耗功率；只要 $P<0$ 就是产生功率。

电阻上的功率可为：$P = I^2R = \dfrac{U^2}{R}$。

3. 电阻的串、并联

电阻串联增大总电阻，$R = R_1 + R_2$。

串联电阻上的电压分配是与阻值成正比的：$U_1 = \dfrac{R_1}{R_1 + R_2}U$；$U_2 = \dfrac{R_2}{R_1 + R_2}U$。

电阻并联时减小总电阻，$R = R_1 // R_2 = \dfrac{R_1R_2}{R_1 + R_2}$。

并联电阻的电流分配是与阻值成反比的：$I_1 = \dfrac{R_2}{R_1 + R_2}I$；$I_2 = \dfrac{R_1}{R_1 + R_2}I$。

4. 电路的基本定律

欧姆定律：适用于任何线性电路中，对于电阻：$U = IR$ 或 $I = GU$。

基尔霍夫定律：KCL 和 KVL。

节点电流定律（KCL）的基本内容可描述为：对电路中任一节点来说，在选定的电流的参考方向下，流进该节点的电流和流出该节点的电流相等，即 $\Sigma I_{入} = \Sigma I_{出}$。

回路电压定律（KVL）可描述为：对电路中任一回路来说，在选定的电压参考方向下，沿回路巡行一周，各段电压降的总和等于各段电压升高的总和，即 $\Sigma U_{降} = \Sigma U_{升}$。

习题与思考题

1-1　在图 1-32 所示电路中，已知 $U_1 = 24$V，$U_3 = 22$V，$I = 5$A，求 U_2 和 P_1、P_2 与 P_3，并说明是产生功率还是消耗功率。

1-2　求图 1-33 中的电压 U_1 与 U_2。

图 1-32　题 1-1 图　　　　图 1-33　题 1-2 图

1-3　如图 1-34 所示两段电路，已知 $U_1 = 20$V，$U_2 = 12$V，根据下列情况，判断 a、c 两点的电位高低：（1）用导线连接 bd；（2）用导线连接 ac；（3）用导线连接 ad；（4）将 bd 两点接地；（5）两电路之间无任何联系。

1-4　在图 1-35 所示电路中，求电流 I、I_1 和 I_2。

1-5　两个白炽灯 A、B 的额定电压都是 110V，A 的功率为 100W，B 的功率为 40W，能否将它们串联在 220V 的电路中工作，为什么？

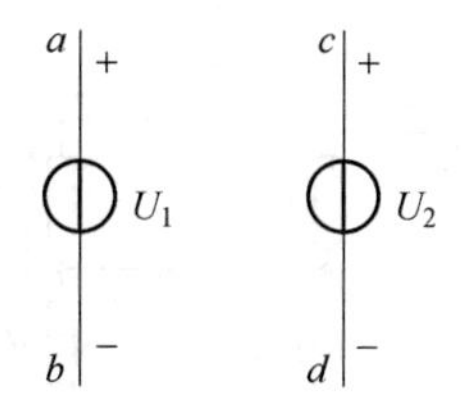

图 1-34　题 1-3 图

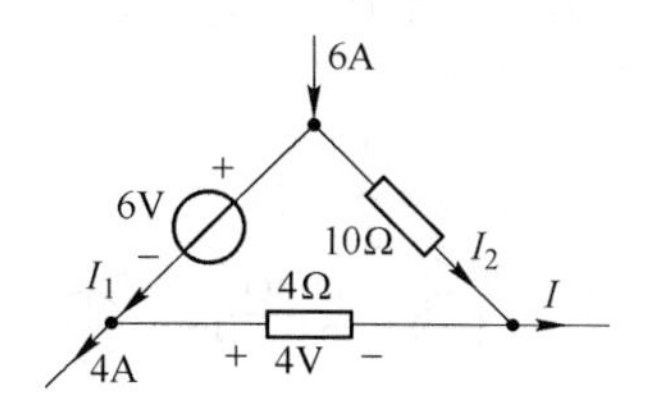

图 1-35　题 1-4 图

1-6　某单位有 220V，100W 的白炽灯 50 个，220V，40W 的日光灯 200 个，平均每天用电 6h，求每月（30 天）用多少度电。

1-7　在图 1-36 所示电路中，已知电流 $I=10\text{mA}$，$I_1=6\text{mA}$，$R_1=3\text{k}\Omega$，$R_2=1\text{k}\Omega$，$R_3=2\text{k}\Omega$。求两个电流表的读数 I_4 和 I_5。

1-8　图 1-37 所示电路中，已知 $R_1=90\Omega$，$R_2=30\Omega$，$R_3=15\Omega$，$R_4=30\Omega$，$R_5=60\Omega$，求开关 S 断开和闭合两种情况下的等效电阻 R_{ab}。

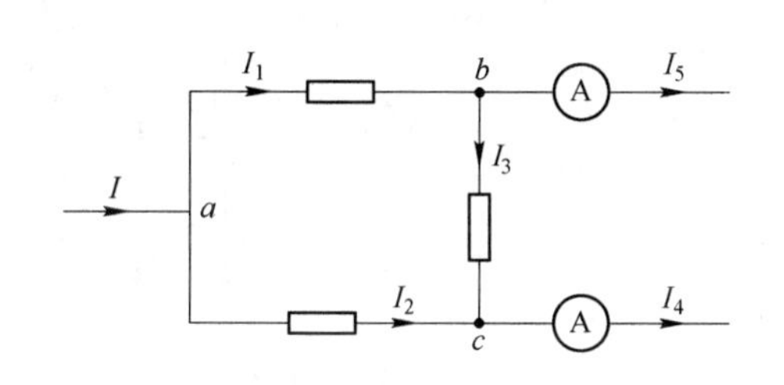

图 1-36　题 1-7 图

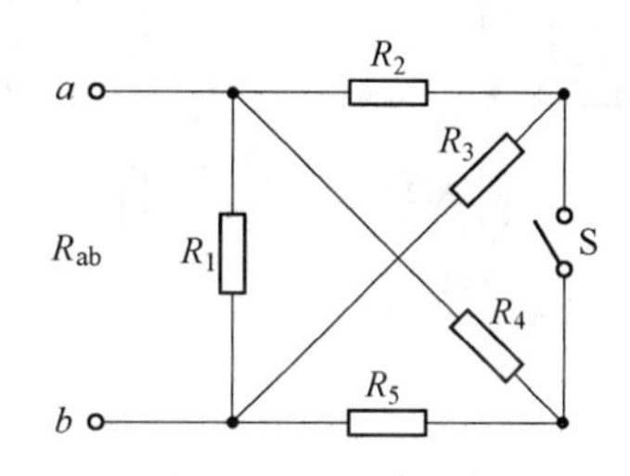

图 1-37　题 1-8 图

1-9　求图 1-38 中各电路的等效电阻 R_{ab}。

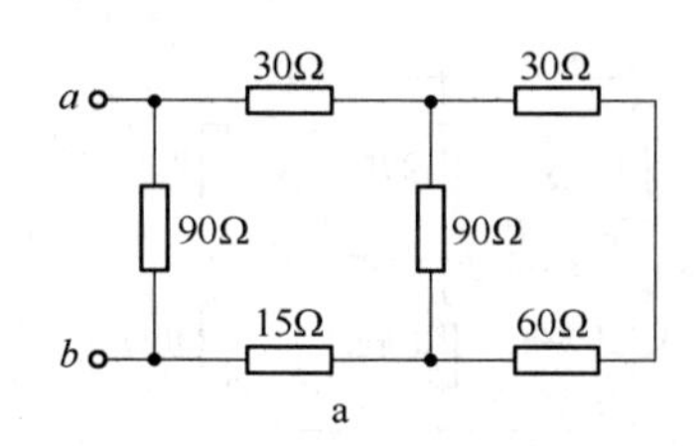

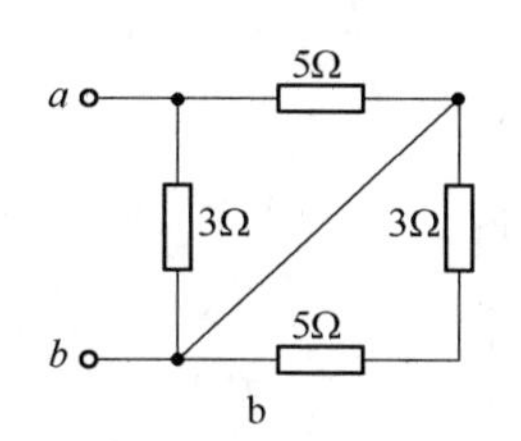

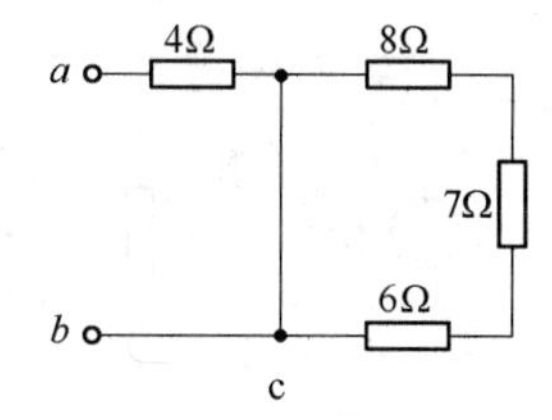

图 1-38　题 1-9 图

1-10　应用 KVL 求图 1-39 所示电路中的 ab 间的电压 U_{ab} 与未知电压源的电压 U。

1-11　用分流公式求图 1-40 所示电路中的电流 I。

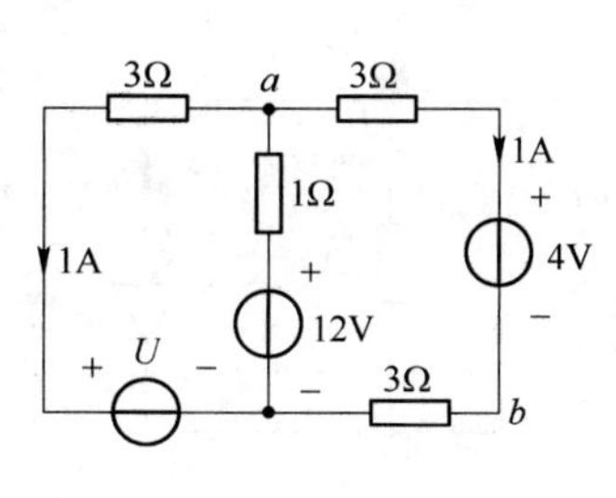

图 1-39　题 1-10 图

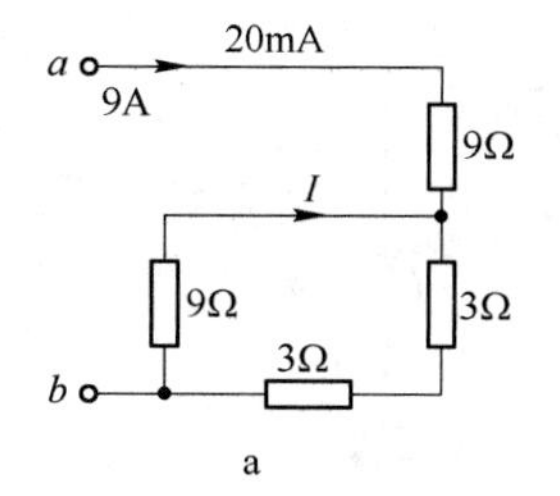

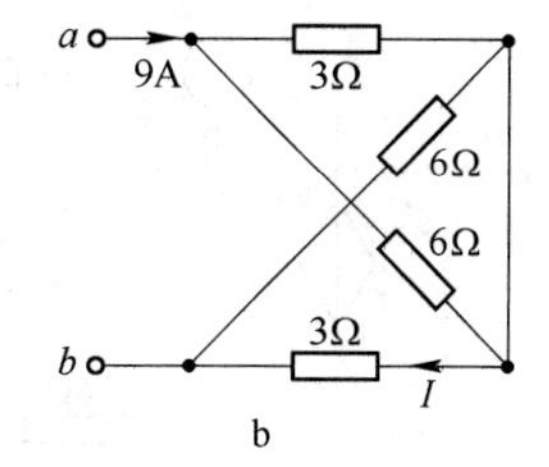

图 1-40　题 1-11 图

1-12　求图 1-41 所示电路中的电流 I。

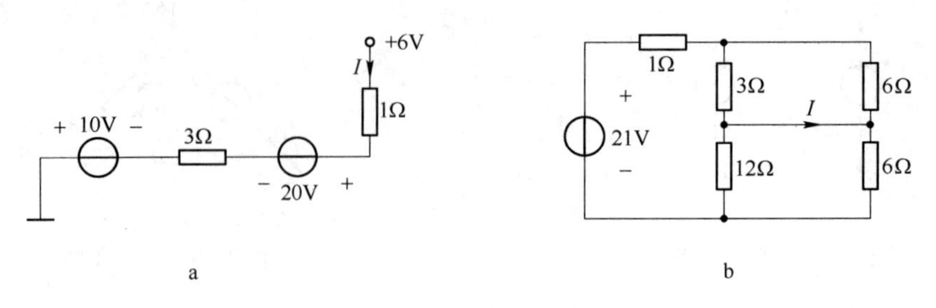

图 1-41　题 1-12 图

1-13　求图 1-42 所示电路中 a 点的电位 V_a。

1-14　如图 1-43 所示电路，当 S 断开和闭合时，试分别计算 a 点和 b 点的电位值。

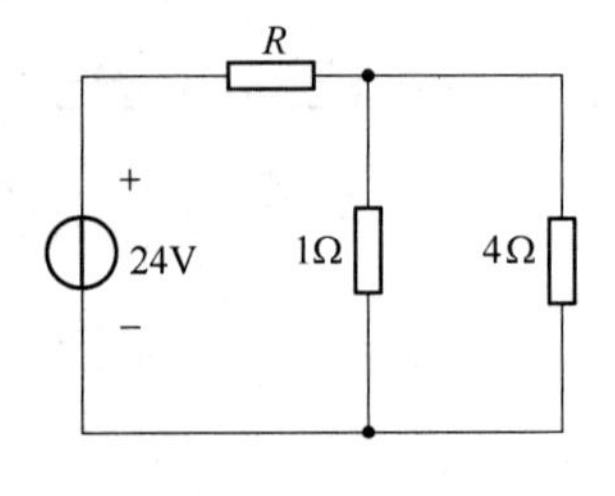

图 1-42　题 1-13 图

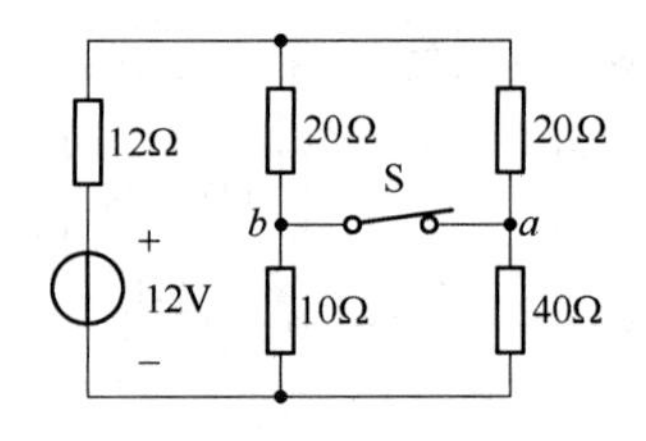

图 1-43　题 1-14 图

1-15　在图 1-44 中，已知 4Ω 电阻消耗的功率为 4W，求电阻 R 的值。

1-16　如图 1-45 所示电路，当：（1）开关 S 断开时，求电压 U_{ab}；（2）开关 S 闭合时，求电流 I_{ab}。

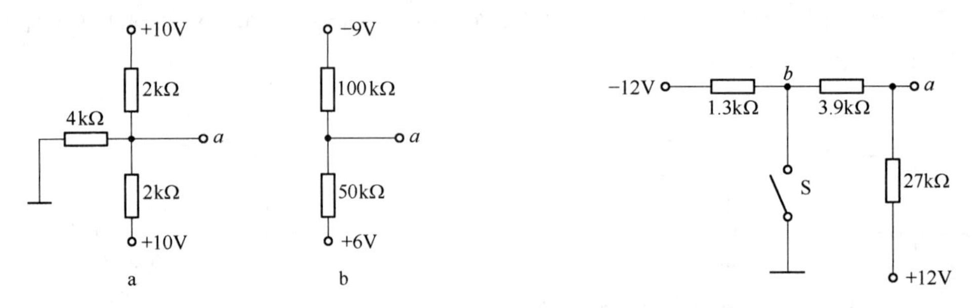

图 1-44　题 1-15 图　　图 1-45　题 1-16 图

1-17　含有受控源的电路如图 1-46 所示，求电流 I。

1-18　含有受控源的电路如图 1-47 所示，求受控源的功率。

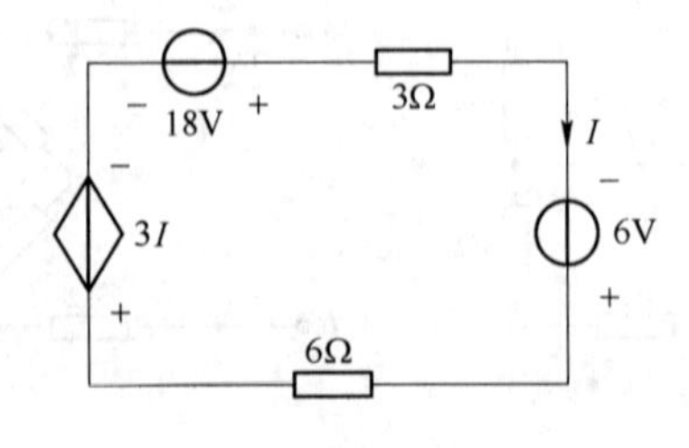

图 1-46　题 1-17 图

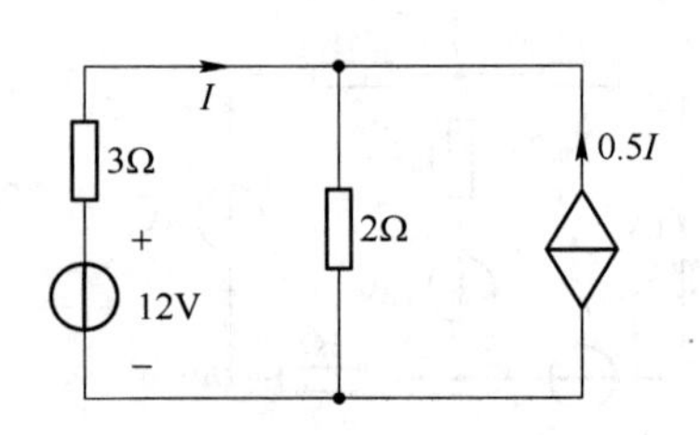

图 1-47　题 1-18 图

2 电路的基本分析方法

知识点

1. 电源的等效变换法；
2. 弥尔曼定理解题法；
3. 戴维南定理解题法；
4. 叠加定理解题法；
5. 支路电流法；
6. 网孔电流法与回路电流法。

学习要求

1. 理解并掌握电源的形式及其两种电源的变换，并能运用于解题；
2. 理解并掌握弥尔曼定理及解题法；
3. 理解支路电流法、网孔电流法，能运用这些方法对电路进行分析、计算；
4. 理解叠加定理、戴维南定理和置换定理的概念，学会应用它们对电路进行求解。

2.1 电压源与电流源的等效变换

任何一种实际电路都必须有电源提供能量，否则电路就不可能工作。这里的有源元件指能对电压、电流起控制和变换作用的单元，按其供电形式的不同，可分为电压源和电流源两种。

2.1.1 电压源

实际电源总是存在内阻的，当电源向外提供电压时，我们希望其内阻越小越好，这样可以提高电源供电的利用率，当实际电压源的内阻为零时，即成为理想电压源，简称电压源，电压源是实际电源的一种理想化模型，其图形符号如图 2-1a 所示，伏安特性如图2-1b 所示，电压源的参数用 U_S 表示。忽略发电机、蓄电池实际电源的内部损耗时，它们就视为电压源 U_S，U_S 的大小反映了电源设备将其他形式的能量转换为电能的本能，数值上等于电源电动势 E。

由电压源伏安特性可知它具有如下特点：

（1）电压源输出的电压 U_S 恒定，由自身情况决定，与流经它的电流大小、方向无关。

（2）电压源输出的电流由它与外接电路的情况共同决定。

（3）当电压源的电压值等于零时，电压源相当于短路。

实际的电压源都是有内阻的，中学物理中所学过的全电路欧姆定律就是考虑了电压源内阻的情况。为了分析电路方便，我们可以把实际电压源用一个理想电压源 U_S 和一个电压源的内阻 R_S 串联起来，构成图 2-2a 所示的实际电压源的模型，其伏安特性如图 2-2b 所示。

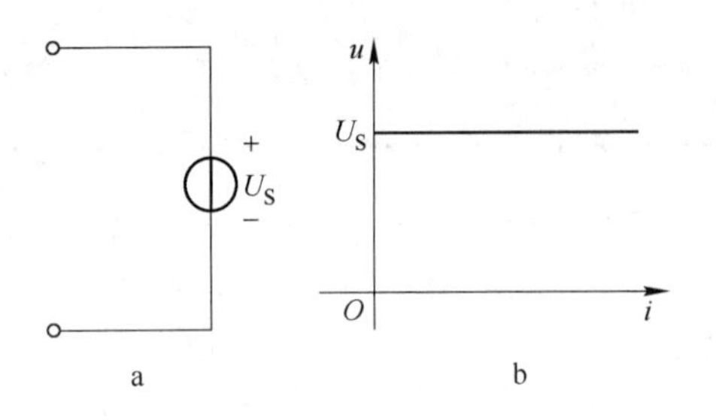

图 2-1　理想电压源图形符号及伏安特性

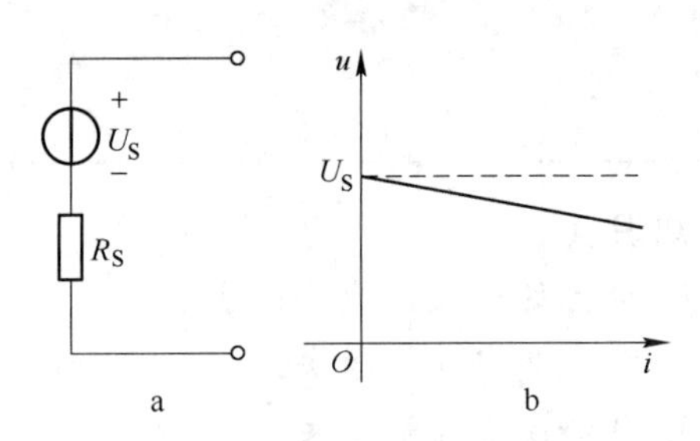

图 2-2　实际电压源的图形符号及伏安特性

特别说明，由于理想电压源的电压恒定，所示理想电压源只能串联使用，不能并联使用。

当理想电压源串联时，其等效的端电压等于相串联理想电压源端电压的代数和。

2.1.2　电流源

光电池等电源元件在向外提供能量时，输出的电流基本不随负载的变化而变化，这时可用理想电流源作为其电路模型，理想电流源简称电流源，其图形符号如图 2-3a 所示，伏安特性如图 2-3b 所示，电流源的参数用 I_S 表示。由电流源的伏安特性可知它具有如下特点：

（1）电流源输出的电流 I_S 恒定，由自身情况决定，与其端电压的大小、方向无关。

（2）电流源两端的电压由它与外接电路的情况共同决定。

（3）当电流源的电流值等于零时，电流源相当于开路。

实际电流源也是有内阻 R_S 的，在以后要学习的模拟电路课程中，可知 R_S 值很大。因此我们可用一个内阻无穷大的理想电流源 I_S 与一个电流源内阻 R_S 并联起来，构成图 2-4a 所示的实际电流源，伏安特性如图 2-4b 所示。

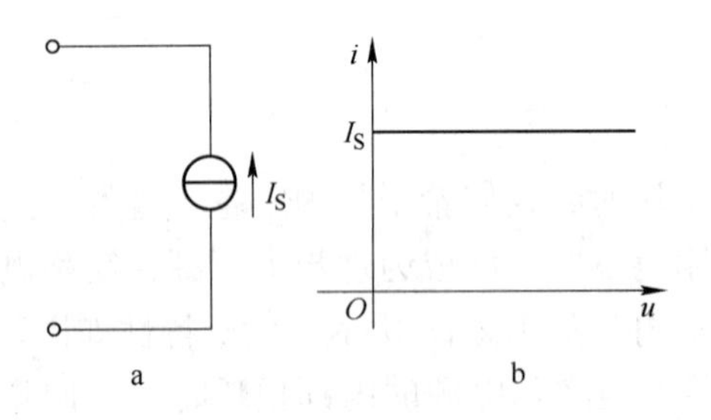

图 2-3　理想电流源图形符号及伏安特性

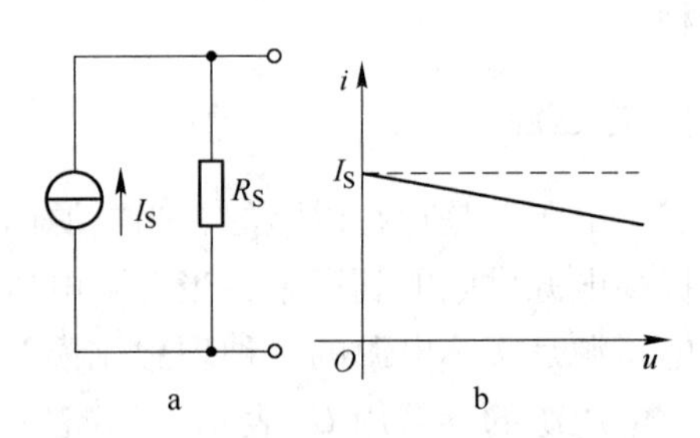

图 2-4　实际电流源的图形符号及伏安特性

特别说明，由于理想电流源的电流恒定，所以理想电流源只能并联使用，不能串联使用。

当理想电流源并联时，其等效的输出电流等于相并联理想电流源端输出电流的代数和。

2.1.3　实际电压源与电流源的等效变换

一个实际电源的外特性是客观存在的，可通过试验手段测绘出来。用以表示实际电源的两种模型都反映了实际电源的外特性，就是说它们反映同一个实际电源的外特性，只是表现形式不同而已。因而实际电源的这两种模型之间必然存在着内在联系，它们对其外部连接电路而言，两种电源模型的作用效果必然相同，即它们之间可以进行“等效变换”。如图2-5所示。

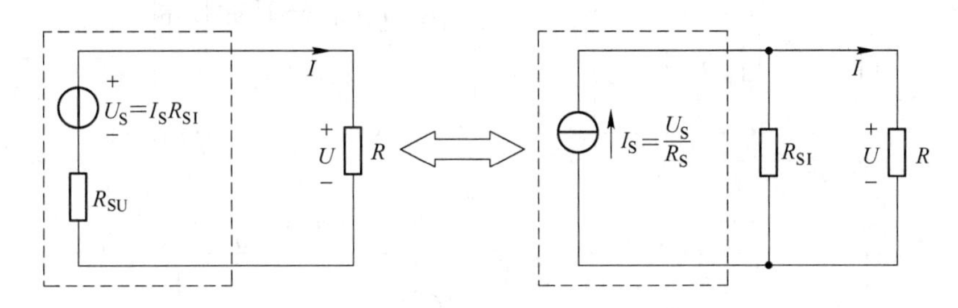

图2-5　电源的等效变换

在进行等效变换时应注意以下几点：

（1）等效变换只能对外电路等效，对内电路则不等效。

（2）把电压源模型等效变换为电流源模型时，I_S 的方向应保持与电压源 U_S 对外输出电流的方向一致，电流源模型的内阻等于电压源内阻，即 $R_{SI}=R_{SU}$，即两电源模型内阻不变。

（3）把电流源模型等效变换为电压源模型时，$U_S=I_SR_{SI}$，注意 U_S 由“－”到“＋”的方向应保持与 I_S 方向相同，电压源模型的内阻等于电流源内阻，即 $R_{SU}=R_{SI}$。

上述变换关系对应的应用公式是：

电流源变为电压源　　$U_S=I_SR_S$　　(2-1)

电压源变为电流源　　$I_S=\dfrac{U_S}{R_S}$　　(2-2)

两种变换内电阻均不改变　　$R_{SU}=R_{SI}$　　(2-3)

【例2-1】　利用电源的等效变换求图2-6a的电流源模型和图2-6c的电压源模型。

解：利用电压源和电流源模型的等效变换条件将图2-6a等效为图2-6b，将图2-6c等效为图2-6d。

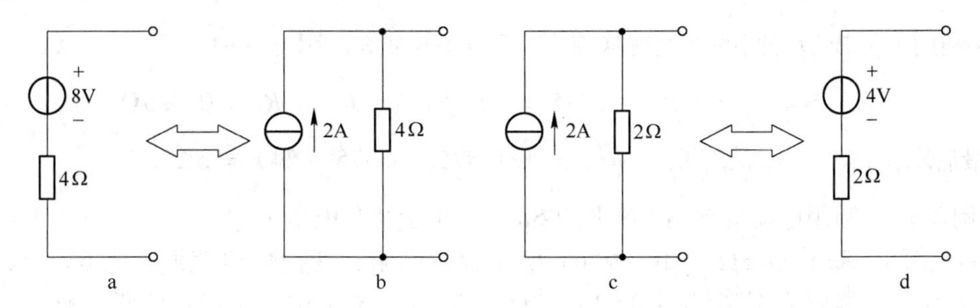

图2-6　例2-1电路图

2.1.4 利用电压源与电流源等效变换的解题方法

【例 2-2】 已知图 2-7 所示电路中 $R_{U1}=1\Omega$，$R_{U2}=0.6\Omega$，$R=246\Omega$，$U_{S1}=130V$，$U_{S2}=117V$。利用电源模型之间的等效变换求出 R 中流过的电流 I。

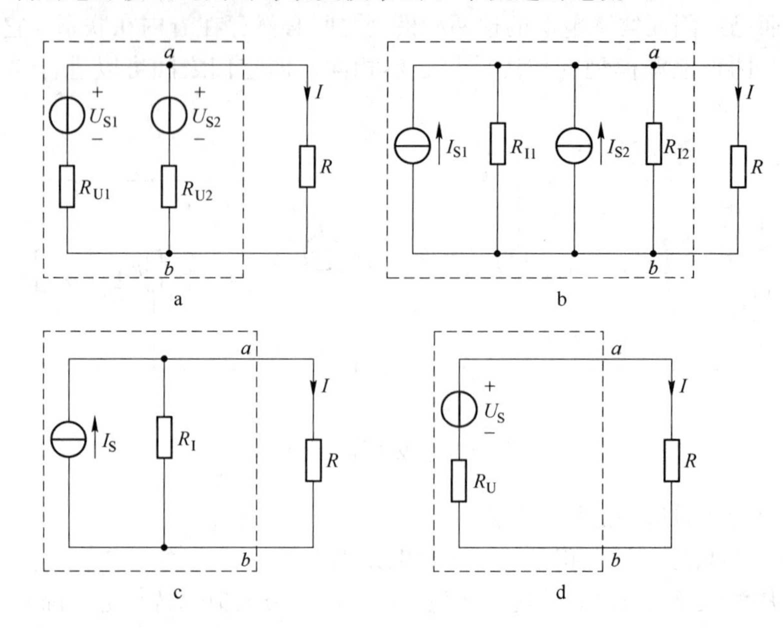

图 2-7 例 2-2 电路图

解：首先将图 2-7a 中的两个电压源模型等效变换为图 2-7b 电路中的两个电流源模型，其中：

$$I_{S1}=U_{S1}/R_{U1}=130/1=130A \qquad R_{I1}=R_{U1}=1\Omega$$

$$I_{S2}=U_{S2}/R_{U2}=117/0.6=195A \qquad R_{I2}=R_{U2}=0.6\Omega$$

在变换过程中，应注意电流的箭头方向要始终与电压由“ - ”到“ + ”的参考方向保持一致，随后对图 2-7b 中的两电流源模型进行合并，可得图 2-7c 所示电路，其中：

$$I_S=I_{S1}+I_{S2}=130+195=325A$$

$$R_I=R_{I1}\,/\!/\,R_{I2}=1\,/\!/\,0.6=0.375\Omega$$

再利用电源模型之间的等效变换将图 2-7c 变换为图 2-7d，其中

$$U_S=I_SR_I=325\times0.375=121.875V \quad R_U=R_I=0.375\Omega$$

最后求得： $I=U_S/(R_U+R_L)=121.875/(0.375+24)=5A$

【例 2-3】 利用电源等效变换求图 2-8a 中的电流 I 和电压 U。

解：将图 2-8a 中的 3Ω 电阻看成 6V 电压源的内阻，变换成电流源，为 6V/3Ω = 2A，与 3Ω 并联后，等效为图 2-8b 中的 2A、3Ω 电流源；同样 6Ω 与 12V 串联支路等效为图 2-8b中的 2A、6Ω 电流源；3Ω 与 1A 电流源串联，由于理想电流本身内阻视为无穷大，所

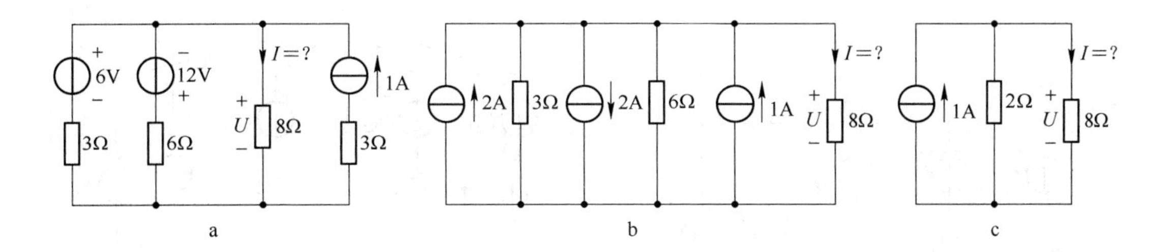

图 2-8 例 2-3 电路图

以 3Ω 电阻可以忽略，等效为图 2-8b 中的 1A 支路。

另外，为了解题方便，将 8Ω 电阻支路调到最后。

显然三个电流源是并联的，可合并为一个，即 2 − 2 + 1 = 1A，合并的结果如图 2-8c 所示的 1A 电流源，方向向上。

图 2-8b 中的 3Ω 和 6Ω 两电阻并联，等效电阻为 2Ω，与 1A 电流源并联。

图 2-8c 中
$$I = [2/(2+8)] \times 1 = 0.2\text{A}$$
$$U = IR = 0.2 \times 8 = 1.6\text{V}$$

特别说明 1：与电流源相串联的电阻是无用的，应去掉。

特别说明 2：待求支路在整个变换求解过程中要始终保留，否则就失去了求解对象。图 2-8a 中的 8Ω 电阻所在支路就属于这样的情况。

2.2 节点电位法

节点电位法是以节点电位（各节点对参考点的电压）为求解对象，列写节点电位方程并求解节点电位，再求解支路电流或支路电压的分析方法。

节点电位法适用于两个和两个节点以上的电路。

2.2.1 弥尔曼定理

对于只有两个节点的电路计算，应用弥尔曼定理是最简便的。

这一定理的解题思路是：将其中一个节点选为参考点，求出另一个节点电位 V 后，则两节点间的任一支路中的电流和电压的求解就容易了。

下面以图 2-9 为例介绍弥尔曼定理。

为了便于分析，把图 2-9 画成图 2-10，图中具有两个节点 A 和 B，若选 B 点为参考点，两节点间的电压为 U_{AB}。

各支路电流的方向如图 2-10 所示，根据含源支路欧姆定律，各支路电流分别为：

$$I_1 = \frac{U_{S1} - U_{AB}}{R_1} \quad I_2 = \frac{-U_{S2} - U_{AB}}{R_2} \quad I_3 = \frac{U_{S3} - U_{AB}}{R_3} \quad I_4 = \frac{U_{AB}}{R_4}$$

根据基尔霍夫第一定律，节点 A 的电流方程为：

$$I_1 + I_2 + I_3 - I_4 + I_S = 0$$

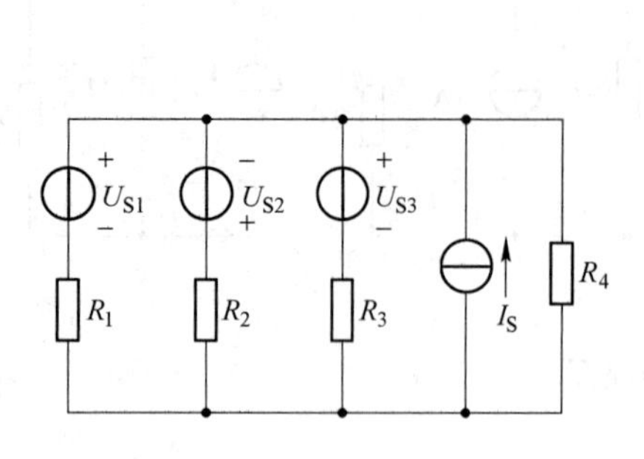

图 2-9　两节点复杂电路

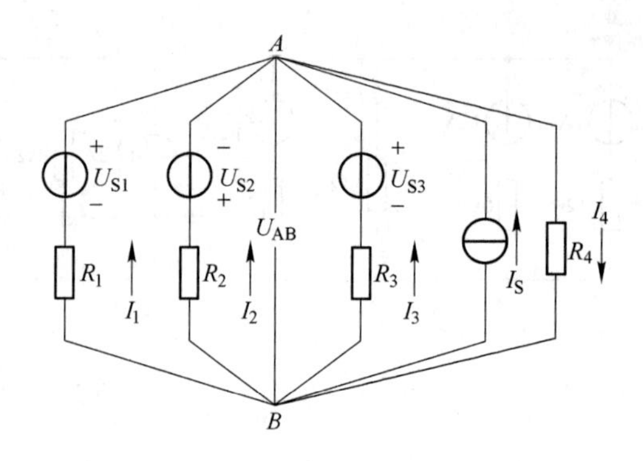

图 2-10　节点电位法例图

即

$$\frac{U_{S1}-U_{AB}}{R_1}+\frac{-U_{S2}-U_{AB}}{R_2}+\frac{U_{S3}-U_{AB}}{R_3}-\frac{U_{AB}}{R_4}+I_S=0$$

经变换和整理，可解出

$$U_{AB}=\left(\frac{U_{S1}}{R_1}-\frac{U_{S2}}{R_2}+\frac{U_{S3}}{R_3}+I_S\right)\bigg/\left(\frac{1}{R_1}+\frac{1}{R_2}+\frac{1}{R_3}+\frac{1}{R_4}\right)$$

写出一般形式为：

$$U=\frac{\Sigma(U_S/R)+\Sigma I_S}{\Sigma(1/R)}=\frac{\Sigma(U_SG)+\Sigma I_S}{\Sigma G} \tag{2-4}$$

式（2-4）表明：节点电位等于各支路电压源电压和电导乘积的代数和与电流源电流的代数和的总和除以各支路电导之和。上式中，分母各项的符号都是正的，分子各项的符号按以下原则确定：ΣU_SG 项中凡电压源促使所设节点电位升高者取“＋”号，使节点电位降低者取“－”号；ΣI 项中凡是电流源方向与节点电压的方向相同，取“－”，方向相反取“＋”。上述公式是弥尔曼在 1940 年提出的，所以也称为弥尔曼定理。

【例 2-4】　如图 2-11 所示电路，求：（1）图 2-11a 的 U；（2）图 2-11b 的 R；（3）图 2-11c 的 U；（4）已知图 2-11d 中 A 点电位为 14V，求 U_S。

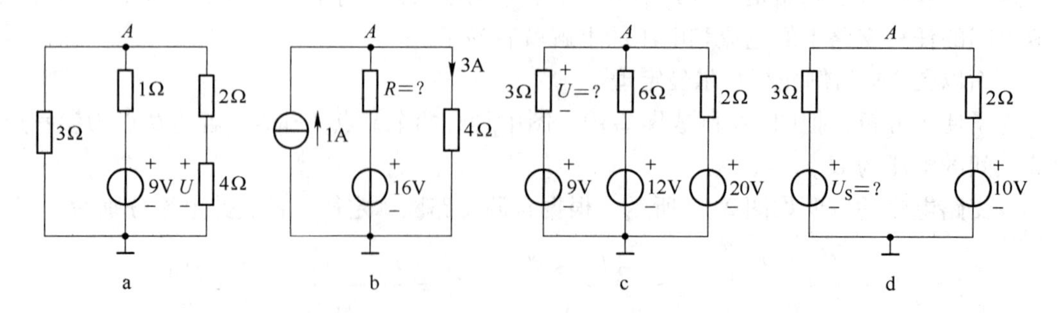

图 2-11　例 2-4 电路图

解：（1）按图 2-11a 所设的参考点，由弥尔曼定理得 A 点的电位为

$$V_A = \frac{\frac{9}{1}}{\frac{1}{3}+\frac{1}{1}+\frac{1}{2+4}} = \frac{\frac{9}{1}}{\frac{9}{6}} = 6\text{V}$$

由分压公式知，4Ω 电阻上的电压

$$U = \frac{4}{2+4}\times 6 = 4\text{V}$$

（2）按图 2-11b 所设的参考点，由弥尔曼定理得 A 点的电位为

$$V_A = \frac{\frac{16}{R}+1}{\frac{1}{R}+\frac{1}{4}}$$

另 4Ω 支路上的电流为 3A，用欧姆定律求得 $V_A = 4\times 3 = 12\text{V}$。

将 $V_A = 12\text{V}$ 代入上式，求得 $R = 2\Omega$。

（3）按图 2-11c 所设的参考点，由弥尔曼定理得 A 点的电位为

$$V_A = \frac{\frac{9}{3}+\frac{12}{6}+\frac{20}{2}}{\frac{1}{3}+\frac{1}{6}+\frac{1}{2}} = 15\text{V}$$

由电位比较法,求得 $U = 15 - 9 = 6\text{V}$

（4）按图 2-11d 所设的参考点，由弥尔曼定理得 A 点的电位

$$V_A = \frac{\frac{U_S}{3}+\frac{10}{2}}{\frac{1}{3}+\frac{1}{2}}$$

根据已知条件知 $V_A = 14\text{V}$，并代入上式，求得 $U_S = 20\text{V}$。

2.2.2 两个以上节点的电路

两个节点的电路，可利用弥尔曼定理进行求解，三个节点或更多节点的电路怎样求解呢？解决多节点电路的方法有很多，其中一种方法是利用电源等效变换，将电路的节点减少到两个，然后再使用弥尔曼定理进行求解。这里介绍求解三个以上节点电路的更有效方法之一——节点电位法。

节点电位法的解题方法：

（1）确定电路图中的节点，选定参考点。

（2）列写节点电位方程

$$\textbf{自电导} \times \textbf{本节点电位} - \Sigma(\textbf{互电导} \times \textbf{相邻节点电位}) = \Sigma I \qquad (2\text{-}5)$$

自电导是与本节点相连接的各支路的电导之和。

互电导是相邻节点与本节点之间支路的电导。

特别说明1：与本节点相连接的支路为电流源支路时，ΣI 为电流源的代数和。若电流源流入本节点的电流取“+”，流出本节点的电流取“-”。

特别说明2：与本节点相连接的支路为电压源支路时，$\Sigma I=\Sigma(U_S/R_S)$。若电压源的“+”与本节点相连取“+”，与参考点相连取“-”。

特点说明3：当电路中含受控源时，首先把受控源当做独立源看待，如果受控源的控制量不是某节点的电压，则应根据电路的具体结构补充一个反映受控源的控制量与有关的节点电位关系的方程，使方程数与未知量相一致。

特别说明4：一般情况下节点电位方程数为节点数减一。

（3）求解节点电位方程。

（4）再由解得的节点电位求出欲求的支路电压或电流。

【例2-5】 电路如图2-12所示，求电流 I_1 和 I_2。

解：（1）在电路图上标出节点，选点节点 c 为参考点.

（2）列写节点电位方程

$$\left(\frac{1}{2}+\frac{1}{4}\right)V_a-\frac{1}{2}V_b=14$$

$$\left(\frac{1}{2}+\frac{1}{6}+\frac{1}{12}\right)V_b-\frac{1}{2}V_a=\frac{18}{12}$$

（3）求解方程，得 $V_a=36\text{V}\quad V_b=26\text{V}$

（4）求 I_1 和 I_2

由有源支路欧姆定律，可得

$$I_1=\frac{V_a}{4}=\frac{36}{4}=9\text{A}\qquad I_2=\frac{V_b}{6}=\frac{26}{6}=4.3\text{A}$$

【例2-6】 电路如图2-13所示，列出分别以4、3为参考点时的节点电位方程。

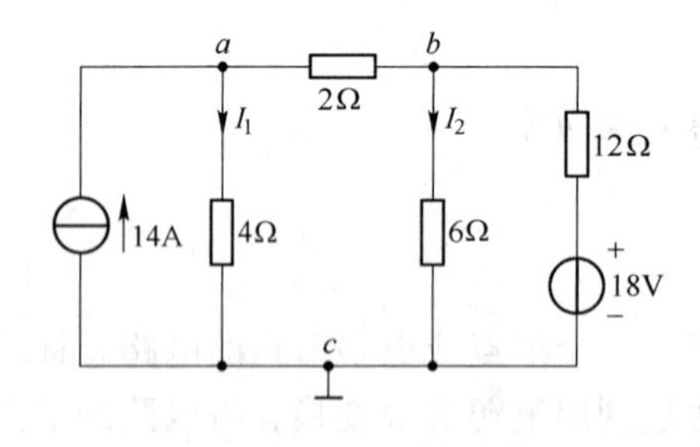

图2-12 例2-5电路图

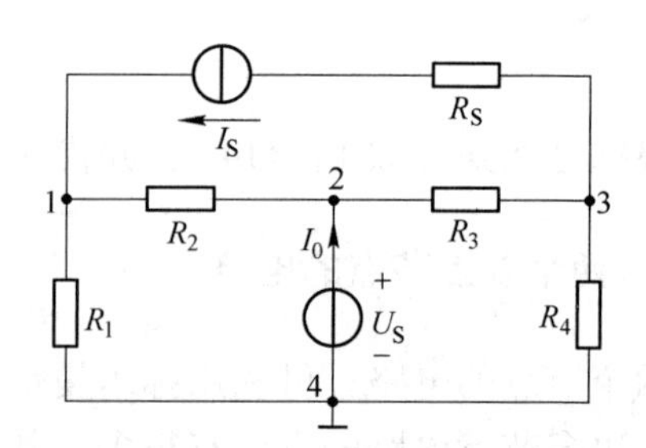

图2-13 例2-6电路图

解：（1）以4为参考点时的节点电位方程。

$$\left(\frac{1}{R_1}+\frac{1}{R_2}\right)V_1-\frac{1}{R_2}V_2=I_S$$

$$\left(\frac{1}{R_3}+\frac{1}{R_4}\right)V_3-\frac{1}{R_3}V_2=-I_S$$

$$V_2 = U_S$$

由于4点为 U_S 电压源的负极，所以 $V_2 = U_S$

注意，由于 R_S 与 I_S 串联，它与 I_S 的内阻相比甚小，可省略，不列入自电导和互电导之内。

（2）以3点为参考点的节点电位方程

$$\left(\frac{1}{R_1}+\frac{1}{R_2}\right)V_1 - \frac{1}{R_2}V_2 - \frac{1}{R_1}V_4 = I_S$$

$$\left(\frac{1}{R_2}+\frac{1}{R_3}\right)V_2 - \frac{1}{R_2}V_1 = I_0$$

$$\left(\frac{1}{R_1}+\frac{1}{R_4}\right)V_4 - \frac{1}{R_1}V_1 = -I_0$$

$$V_2 - V_4 = U_S$$

本例中，假设了电压源 U_S 支路的电流 I_0，并作为电流源电流列入方程。

显然，参考点的选择很关键，若选择不当，会增加方程数。通常选择电压源一极为参考点。

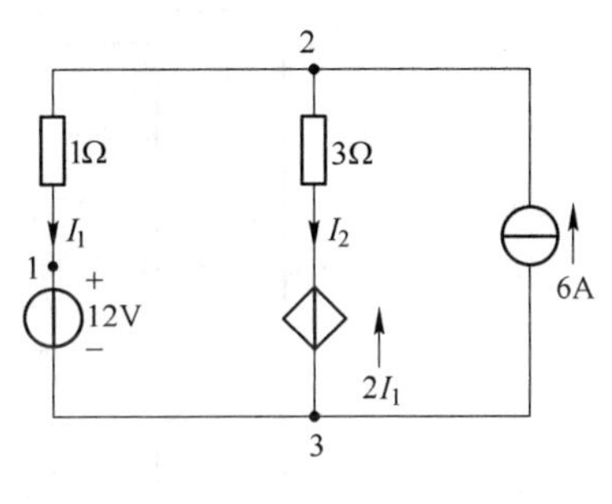

图2-14　例2-7电路图

【例2-7】 电路如图2-14所示，求电路电流 I_1 和 I_2。

解： 选定3点为参考点，则 $V_1 = 12\text{V}$

所以节点2的节点电位方程为

$$\left(\frac{1}{1}+\frac{1}{3}\right)V_2 - \frac{1}{1}V_1 = 6 + \frac{2I_1}{3}$$

且
$$I_1 = \frac{V_2 - V_1}{1}$$

解联立方程得
$$I_1 = 1\text{A} \qquad V_2 = 13\text{V}$$

由有源支路欧姆定律，可得

$$I_2 = \frac{V_2 + 2I_1}{3} = 5\text{A}$$

当电路中含有受控源时，我们仍用类似的方法来建立求解节点电位所需的方程组，所不同的是必须把受控源的控制量用节点电位来表示，因此需要补充方程。当然如果控制量就是所求的节点电位，则不必再补充方程。

2.3　等效电源定理

在电路分析计算中，有时只需要计算电路中某一支路的电流和电压，如果用前面介绍的一些方法，会有一些不必要的麻烦。为了简化计算，常用等效电源定理求解。该方法是把待求支路暂时从电路中取出，把其余电路用一个等效电压源或一个等效电流源来代替，之后再把待求支路接入该等效电压源或等效电流源上，便可求解该支路了。

在介绍等效电源定理之前，先介绍相关名词术语。

（1）线性：指网络中的电阻元件的阻值是恒定的。

（2）有源：指的是该网络中有为电路提供能量的独立电压源或电流源，独立源是相对于受控源而言的。

（3）二端网络：任何具有两个出线端的部分电路都称为二端网络。

（4）含源二端网络：含有电源的二端网络称为含源二端网络或有源二端网络，否则叫做无源二端网络。

2.3.1　戴维南定理

戴维南定理是法国电报工程师 L. C. Thevenin 于 1883 年提出的，其内容为：任何一个有源线性二端网络 N（图 2-15a），对其端口来说，可等效为一个理想电压源 U_0 串联一个电阻 R_0 的电源模型（图 2-15b）。该电压源的电压值 U_0 等于二端网络 N 两个端子间的开路电压（图 2-15c），其电阻 R_0 等于 N 内部所有独立源为零（独立电压源短路，独立电流源开路）时所得电路 N_0 的端口等效电阻（图 2-15d）。

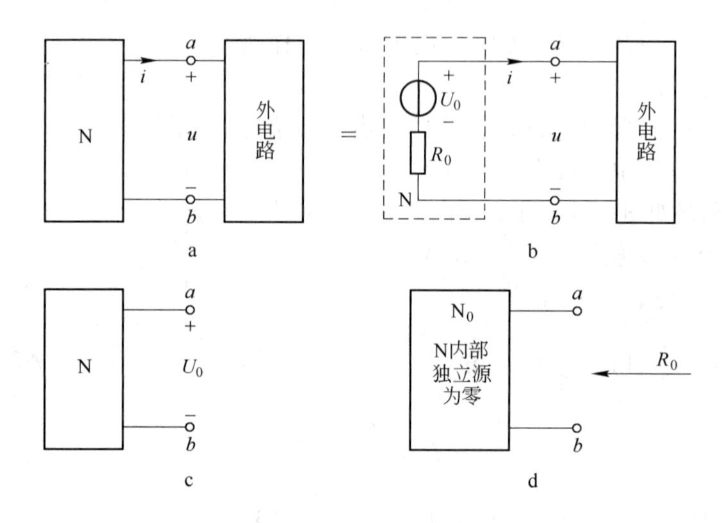

图 2-15　戴维南定理示意图

这一电压源 U_0 串联电阻 R_0 的电源模型常称为戴维南等效电路，其中串联电阻 R_0 称为戴维南等效内阻。

对外电路而言，用戴维南定理将网络 N 用 R_0 串 U_0 代替后，在外电路 R 上产生的电压、电流，与代替前相比较是完全一样的。

戴维南定理的正确性，从物理意义上来说是不难理解的。既然网络 N 内由电阻和电源组成，对外而言，其总体效果当然应该表现为一个既有内阻又有电压的实际电压源。对它的严密性证明，此处从略，有兴趣的读者可以参考其他书籍。

戴维南定理的关键是求解出戴维南等效电路的开路电压 U_0 和等效内阻 R_0。

（1）开路电压 U_0。可以按照其定义，把待求支路断开后，用求解电路的一般方法将开路电压 U_0 计算出来即可，也可以按照定义，在断开待求支路后，用电压表测量出开路电压 U_0。

（2）用计算法求等效内阻 R_0。用计算法求解 R_0 时，可分为三种情况：

1）若网络 N 内没有受控源，则将内部的独立电压源 U_S 短路、独立源 I_S 开路后，再用电阻串并联的计算方法直接求出。

2）若网络 N 内有受控源，在短路 U_S 和开路 I_S 时，一定要保留受控源，然后在断开处标上电压 U 和电流 I（即加 U 求 I，或加 I 求 U），找出 U 和 I 的关系，则可计算出 $R_0 = U/I$。

3）用短路法求出短路电流 I_S 后，再根据 $R_0 = U_0/I_S$，也可求出 R_0。此方法称为短路法。

（3）用测量法求 R_0。在一个实际的含源网络 N 中，按戴维南定理等效成 R_0 串 U_0 后，在开路时用电压表测量出了 U_0，如图 2-16a 那样，在 a、b 两端用电流表测量出其短路电流 I_S，显然有

$$R_0 = \frac{U_0}{I_S} \tag{2-6}$$

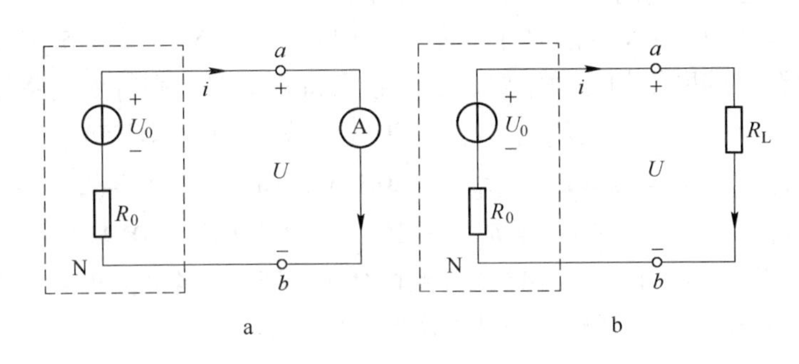

图 2-16　测量法求 R_0

上述直接测量短路电流的方法很不安全，因为事先并不知道 R_0 的大小，若实际电路的 R_0 很小，则将有很大的电流 I_S 输出，这是很危险的，因此，不要轻易采用这个方法。

较好的方法是图 2-16b 那样，用一个已知阻值的电阻 R_L 接入电路中，并用电压表测量出路端电压 U，则由全电路欧姆定律得

$$U_0 = U + IR_0 = U + \frac{U}{R_L}R_0 = \left(1 + \frac{R_0}{R_L}\right)U$$

由此计算出

$$R_0 = \left(\frac{U_0}{U} - 1\right)R_L$$

这个方法是工程上测量实际电路输出电阻 R_0 的常用方法。

【例 2-8】　电路如图 2-17a 所示，求当 R_L 分别为 2Ω、4Ω 及 16Ω 时，该电阻上的电流 i。

解：根据戴维南定理，用戴维南定理求 R_L 支路电流的步骤如下：

（1）把电路分为待求支路和含源二端网络两部分。

（2）断开待求支路，如图 2-17b 所示，求出含源二端网络开路电压 U_0，即为等效电源的电源值。

$$U_0 = \left(\frac{R_3}{R_1 + R_2 + R_3} \times 30\right) + 10 = \left(\frac{5\Omega}{1\Omega + 9\Omega + 5\Omega} \times 30\right) + 10 = 20\text{V}$$

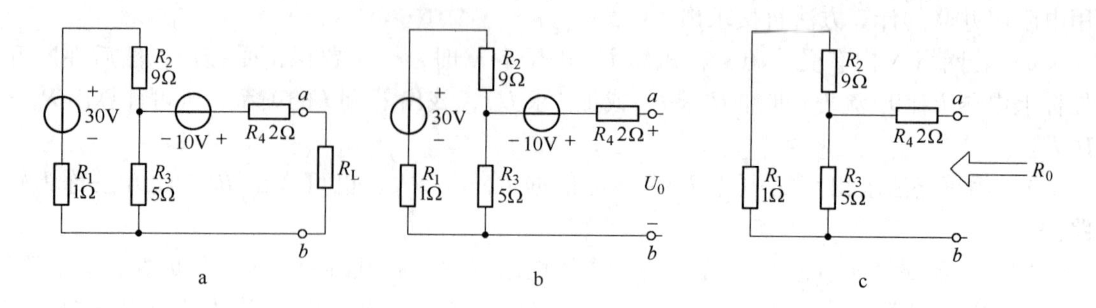

图 2-17　例 2-8 电路图

（3）如图 2-17c 所示，将网络内各电源置零（即将电压源短路，电流源开路），仅保留电源内阻，求出网络两端的输入电阻，即为等效电源的内阻 R_0。

$$R_0 = [(R_1 + R_2) \,/\!/\, R_3] + R_4 = [(1 + 9) \,/\!/\, 5] + 2 = 5.33\Omega$$

（4）画出含源二端网络的等效电路，然后接入待求支路，则待求支路的电流为：

$R_L = 2\Omega$ 时，　　$I = U_0/(R_0 + R_L) = 20/(5.33 + 2) = 2.73\text{A}$

$R_L = 4\Omega$ 时，　　$I = U_0/(R_0 + R_L) = 20/(5.33 + 4) = 2.14\text{A}$

$R_L = 16\Omega$ 时，　　$I = U_0/(R_0 + R_L) = 20/(5.33 + 16) = 0.94\text{A}$

【例 2-9】　今测得某一有源二端网络开路电压 $U_0 = 5\text{V}$，当接上负载电阻 $R_L = 6\text{k}\Omega$ 时，测得 R_L 两端电压 $U = 3\text{V}$，试画出它的戴维南等效电路。

解： 根据

$$R_0 = \left(\frac{U_0}{U} - 1\right) R_L$$

可求得　　$R_0 = [(5/3) - 1] \times 6 = 4\text{k}\Omega$

其戴维南等效电路如图 2-18 所示。

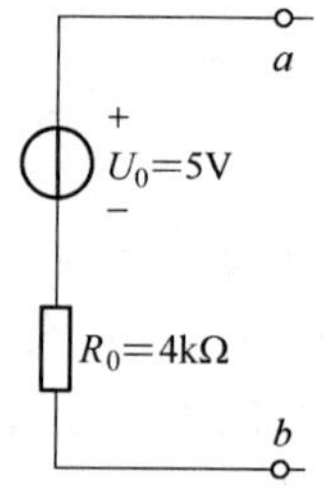

图 2-18　例 2-9 电路图

【例 2-10】　求如图 2-19a 所示电路的戴维南等效电路。

解：（1）如图 2-19b 所示，求出含源二端网络开路电压 U_0，即为等效电源的电源值。

此题中含有受控源，在求解任何电路图时，首先要用 KCL 搞清电流关系，并把它们标在电路图上，分析时就会觉得有条理，若把所有待求的和已知的条件标在图上，求解会更迅速，应该养成这种良好习惯。图 2-19b 中，由电流关系可知，4Ω 电阻上的电流为

$$2I_1 - I_1 = I_1$$

图中 a、b 开路，所以 10Ω 电阻上的电流也是 I_1。我们按图中所设的巡行方向，并且取电压降低为正，电压升高为负，则由 KVL 方向 $\Sigma U = 0$ 得

$$6I_1 + 10I_1 - 4I_1 - 12 = 0$$

解得

$$I_1 = 1\text{A}$$

由欧姆定律得 U_0 就是 I_1 通过 10Ω 时的电压降，即 $U_0 = 10 \times 1 = 10\text{V}$。

（2）U、I 法求解 R_0。本方法要求首先将电路中电压源短路、电流源开路、受控源保

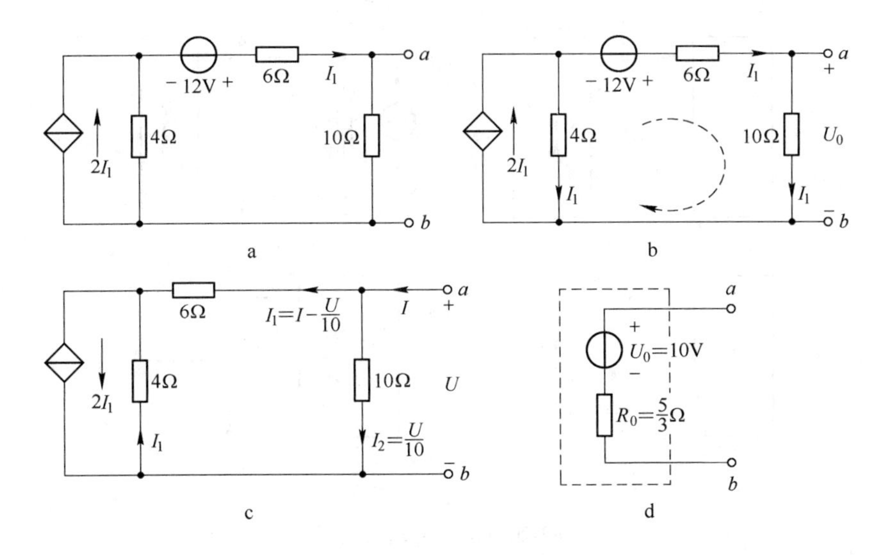

图 2-19　例 2-10 电路图

留，这样就得到了图 2-19c。注意到外加 U、I 后，按照电流是高电位向低电位流动的规律，6Ω 电阻上电流应与图 2-19b 相反，而受控源电流大小、方向都是随着控制者变化的，因此在图 2-19c 中，$2I_1$ 和 I_1 都反向了。当然不反向也是可以的，这里只是增加一些解题技巧而已。

我们把所有能弄清楚的电流关系都标在图 2-19c 中，例如 10Ω 电阻上的电流，根据欧姆定律应为 $U/10$，也标入图中。所有电流都用 I 表示出来之后，按顺时针方向列出 KVL 方程为

$$4\left(I-\frac{U}{10}\right)-6\left(I-\frac{U}{10}\right)+U=0$$

由此方程得 U、I 的关系为

$$\frac{6}{5}U=2I$$

即

$$R=\frac{U}{I}=\frac{5}{3}\Omega$$

由求出的 $U_0=10\text{V}$，$R_0=5/3\Omega$，可画出图 2-19d 所示的戴维南等效电路。

2.3.2　诺顿定理

诺顿定理是戴维南定理的对偶形式，它是在戴维南定理发表 50 年后由美国贝尔实验室工程师 E. L. Nordton 提出的，其内容：任何一个有源线性二端网络 N（图 2-20a），对其端口来说，可等效为一个理想电流源 I_{SC} 并联一个电导 G_0 的电源模型（图 2-20b）。该电流源的电流值 I_{SC} 等于二端网络 N 两个端子短路时其上的短路电流（图 2-20c），其并联电导 G_0 等于 N 内部所有独立源为零（独立电压源短路，独立电流源开路）时所得电路 N_0 的端口等效电导（图 2-20d）。

这一电流源 I_{SC} 并联电导 G_0 的电源模型常称为诺顿等效电路，其中并联电导 G_0 称为诺顿等效电导，为戴维南等效电阻的倒数，即 $G_0=1/R$。

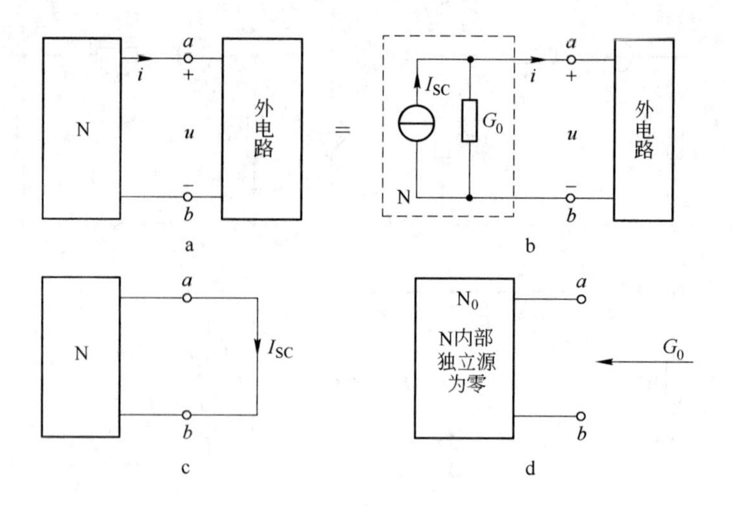

图 2-20　诺顿定理示意图

诺顿定理的证明非常简单。由于任何有源线性二端电路都可以等效为戴维南等效电路，根据电源两种模型互换即可得到诺顿等效电路，如图 2-21 所示。故诺顿定理可看作戴维南定理的另一种形式。

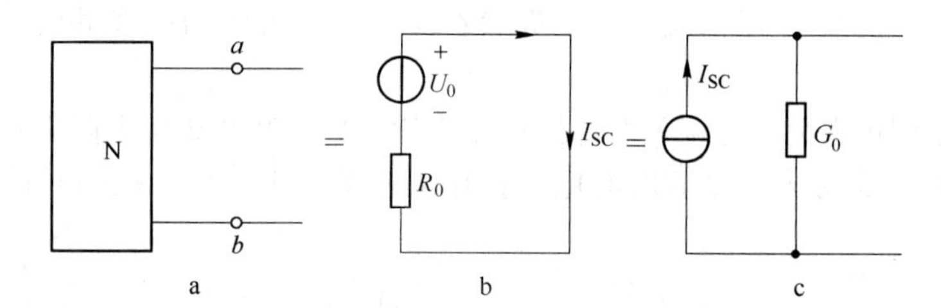

图 2-21　诺顿等效电路与戴维南等效电路的关系

由图 2-21b 可以看出开路电压 U_0、短路电流 I_{SC}、戴维南等效内阻 R_0 三者之间的关系为：

$$R_0 = \frac{U_0}{I_{SC}} \tag{2-7}$$

上式给出求解戴维南等效内阻 R_0 的另一种方法，这种方法简称为开路短路法，一般常用来求含受控源电路的戴维南或诺顿等效电导。

【例 2-11】 求图 2-22a 所示二端网络 N 的诺顿等效电路。

解：（1）求短路电流 I_{SC}。将 ab 端短路，并标出短路电流 I_{SC}，如图 2-22b 所示，且

$$I_1 = 0$$

从而知受控电压源的电压值

$$200I_1 = 0(\text{相当于短路})$$

这样图 2-22b 电路等效为图 2-22c，显然

$$I_{SC} = 40/100 = 0.4\text{A}$$

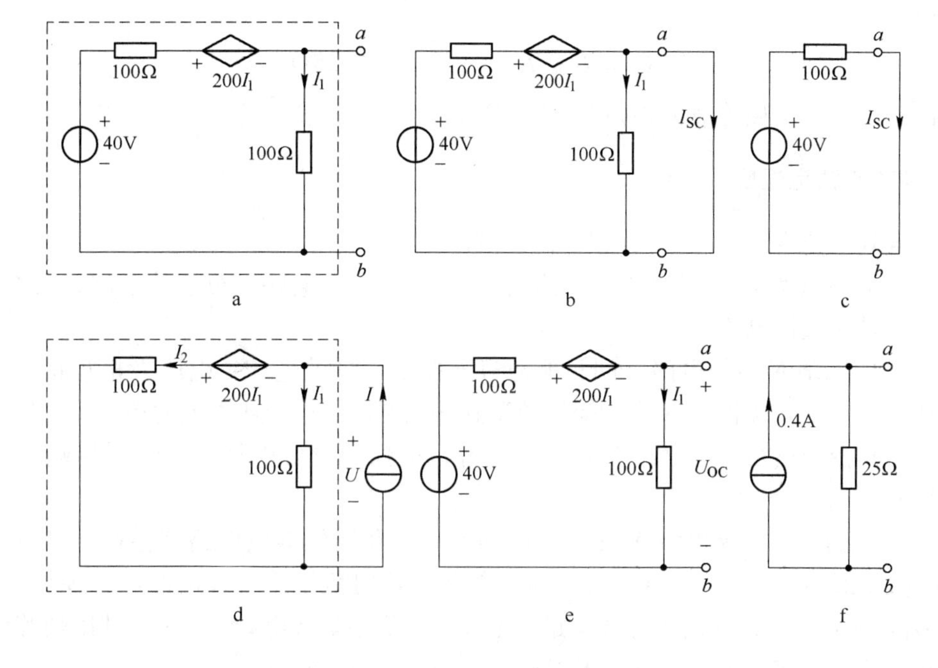

图 2-22　例 2-11 电路图

（2）求等效内阻 R_0。

解法一　利用 R_0 的定义，用外加电源法求 R_0。

将二端电路 N 内的独立电压源短路，得到 N_0，并外加电流源 I，求电压 U，注意 U 与 I 对二端电路应取关联参考方向，如图 2-22d 所示，且

$$I_1 = U/100$$

$$I_2 = I - I_1 = I - U/100$$

则由 KVL 方程，得

$$U = -200I_1 + 100I_2 = -2U + 100I - U$$

化简上式得

$$U = 25I$$

故

$$R_0 = U/I = 25\Omega$$

解法二　利用开路短路法求 R_0。短路电流 I_{SC} 前面已求出，下面只要求出开路电压 U_{OC} 即可。设定开路电压 U_{OC} 的参考方向，如图 2-22e 所示，由 KVL 方程

$$100I_1 - 40 + 100I_1 + 200I_1 = 0$$

解得

$$I_1 = 0.1\text{A}$$

故

$$U_{OC} = 100I_1 = 10\text{V}$$

所以

$$R_0 = U_{OC}/I_{SC} = 10/0.4 = 25\Omega$$

因此，可画出诺顿等效电路如图 2-22f 所示。

2.3.3 等效电源定理应用举例

应用等效电源定理时应注意以下几个问题：

(1) 所要等效为电源模型的二端网络 N 必须为线性电路。至于外电路，没有限制，它甚至可以是非线性电路。

(2) 二端网络 N 与外电路之间只能通过连接端口处的电流、电压来相互联系，而不应有其他耦合（如二端网络 N 中的受控源受到外电路内部电压或电流的控制；或外电路中的受控源，其控制量在二端电路 N 内部，等等，但控制量可以是二端网络 N 端口上的电流或电压）。

(3) 一般而言，二端网络 N 的戴维南等效电路和诺顿等效电路都存在。但当二端网络 N 内含受控源时，其等效电阻 R_0 有可能为零，这时戴维南等效电路成为理想电压源，而由于 $G_0 = 1/R_0 = \infty$，其诺顿等效电路将不存在；如果等效电导 $G_0 = 0$，其诺顿等效电路成为理想电流源，而由于 $R_0 = \infty$，其戴维南等效电路就不存在。

(4) 应用等效电源定理的关键是求出二端网络 N 的开路电压 U_{OC}（或短路电流 I_{SC}）和等效电阻 R_0，应特别注意 U_{OC}和 I_{SC}参考方向的设定。

【例 2-12】 如图 2-23a 所示电路，已知电阻 R 消耗的功率为 12W，求电阻 R。

解： 将除电阻 R 之外的电路部分看作二端网络 N，用戴维南等效电路等效。

(1) 求开路电压 U_{OC}。将 ab 端断开，如图 2-23b 所示。由于 $I_1 = 0$，受控源电流源 $0.5I_1$ 也等于 0，故受控源电流源相当于开路，且

$$U_{OC} = 2 \times (2 + 2) + 4 = 12\text{V}$$

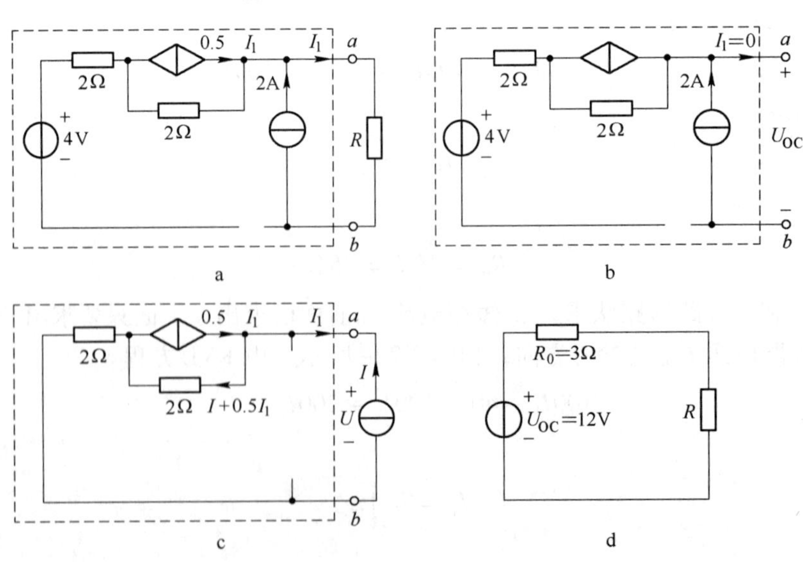

图 2-23 例 2-12 电路图

（2）求 R_0。将 N 中的独立电压源用短路代替，独立电流源用开路代替，注意受控源必须保留，得 N_0。利用外加电源 I 的方法求 R_0，如图 2-23c 所示，注意电压 U 与电流 I 对二端网络 N_0 必须取关联参考方向。

由图 2-23c 可得

$$I_1 = -I$$

$$U = 2(I + 0.5I_1) + 2I = 4I + I_1 = 3I$$

故

$$R_0 = U/I = 3\Omega$$

于是可得图 2-24d 的等效电路，且得

$$P = 12 = \left(\frac{U_{OC}}{R_0 + R}\right)^2 R = \left(\frac{12}{3 + R}\right)^2 R$$

解得 $$R = 3\Omega$$

【例 2-13】 如图 2-24a 所示电路，已知当 $R_L = 2\Omega$ 时，电流 $I_L = 2A$，若 $R_L = 8\Omega$ 时，其上的电流又为多大？

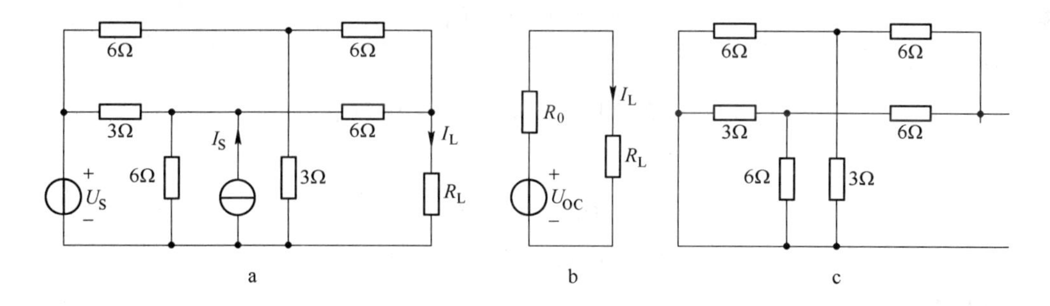

图 2-24 例 2-13 电路图

解： 将除 R_L 之外的电路部分看作二端网络 N，用戴维南等效电路等效，如图 2-24b 所示。

（1）求 R_0。将 N 中的独立电压源用短路代替，独立电流源用开路代替，注意受控源必须保留，得 N_0，如图 2-24c 所示，利用电阻的串并联关系，容易求得

$$R_0 = (6 /\!/ 3 + 6) /\!/ (3 /\!/ 6 + 6) = 4\Omega$$

（2）求开路电压 U_{OC}。由于 N 中独立源的值未知，故无法由 N 来求 U_{OC}。

由图 2-24b，可得

$$I_L = \frac{U_{OC}}{R_0 + R_L} = \frac{U_{OC}}{4 + R_L}$$

由于当 $R_L = 2\Omega$ 时，电流 $I_L = 2A$，代入上式得

$$U_{OC} = (4 + R_L)I_L = (4 + 2) \times 2 = 12V$$

所以当 $R_L = 8\Omega$ 时，

$$I_L = \frac{U_{OC}}{4 + R_L} = \frac{12}{4 + 8} = 1A$$

【例 2-14】　如图 2-25a 所示二端网络 N，向外接负载电阻 R_L 供电，当 R_L 等于二端网络 N 的戴维南等效内阻时，求 R_L 上获得的功率。

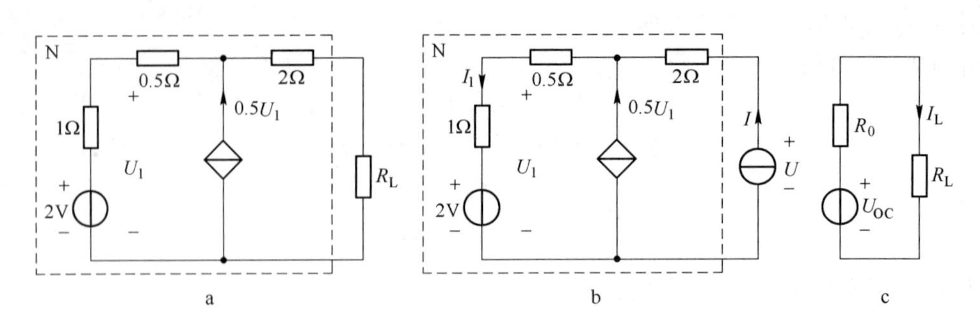

图 2-25　例 2-14 电路图

解： 直接利用外加电源法列出二端网络 N 端口的 VCR，求 U_{OC} 和 R_0。

对 N 外加电流源 I，设电压 U 与电流 I 对 N 取关联参考方向，如图 2-25b 所示。由 KCL 知

$$I_1 = I + 0.5U_1$$

而电压

$$U_1 = 2 + 1 \times I_1 = 2 + I + 0.5U_1$$

故

$$U_1 = 4 + 2I$$

$$I_1 = I + 2 + I = 2 + 2I$$

所以

$$U = 2I + 0.5I_1 + U_1 = 2I + 1 + I + 4 + 2I = 5 + 5I$$

于是

$$U_{OC} = 5\text{V} \quad R_0 = 5\Omega$$

画出 N 的戴维南等效电路，如图 2-25c 所示。

当 $R_L = R_0 = 5\Omega$ 时，由图 2-25c 可得 R_L 获得的功率为

$$P = \left(\frac{U_{OC}}{R_0 + R_L}\right)^2 R_L = \left(\frac{5}{5+5}\right)^2 \times 5 = 1.25\text{W}$$

从上述例子可以看出，求戴维南或诺顿等效电路时，R_0 的求解方法比较灵活。下面对求 R_0 的方法作一归纳：

（1）串并联方法。若二端网络 N 中无受控源，当 N 中所有独立源置零时所得到的 N_0 将是一个纯电阻电路，大多数情况利用电阻的串并联关系求 R_0 非常方便。

（2）外加电源法。若二端电路中含受控源，当 N 中所有独立源置零时所得到的 N_0 将含有受控源，此时不能利用电阻的串并联化简，通常必须按等效电阻的定义，在 N_0 两端子间加一电流源 I，求电压 U 或加一电压源，求电流 I。在 U 与 I 为关联参考方向的条件下，N_0 的等效电阻 R_0 为

$$R_0 = \frac{U}{I} \tag{2-8}$$

（3）开路短路法。求出 N 两端子间开路电压 U_{OC} 和短路电流 I_{OC} 后（注意 U_{OC} 和 I_{OC} 参考方向的设定），根据 R_0 与 U_{OC}、I_{OC} 之间的关系，有

$$R_0 = \frac{U_{OC}}{I_{OC}} \tag{2-9}$$

（4）伏安法。直接列出二端网络 N 端口的伏安关系，可一举求得 U_{OC} 和 R_0。

2.3.4 最大功率传输定理

由戴维南等效定理可知，任何一个线性有源二端网络，都可以等效为戴维南等效电路，即可用一个内阻为 R_0 的电压源来代替。在电子技术中，作为负载的是一些电子器件，例如喇叭、天线、耳机等，都希望能获得最大功率。如图 2-26 所示，当电压源 U_0 和电压源的内阻 R_0 为给定参数时，负载 R_L 不同，其上流过的电流就不同，因而负载 R_L 获得功率的大小也就不同。那么，在什么条件下，负载能从同一电路中获得最大功率呢？最大功率又是怎么计算呢？

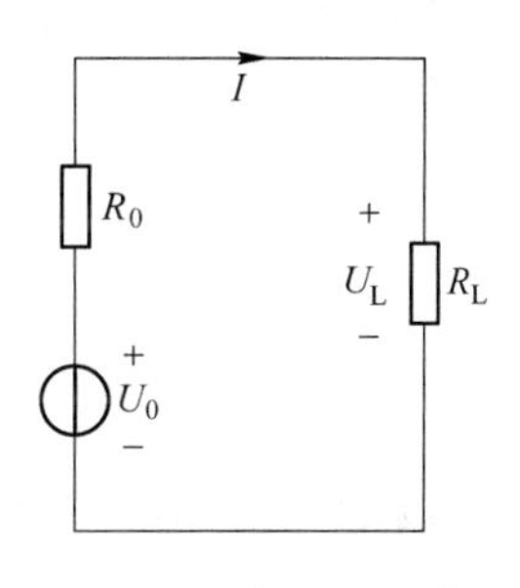

图 2-26 负载的功率

由全电路欧姆定律可知 $I = \frac{U_0}{R_0 + R_L}$

则电源传输给 R_L 负载的功率为

$$P_L = I^2 R_L = \left(\frac{U_0}{R_0 + R_L}\right)^2 R_L$$

由数学知识知道，将 R_L 当做变量，P_L 作为函数，当 P_L 取极值时，它的导数应为零，即

$$\frac{dP_L}{dR_L} = U_0^2 \frac{(R_0 + R_L)^2 - 2(R_0 + R_L)R_L}{(R_0 + R_L)^4}$$

$$= \frac{U_0^2}{(R_0 + R_L)^3}(R_0 - R_L) = 0$$

由此得出：当 R_L 与 R_0 相等时，R_L 上的功率 P_L 最大，即

$$R_L = R_0 \tag{2-10}$$

在电路中，若满足 $R_L = R_0$，称为最大功率匹配或称阻抗匹配，在匹配的条件下，将 $R_L = R_0$ 代入上式，可求得负载上获得的最大功率为

$$P_{Lmax} = \frac{U_0^2}{4R_0} \tag{2-11}$$

所以负载获得的最大功率的条件是：负载电阻等于电源内阻。由于负载获得的最大功率就是电源输出的最大功率，因而这一条件也是电源输出最大功率的条件。

当负载获得最大功率时，由于 $R_L = R_0$，因而内阻上消耗的功率和负载消耗的功率相

等，这时效率只有50%，显然是不高的。在电子技术中，有些电路主要考虑使负载获得最大功率，效率高低属次要问题，因而电路总是尽可能工作在 $R_L = R_0$ 附近。这种工作状态一般也称为“匹配”状态。而在电力系统中，总是希望尽可能减少电源内部损失以提高输电效率，故必须 $I^2R_0 \ll I^2R_L$，即 $R_0 \ll R_L$。

【例2-15】 如图2-27所示，(1) 求 R_L 获得最大功率时的 R_L；(2) 当 R_L 获得最大功率时，求9V电压源传输给负载的功率为多少。

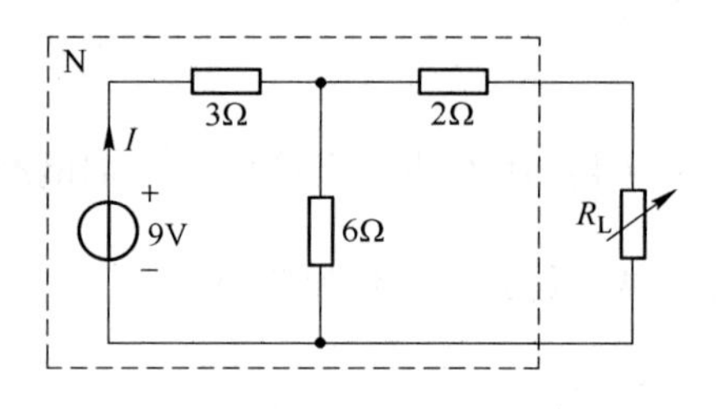

图2-27　例2-15电路图

解：(1) 求N的戴维南等效电路。由图2-27电路，容易得

$$U_{OC} = \frac{6}{6+3} \times 9 = 6\text{V}$$

$$R_0 = 2 + \frac{6 \times 3}{6+3} = 4\Omega$$

由最大功率传输定理，当 $R_L = R_0 = 4\Omega$ 时，R_L 获得最大功率，其最大功率为

$$P_{\text{Lmax}} = \frac{U_0^2}{4R_0} = \frac{6^2}{4 \times 4} = 2.25\text{W}$$

(2) 图2-27中，当 $R_L = 4\Omega$ 时，容易得到9V电压源上的电流

$$I = 9/(3+3) = 1.5\text{A}$$

所以9V电压源产生的功率为

$$P_S = 9I = 13.5\text{W}$$

【例2-16】 图2-28电路中，求：

(1) $R_L = 0.5\Omega$ 时，R_L 上获得的功率。

(2) $R_L = 5\Omega$ 时，R_L 上获得的功率。

(3) R_L 取何值时，它可以获得最大功率，并求出该功率。

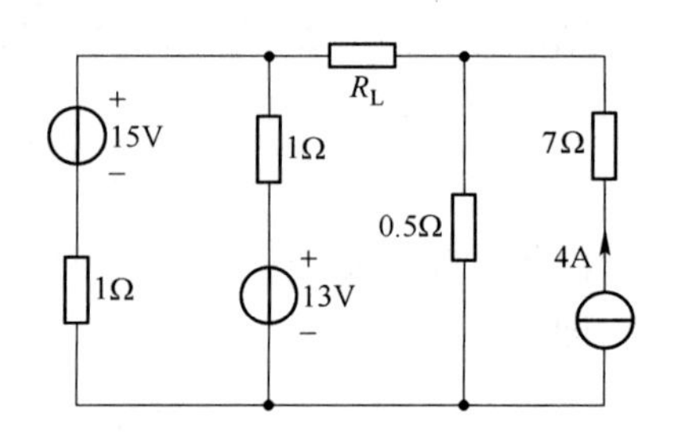

图2-28　例2-16电路图

解：本题正是戴维南定理适合解决的问题，因为既是求解某一支路多种情况下的功率，又是求获得最大功率的条件及求出最大功率。

首先断开 R_L，并选好参考点，如图2-29a所示，这是两个独立的电路，而且每个电路

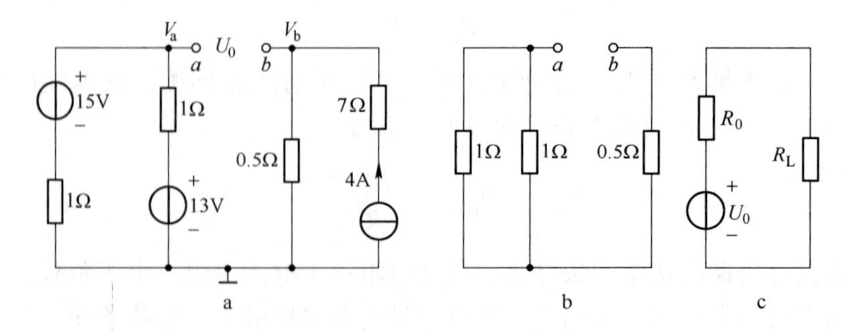

图2-29　例2-16电路图

都有两个节点，我们可以方便地用弥尔曼定理求出 a、b 两点电压，之后由开路电压 $U_0 = V_a - V_b$，就可获得戴维南等效源中的 U_0 了，由弥尔曼定理和欧姆定律分别得

$$V_a = \left(\frac{\frac{15}{1}+\frac{13}{1}}{\frac{1}{1}+\frac{1}{1}}\right) = 14\text{V} \qquad V_b = 0.5\times4 = 2\text{V}$$

所以

$$U_0 = V_a - V_b = 14 - 2 = 12\text{V}$$

再求 R_0：

因为图 2-29a 中仅有独立源，无受控源，可将电压源短路，电流源开路后，得到图 2-29b，之后用电阻串并联的方法求出 R_0，即

$$R_0 = 1//1 + 0.5 = 1\Omega$$

可得戴维南等效源，如图 2-29c 所示，图中已接入负载 R_L。

（1）$R_L = 0.5\Omega$ 时，

$$I = \frac{U_0}{R_0 + R_L} = \frac{12}{1+0.5} = 8\text{A}$$

$$P_L = I^2R_L = 8^2\times0.5 = 32\text{W}$$

（2）$R_L = 5\Omega$ 时，

$$I = \frac{U_0}{R_0 + R_L} = \frac{12}{1+5} = 2\text{A}$$

$$P_L = I^2R_L = 2^2\times5 = 20\text{W}$$

（3）由最大功率传输定理知，R_L 上要获得最大功率，必有 $R_L = R_0 = 1\Omega$，此时 R_L 上的最大功率为

$$P_{Lmax} = \frac{U_0^2}{4R_0} = \frac{12^2}{4\times1} = 36\text{W}$$

由以上计算看出：无论 $R_L < R_0$ 或 $R_L > R_0$，计算出来的功率都比 $R_L = R_0$ 时小，这就是最大功率传输定理的含义。

【**例 2-17**】　如图 2-30 所示电路，求 R_L 为何值时其上可获得最大功率，并求出该最大功率 P_{Lmax}。

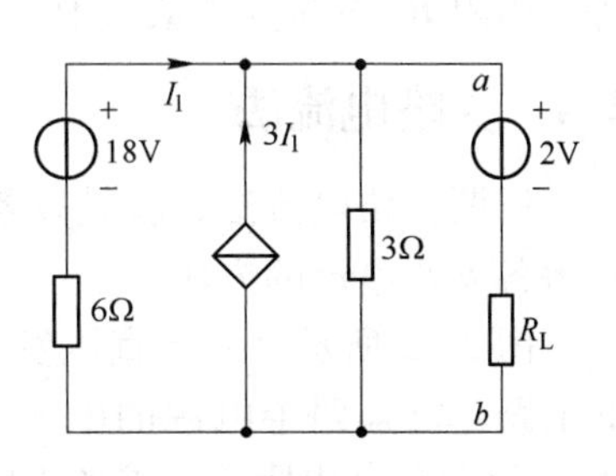

图 2-30　例 2-17 电路图（1）

解： 由于是含受控源的两节点电路，所以不能像独立源那样随便使用弥尔曼定理，因为含受控源内阻不像独立源那样容易确定。

（1）首先根据 KCL 弄清电流关系。图 2-31a 因为 18V 电压源流过 I_1 电流，$3I_1$ 受控电流源为 $3I_1$，所以 3Ω 电阻上的电流为 $4I_1$，且

$$4I_1\times3 = U_0,\quad I_1 = U_0/12$$

（2）对于图 2-31a 中的最外围回路，由 $\Sigma U = 0$，列出 KVL 方程为

$$U_0 + 6I_1 - 18 = 0$$

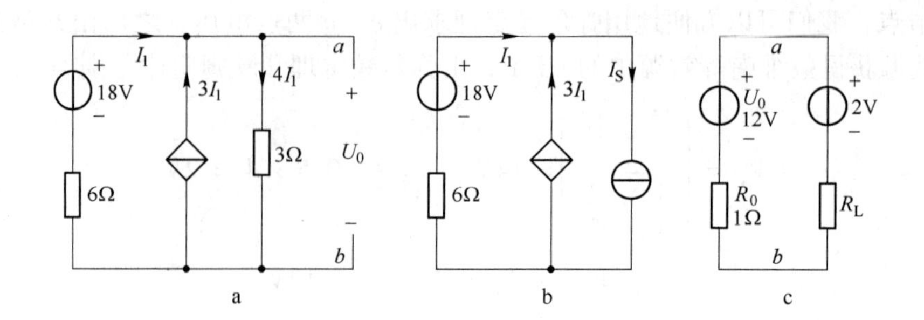

图 2-31　例 2-17 电路图（2）

即

$$U_0 + 6(U_0/12) - 18 = 0$$

$$U_0 = 12\text{V}$$

（3）在图 2-31b 中，可知

$$I_S = 4I_1,\quad \text{即}\ I_1 = I_S/4$$

且

$$6 \times I_S/4 - 18 = 0$$

所以

$$I_S = 12\text{A}$$

（4）因为 $U_0 = 12\text{V}$，$I_S = 12\text{A}$，所以

$$R_0 = U_0/I_S = 1\Omega$$

（5）在图 2-31c 中，把求解出来的戴维南等效电路与待求支路连接起来，得

$$R_L = R_0 = 1\Omega$$

这时负载 R_L 上可获得最大功率，且

$$P_{Lmax} = \frac{U_{01}^2}{4R_0} = \frac{10^2}{4 \times 1} = 25\text{W}\quad (U_{01} = U_0 - 2 = 12 - 2 = 10\text{V})$$

对最大功率传输定理的几点说明：对于含有受控源的线性有源二端网络 N，其戴维南等效内阻 R_0 可能为零或负值，这时该最大功率传输定理不再适用。

2.4　支路电流法

所谓支路电流法，就是以各支路电流为未知量，应用基尔霍夫定律列出方程式，联立求解各支路电流的方法。

图 2-32 所示是一台直流发电机和蓄电池并联供电的电路。已知两个电源的电压源 U_{S1}、U_{S2}，内阻 R_{01}、R_{02}，以及负载电阻 R，求各支路电流。

这个电路有三条支路，有三个未知量，要解出三个未知量，需要三个独立方程式联立求解。利用基尔霍夫定律可列出所需要的方程组。

首先假设各支路电流方向与绕行方向（如图 2-32 所示），根据 KCL 可得：

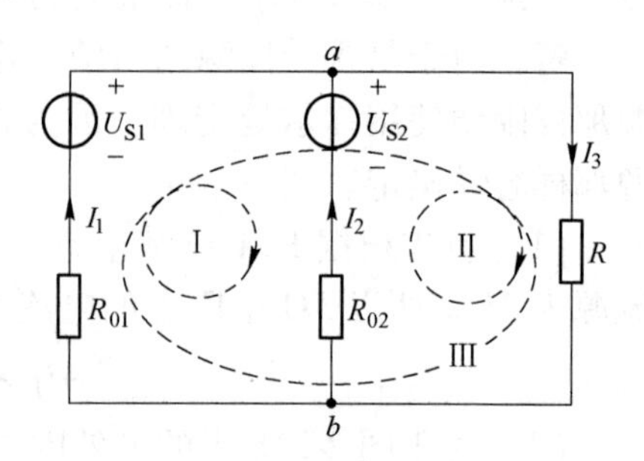

图 2-32　支路电流法示例

在节点 a　　　$I_1 + I_2 = I_3$

在节点 b $$I_3 = I_1 + I_2$$

很明显，两个方程实际上是一个方程。所以对两个节点的电路，只能列出一个独立的节点电流方程。

根据 KVL 可得：

对回路 Ⅰ $$I_1R_{01} - I_2R_{02} = U_{S1} - U_{S2}$$

对回路 Ⅱ $$I_2R_{02} + I_3R = U_{S2}$$

对回路 Ⅲ $$I_1R_{01} + I_3R = U_{S1}$$

上述三个方程式中的任何一个方程式，都可以从其他两个方程中导出，所以只有两个回路电压方程是独立的。在复杂电路中，运用 KVL 所列的独立方程数等于电路的网孔数。

这样，即可列出三个独立方程：

$$\begin{cases} I_1 + I_2 = I_3 \\ I_1R_{01} - I_2R_{02} = U_{S1} - U_{S2} \\ I_2R_{02} + I_3R = U_{S2} \end{cases}$$

只要解出上述三个联立方程，就可求得三条支路电流。

支路电流法的关键在于列出独立方程。如果复杂电路有 m 条支路 n 个节点，那么根据基尔霍夫第一定律可列出（$n-1$）个独立节点电流方程式。根据基尔霍夫第二定律可列出 $m-$（$n-1$）个独立回路电压方程。

解题时一般先列出节点电流方程，其他所需的方程利用 KVL 得出。

综上所述，支路电流法求解支路电流的具体步骤如下：

（1）先标出各支路电流的参考方向；

（2）根据 KCL 定律列出节点电流的独立方程；

（3）选择回路绕行方向；

（4）根据 KVL 定律和回路绕行方向列出独立的回路电压方程；

（5）求解方程，得出各支路电流；

（6）根据需要还可求出电流中各元件的电压及功率。

【例 2-18】 在图 2-32 所示电路中，已知直流发电机的电压 $U_{S1}=7V$，$R_{01}=0.2\Omega$；蓄电池的电压 $U_{S2}=6.2V$，$R_{02}=0.2\Omega$；负载电阻 $R=3.2\Omega$。求各支路电流和负载的端电压。

解： 根据图中标出的各电流方向，得

$$\begin{cases} I_1 + I_2 = I_3 \\ 0.2I_1 - 0.2I_2 = 7 - 6.2 \\ 0.2I_2 + 3.2I_3 = 6.2 \end{cases} \quad 即 \quad \begin{cases} I_1 + I_2 = I_3 \\ 0.2I_1 - 0.2I_2 = 0.8 \\ 0.2I_2 + 3.2I_3 = 6.2 \end{cases}$$

解方程后得： $I_1 = 3A$ $I_2 = -1A$ $I_3 = 2A$

电流 I_2 为负值，说明 I_2 的实际方向与参考方向相反，即实际方向应从 a 指向 b。这时蓄电池处于负载状态。

负载两端电压为： $$U_3 = I_3R = 2 \times 3.2 = 6.4V$$

2.5　网孔电流法与回路电流法

2.5.1　网孔电流法

所谓网孔电流法，就是以电路中各网孔电流为求解量，利用基尔霍夫电压定律列写网孔电压方程的一种分析方法。

支路电流法直接利用KCL、KVL求解电路，但支路较多时，方程数较多，求解工作量大。图2-33a中假想网孔中流过的电流为I_a、I_b，那么就可用I_a、I_b来代替I_1、I_2、I_3，且

$$I_1 = I_a \quad I_2 = -I_b \quad I_3 = I_a - I_b$$

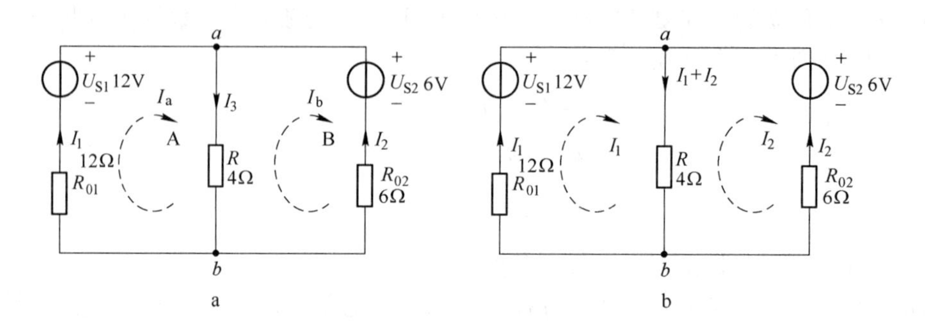

图2-33　网孔电流法

由此可见，一旦确定了网孔电流，则全部支部的电流都可确定。

那么，怎样列出所需要的网孔电流方程组呢？为了寻求网孔电流法的普遍规律，所以我们从KCL和KVL入手。

图2-33a中，由KCL解得

$$I_3 = I_1 + I_2 = I_a + I_b$$

在网孔A中，按所示巡行方向列出KVL方程得

$$R_{01}I_a + RI_a - RI_b = 12$$

即

$$(R_{01} + R)I_a - RI_2 = 12 \tag{2-12}$$

式（2-12）中，$R_{01}+R$称为网孔A的自电阻，它是沿网孔A边缘绕行一周的总电阻，网孔A的网孔电流在自电阻上产生的压降永远为正。R又称为与网孔A相邻的网孔的互电阻，其他网孔电流在互电阻上产生的压降极性决定于通过互电阻的两网孔电流的方向，方向相同，取“+”，反之取“−”。

需要指出的是：有几个网孔必须列写几个网孔方程。

为了能直接根据电路图很快地写出网孔方程。用$R_{自}$表示网孔A的自电阻，用$I_{自}$表示本网孔的网孔电流I_1，用$R_{互}$表示互电阻，用$I_{互}$表示与网孔A相互有关的电流，用U_S表示沿网孔电流I_1的方向顺着网孔A绕行一周的电压源电压增量，则可得

$$R_{自}I_{自} + R_{互}I_{互} = U_S$$

考虑到所设各网孔电流的方向与本网孔 A 电流方向可能一致，也可能相反，也许与网孔 A 有关的不止一个网孔，一个网孔中可能有多个电压源等，则可得到具有普遍意义的网孔电流方程为

$$R_{自} I_{自} \pm R_{互1} I_{互1} \pm R_{互2} I_{互2} \pm \cdots = \Sigma U_S \tag{2-13}$$

在式（2-13）中，凡 $I_{互}$ 与 $I_{自}$ 在 $R_{互}$ 上方向一致的取正号，方向相反的取负号；在 ΣU_S 中，U_S 沿网孔电流所指的方向电压升高取正号，降低取负号。

根据式（2-13），可列出图 2-33a 网孔 B 的网孔电流方程，为

$$(6+4)I_b - 4I_a = -6 \tag{2-14}$$

为了便于解方程组，应把式（2-13）和式（2-14）的 I_1、I_2 次序写成一致，并联立求解，即

$$\begin{cases}(12+4)I_a - 4I_b = 12 \\ -4I_a + (6+4)I_b = -6\end{cases}$$

即

$$\begin{cases}4I_a - I_b = 3 \\ -2I_a + 5I_b = 3\end{cases}$$

解此二元一次方程组可得

$$I_a = 2/3\text{A} \qquad I_b = -1/3\text{A}$$

回到图 2-33a，可求得

$$I_1 = I_a = 2/3\text{A} \qquad I_2 = -I_b = 1/3\text{A}$$

$$I_3 = I_1 - I_2 = 1\text{A}$$

【例 2-19】 在图 2-34a 中求 2Ω 电阻上的电流 I 和 3Ω 电阻上的电压 U。

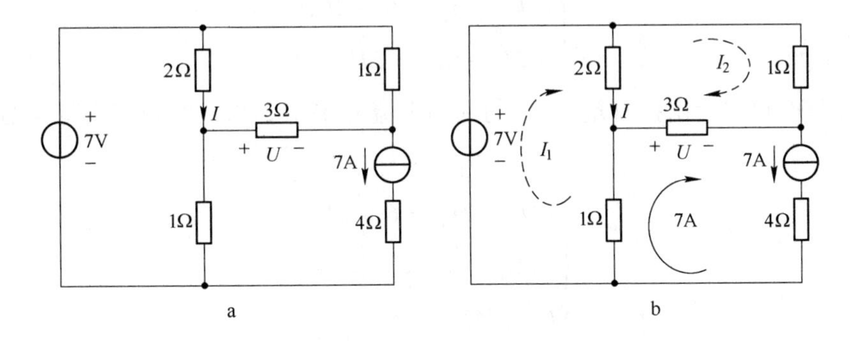

图 2-34 例 2-19 电路图

解： 本电路中有三个网孔，应该设出三个待求的变量，但仔细观察发现，有一个网孔边缘电流为 7A，这正是它的网孔电流，因此只设出两个未知网孔电流 I_1、I_2 即可，如图 2-34b 所示，由式（2-13）得两个网孔的方程为

$$\begin{cases}3I_1 - 2I_2 - 1 \times 7 = 7 \\ -2I_1 + 6I_2 - 3 \times 7 = 0\end{cases}$$

解此方程组得

$$I_1 = 9\text{A} \qquad I_2 = 6.5\text{A}$$

所以 2Ω 电阻上流过的电流为

$$I = I_1 - I_2 = 9 - 6.5 = 2.5\text{A}$$

因为 3Ω 电阻上流过的电流为

$$7 - I_2 = 0.5\text{A}$$

所以其上电压

$$U = 0.5 \times 3 = 1.5\text{V}$$

综上所述，网孔电流法的解题步骤如下：

（1）选定各网孔电流的参考方向。

（2）根据式（2-13）的网孔电流方程的一般形式列出各网孔电流方程。注意自电阻始终取正值，互电阻前面的符号取决于通过互电阻的网孔电流方向。

（3）联立求解，解出各网孔电流。

（4）根据网孔电流，再求待求量。

【例 2-20】 如图 2-35 所示电路，求电压 U_{ab}。

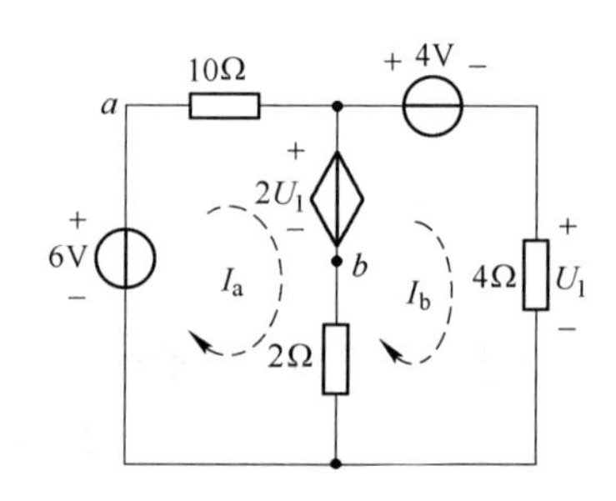

图 2-35　例 2-20 电路图

解： 本题含有受控电压源，在列方程时，先把受控电压源当做独立电压源一样看待参加列写基本方程，然后把控制量 U_1 用网孔电流变量表示出来，增加一个辅助方程。

设网孔电流 I_a、I_b 如图 2-35 所示，观察电路，按式（2-13）得两个网孔的方程为

$$\begin{cases} 12I_a - 2I_b = 6 - 2U_1 \\ -2I_a + 6I_b = 2U_1 - 4 \end{cases}$$

且由图 2-35 可以看出控制量 U_1 仅与回路电流 I_b 有关，根据欧姆定律写辅助方程为

$$U_1 = 4I_b$$

所以

$$\begin{cases} 12I_a - 2I_b = 6 - 2U_1 \\ -2I_a + 6I_b = 2U_1 - 4 \\ U_1 = 4I_b \end{cases}$$

解此方程组得　　$I_a = -1\text{A} \qquad I_b = 3\text{A} \qquad U_1 = 12\text{V}$

所以

$$U_{ab} = 10I_a + 2U_1 = 14\text{V}$$

【例 2-21】 如图 2-36a 所示电路，求各支路电流。

解法一　本题两个网孔的公共支路中有一理想电流源，如果按图 2-36a 电路设出网孔电流，如何列写网孔方程呢？这里需要注意，网孔方程实际上是依 KVL 列写的回路电压方程，即网孔内各元件上电压代数和等于零，那么在巡行中遇到理想电流源（或受控电流

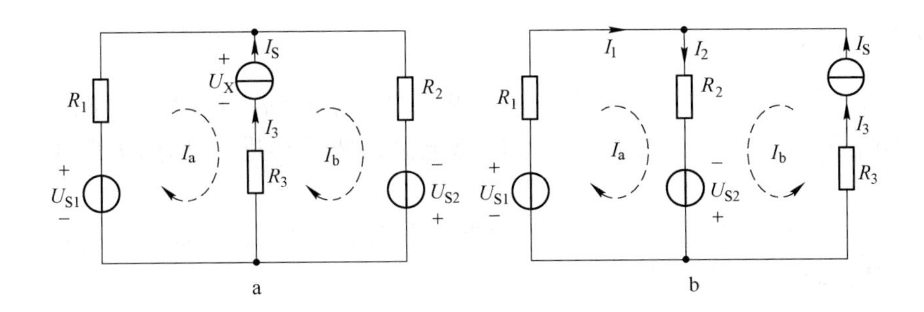

图 2-36　例 2-21 电路图

源)，它两端电压取多大呢？根据电流源特性，它的端电压与外电路有关，在未解电路之前是不知道的。这时可先假设该电流源两端电压为 U_X，并把 U_X 当做理想电压源一样看待列写基本方程。因为引入了电流源两端电压 U_X 这个未知量，所以列出的基本方程数少于未知数，必须再找一个与之相互独立的方程可求解。这个方程也是不难找到的，因为理想电流源所在支路的支路电源 I_3 就等于 I_S，而 I_3 又等于两网孔电流的代数和，这样就可写辅助方程，即

$$I_b - I_a = I_S$$

用网孔法求解图 2-36a 电路所需的方程为

$$\begin{cases}(R_1 + R_3)I_a - R_3 I_b = -U_X + U_{S1} \\ -R_3 I_a + (R_2 + R_3)I_b = U_X + U_{S2} \\ I_b - I_a = I_S\end{cases}$$

解法二　现在我们讲另一种求解电路的简便方法。将图 2-36a 电路经伸缩扭动变形，理想电流源所在支路单独属于某一网孔，如图 2-36b 所示电路，理想电流源支路单独属于网孔 B，设网孔 B 电流 I_b 与 I_S 方向一致，则

$$I_b = I_S$$

所以只需要列出网孔 A 一个方程即可，网孔 A 的方程为

$$(R_1 + R_2)I_a - R_2 I_b = U_{S1} + U_{S2}$$

所以

$$I_a = \frac{U_{S1} + U_{S2} - R_2 I_S}{R_1 + R_2}$$

进一步可求得各支路电流为

$$I_1 = I_a = \frac{U_{S1} + U_{S2} - R_2 I_S}{R_1 + R_2}$$

$$I_3 = I_S$$

$$I_2 = I_1 + I_3 = \frac{U_{S1} + U_{S2} - R_1 I_S}{R_1 + R_2}$$

2.5.2　回路电流法

回路电流法是以基本回路电流作为独立变量，列写 $b-n+1$（b 为支路数，n 为节点数）个基本回路 KVL 方程，先求出基本回路电流，然后再进一步求取其他电路变量的方法。

回路电流法与网孔电流法最大的区别是回路电流法中选择的回路不一定是网孔，而网孔电流法中选择的回路一定是网孔。

为什么可以不选择网孔而选择回路来列写方程呢？前面学习电流源时知道电流源两端的电压取决于外电路，即电流源两端的电压为一个变量，若设为一个未知数，则必须要多出一个方程。如果列写回路电压方程避开电流源，则方程数将减少，所以列写回路方程时，可选择回路而不选择网孔。

图 2-37a 中不含电流源的网孔只有一个网孔 B，除了图中另一个 7A 网孔电流之外，还缺少一个网孔电流，为此我们可按图 2-37b 中选择 *abcdefg* 作为巡行回路，也可选择整个电路的外回路作为巡行回路，并把回路电流作为另一个求解变量。

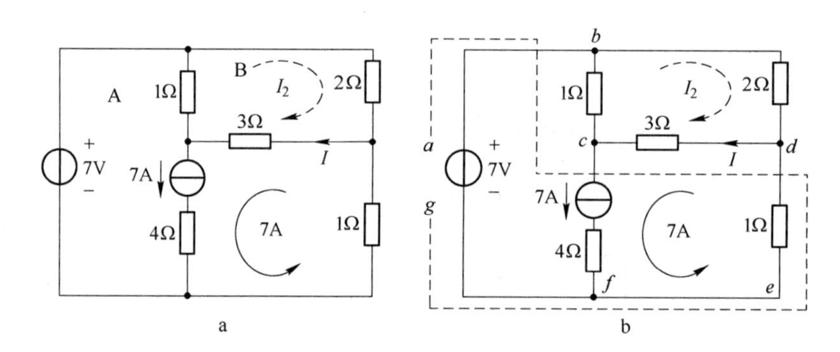

图 2-37　回路电流法

实际上，回路电流法只不过是网孔电流法的扩展而已，两者没有什么本质区别。

【例 2-22】　求图 2-37a 3Ω 电阻上的电流（要求选两个不同的回路）。

解：（1）将图 2-37a 重画成图 2-38a。图中选了一个回路电流 I_1 作为待求变量，如虚线所示路径；另选一个网孔电流 I_2 作为待求变量，7A 电流源所在网孔的网孔电流是已知的，也应在图中标出方向和大小。

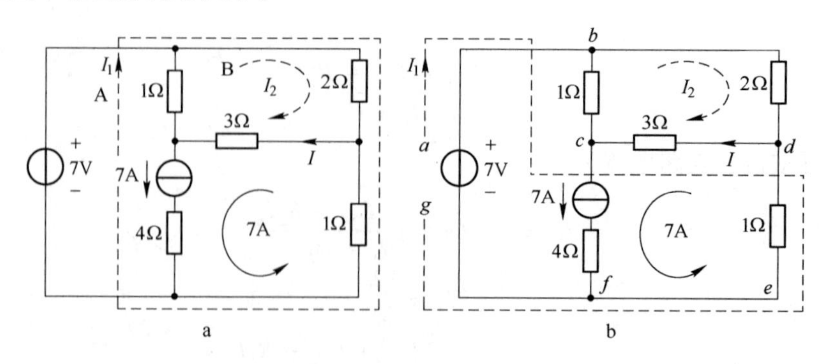

图 2-38　例 2-22 电路图

由式（2-13）列出回路电流法的方程组为

$$\begin{cases}(2+1)I_1+2I_2-1\times7=7\\2I_1+(2+3+1)I_2+3\times7=0\end{cases}$$

解方程组得

$$\begin{cases}I_1=9\text{A}\\I_2=-6.5\text{A}\end{cases}$$

所以3Ω 电阻上的电流为

$$I=I_2+7=-6.5+7=0.5\text{A}$$

（2）若选用图2-38b虚线所示回路的回路电流 I_1 作为求解对象，可列出方程组为

$$\begin{cases}(1+3+1)I_1-(3+1)I_2-(1+3)\times7=7\\-(1+3)I_1+(2+3+1)I_2+3\times7=0\end{cases}$$

解方程组得

$$\begin{cases}I_1=9\text{A}\\I_2=2.5\text{A}\end{cases}$$

所以3Ω 电阻上的电流为

$$I=I_2+7-I_1=2.5+7-9=0.5\text{A}$$

可见选择不同的回路，所列出的方程虽然不同，但结果是完全相同的。在列写方程时，应十分注意其他网孔电流与本网孔电流的方向关系，若方向相反，互电流项一定要取负号；还要注意不能丢掉任何一个电阻上的互电压项，这是初学电路原理中最易犯的错误之一，因此在列方程时应该倍加细心才行。

2.6　叠加定理与置换定理

2.6.1　叠加定理

电路的参数不随外加电压及通过其中的电流而变化，即电压和电流成正比的电路，叫做线性电路。

叠加定理是反映线性电路基本性质的一个重要原理，在理论分析中占有重要地位。

叠加定理可表述为：在电路中，如果有多个独立源同时作用时，则每一元件上产生的电流或电压等于各个独立源单独作用时在该元件上产生的电流或电压的代数和。

下面通过一个例子来介绍叠加定理的应用并验证其正确性。

【例2-23】　用叠加定理求例2-18图2-32中各支路电流和负载两端的电压。

解：（1）假定待求各支路的电流参考方向如图2-39a所示。图中 I_1、I_2、I_3 为待求支路电流，U_{ab} 为待求负载电压。

（2）求 U_{S1} 单独作用时的各支路电流 I_{11}、I_{21}、I_{31} 和负载电压 U_{ab1}。如图2-39b所示，此时只有一个电压源作用。为了便于叠加，仍然按原电流方向标注电流方向。

$$R_{11}=R_{01}+(R_{02}\ /\!/\ R)=0.3882\Omega$$

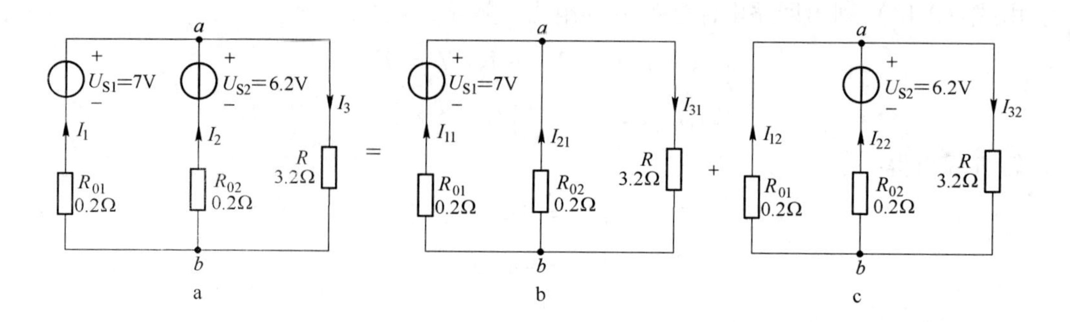

图 2-39　例 2-23 电路图

$$I_{11} = U_{S1}/R_{11} = 18.03\text{A}$$

$$U_{ab1} = I_{11}(R_{02} /\!/ R) = 3.393\text{V}$$

$$I_{21} = -U_{ab1}/R_{02} = -16.97\text{A}$$

$$I_{31} = U_{ab1}/R = 1.0603\text{A}$$

（3）求 U_{S2} 单独作用时的各支路电流 I_{12}、I_{22}、I_{32} 和负载电压 U_{ab2}。如图 2-39c 所示，此时只有一个电压源作用。为了便于叠加，仍然按原电流方向标注电流方向。

$$R_{12} = R_{02} + (R_{01} /\!/ R) = 0.3882\Omega$$

$$I_{22} = U_{S2}/R_{12} = 15.97\text{A}$$

$$U_{ab2} = I_{22}(R_{01} /\!/ R) = 3.006\text{V}$$

$$I_{12} = -U_{ab2}/R_{01} = -15.03\text{A}$$

$$I_{32} = U_{ab3}/R = 0.9394\text{A}$$

（4）将每一支路的电流或电压分别进行叠加。由于电流方向取向一致，所以电流或电压均为相加。如果分电流（或电压）与原电流（或原电压）中假定的方向不同，则取负号叠加。

$$I_1 = I_{11} + I_{12} = 18.03 - 15.03 = 3\text{A}$$

$$I_2 = I_{21} + I_{22} = -16.97 + 15.97 = -1\text{A}$$

$$I_3 = I_{31} + I_{32} = 1.0603 + 0.9394 = 2\text{A}$$

$$U_{ab} = U_{ab1} + U_{ab2} = 3.393 + 3.006 = 6.4\text{V}$$

计算结果与例 2-18 采用支路电流法完全一致，可见叠加定理的正确性。同时也可看出，这一方法虽然可行，但计算过程比较繁琐，因而在计算复杂电路时不常采用。

在应用叠加定理时要注意以下几点：

（1）当一个独立源单独作用时，其他独立源都应为零，即电压源用短路线代替，电流源应开路，但若有受控源时，因它不属于独立源，所以必须保留在电路中。

（2）应用叠加定理求电压、电流、各分量的代数和时，应特别注意各代数量的正、负号。当分量的参考方向与总量的方向一致时，取加号，相反时，取减号；要注意各分量本身有正、负值，不要将运算时的加、减号与本身数值的正、负号相混淆。

（3）叠加定理只适用于电流、电压的叠加，不能作为功率叠加。

【例 2-24】 用叠加定理求图 2-40a 中的电流 I。

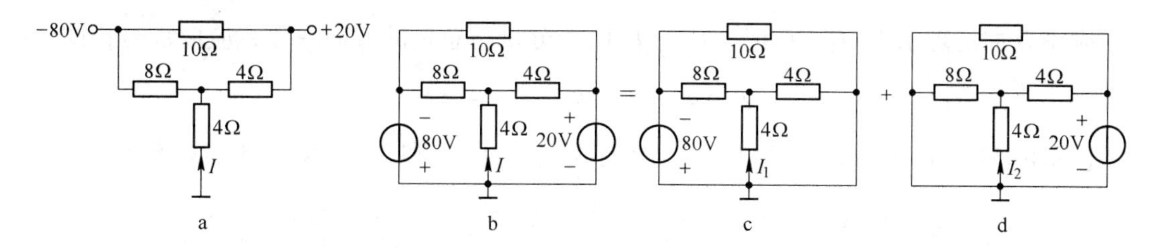

图 2-40 例 2-24 电路图

解：图 2-40a 是一种用电位表示电路的习惯画法，可等效为图 2-40b，由 80V 和 20V 电源共同作用于电路，也可用叠加定理分解为电压源 80V 单独作用与电压源 20V 单独作用的电路之和，如图 2-40c、d 所示。

80V 电压源单独作用时，图 2-40c 等效为图 2-41a，且 8Ω 电阻所在的支路 A、B 间总电阻为 $8+4/\!/4=10\Omega$，所以 $I_2=I_3$，只要求出总电流 I，则 I_2 就知道了，然后用分流公式即可求出 I_1。

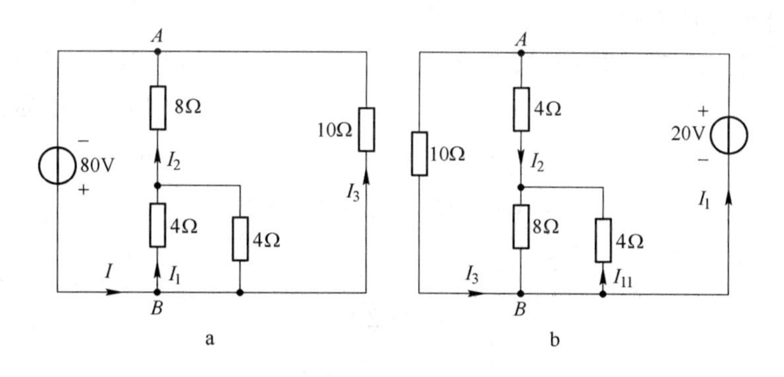

图 2-41 例 2-24 电路图

因为

$$I=80/(10/\!/10)=16\text{A}$$

而且

$$I_2=I_3=8\text{A}$$

所以

$$I_1=4I_2/(4+4)=4\text{A}$$

同理，20V 电压源单独作用时，图 2-40d 等效为图 2-41b。注意，电压源两端电压是恒定的，所以 10Ω 电阻支路在未要求计算该支路电流时，可以不考虑，即把它去掉。

因为 A、B 两点间电压为 20V，所以

$$I_2=20/(4+8/\!/4)=3\text{A}$$

由分流公式求 I_{11} 时，应注意 I_{11} 的参考方向与 I_2 不一致，应取负，这是本身出现的负

值现象，即

$$I_{11} = -8I_2/(8+4) = -2\text{A}$$

应用叠加定理求 $I=I_1+I_{11}$ 时，I_1 与 I_{11} 两个分量与总量的方向一致，应取加号，即

$$I = I_1 + I_{11} = 4-2 = 2\text{A}$$

【例 2-25】 电路如图 2-42a 所示，求电流 I、电压 U 和 2Ω 电阻消耗的功率 P。

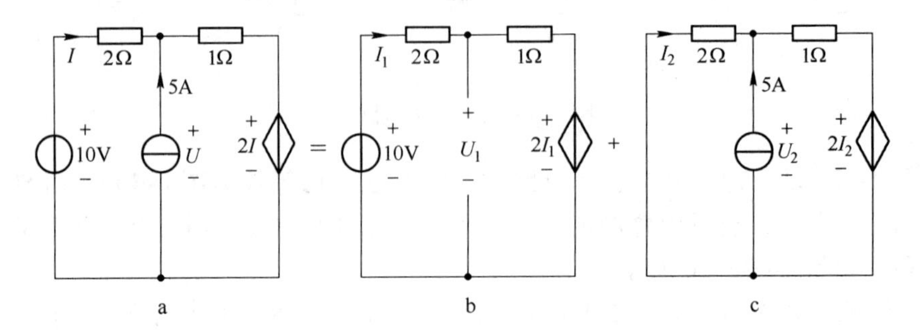

图 2-42 例 2-25 电路图

解： 利用叠加定理求解。

当 10V 独立电压源单独作用时，将独立电流源开路，受控源不是独立源，应和电阻一样保留，如图 2-42b 所示。由于这时的控制量变为 I_1，故受控电压源的电压为 $2I_1$。

列回路的 KVL 方程，为

$$-10+2I_1+I_1+2I_1 = 0$$

解得

$$I_1 = 2\text{A}$$

$$U_1 = I_1 + 2I_1 = 6\text{V}$$

当 5A 独立电流源单独作用时，将独立电压源短路，受控源保留，如图 2-42c 所示。这时的控制量变为 I_2，故受控电压源的电压为 $2I_2$。

列回路的 KVL 方程，为

$$2I_2 + 1\times(5+I_2) + 2I_2 = 0$$

解得

$$I_2 = -1\text{A}$$

$$U_2 = -2I_2 = 2\text{V}$$

根据叠加定理，可得

$$I = I_1 + I_2 = 2-1 = 1\text{A}$$

$$U = U_1 + U_2 = 6+2 = 8\text{V}$$

2Ω 电阻消耗的功率

$$P = I^2\times 2 = 2\text{W}$$

2.6.2 置换定理

在前面的学习中，我们知道可以用一个电阻来等效代换电阻网络，可以用戴维南等效电路来等效代换任意一个有源二端网络，那么对于两个单口网络 N_1 和 N_2，在一定的条件下能否相互代换呢?

事实上，是可以由置换定理来代换的。

置换定理可表述为：若某线性或非线性网络由两个单口网络 N_1 和 N_2 连接组成，且各支路电压电流均有唯一解。如果端口电压和电流已知，分别为 I_0 和 U_0，则 N_1 或 N_2 可以用一个电压为 U_0 的电压源或电流为 I_0 的电流源置换，置换后网络其他部分的电压和电流值不受影响，如图 2-43 所示。

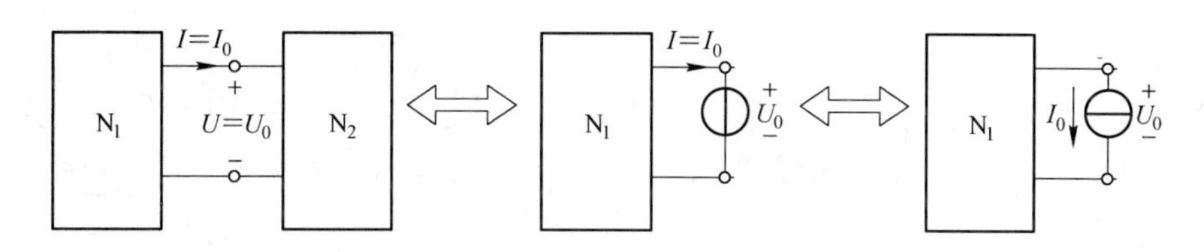

图 2-43 置换定理电路图

为了更好地理解置换定理，现分析例 2-24 中的图 2-40。现将图 2-40 重画为图 2-44，图中 A、C 两点之间究竟还有什么电路呢? B、C 两点之间呢? 显然 A、C 两点间空着，但绝不是开路的意思，在与 A、C 两点相连的左端很可能是图 2-44 中的分图 b、c、d、e、f 中的某一个，只要连在分图 a 中能够保证 A 点相对于参考地的电位 $V_A = -80V$ 就行，它们对电路分图 a 的效果是一样的。既然如此，我们就可以用一个 $-80V$ 的电压源分图 f 去置换掉分图 b、c、d、e 电路，接在分图 a 的 A、C 两端，就如同例 2-24 中所介绍的那样，见图 2-40b，置换定理就是这个意思。

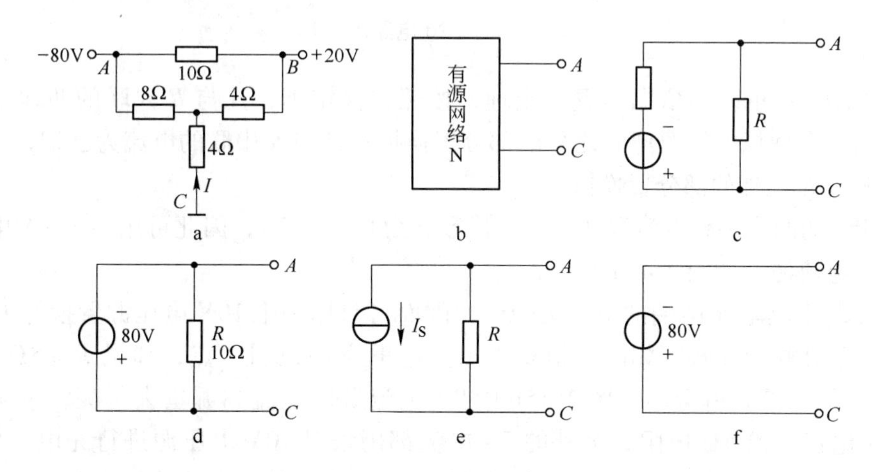

图 2-44 置换定理

综上所述，置换定理也可表述为：

(1) 若某部分电路两端的电压 U 为已知，则可用一个理想电压源 $U_S = U$ 去置换该部分电路。

（2）若流过某部分的电流 I 已知，则可用一个理想电流源 $I_S = I$ 去置换该部分电路。

（3）若该部分电路的电压 U 和电流 I 都已知，还可用一个电阻 $R = U/I$ 去置换该部分电路，置换以后其余部分的电压电流均保持不变。

几点说明：

（1）置换定理不仅适用于线性网络，也适用于非线性网络。

（2）应用置换定理求解网络时，置换后的网络具有唯一解。

（3）置换后只能求解各部分电压、电流，不能进行等效变换求等效电阻。

【例 2-26】 在图 2-45 所示的各种电路中，为了求电阻 R 中的电流 I，应该如何去置换掉 R 之外的其余电路，并画出置换之后的电路图。

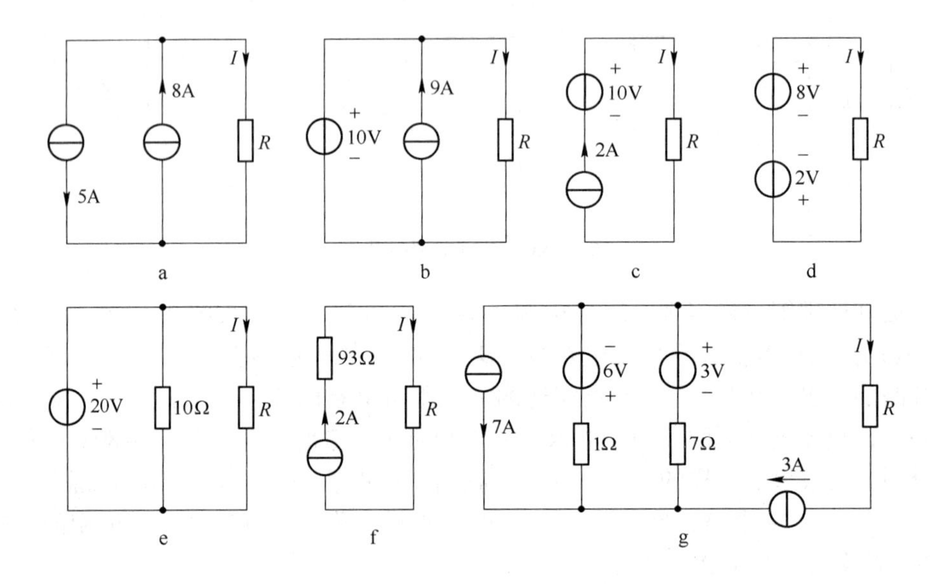

图 2-45　例 2-26 电路图（1）

解：本题求解的基本依据是置换定理，按照置换定理，凡与 R 并联的两端电压为已知，则可用一个理想电压源把 R 之外的部分置换掉；凡与 R 串联的电流为已知，可用一个理想电流源把 R 之外的部分置换掉。

图 2-45a 的两个理想电流源并联，其代数和为 $8-5=3$A，因此可用一个 3A 电流源置换掉这两个电流源，如图 2-46a 所示。

图 2-45b 中电阻 R 两端的电压为 10V，因而可只用一个 10V 电压源置换掉 10V 的电压源与 9A 电流源的并联，如图 2-46b 所示。这里应该说明一点，如果 $R=5\Omega$，则 $I=10/5=2$A，那么有人就会问，图 2-45b 中 9A 电流源的电流到哪里去了呢？事实上，它要拿出 2A 电流供给 5Ω 电阻，另外的 7A 电流都用来对 10V 电压源进行充电，即 9A 电流源在产生功率，而 10V 电压源和 5Ω 电阻都在消耗功率，此时 10V 电压源相当于 9A 电流源的负载。

图 2-45c 的 10V 电压源和 2A 电流源共同作用的结果仍是一个 2A 电流源，把它置换掉，如图 2-46c 所示。

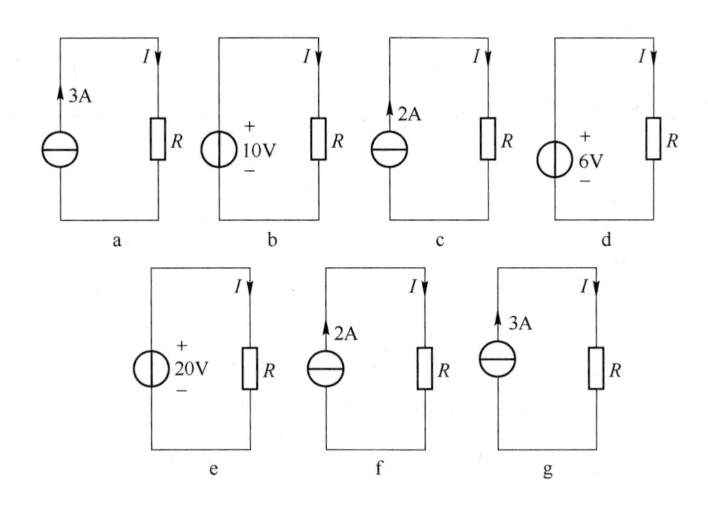

图 2-46　例 2-26 电路图（2）

图 2-45d 中的两个电压源是反串联的，可用一个 8－2＝6V 的电压源来置换，6V 电压源正负极同 8V 电压源一致，如图 2-46d 所示。

图 2-45e 中，已知 R 两端电压为 20V，因此与之并联的 10Ω 电阻对求 R 上电流 I 无用，可用一个 20V 电压源置换，如图 2-46e 所示。

图 2-45f 中，2A 电流源和 93Ω 电阻串联，相当于一个 2A 电流源，93Ω 电阻对求电流 I 毫无用处，可用一个 2A 电流源置换，如图 2-46f 所示。

图 2-45g 看起来很复杂，实际上 3A 电流源是和左边的三条并联支路整体上为串联关系，因此电阻 R 之外的整个部分仅相当于一个 3A 电流源，因而可仅用一个 3A 电流源把 R 之外的电路置换掉，如图 2-46g 所示。

由本例可见，在做题之前，要仔细观察电路，尽量用置换定理把电路化简成最简单的形式，以达到快速求解电路的目的。

2.6.3　齐次定理

若将例 2-24 中的 80V 电压源增大一倍变为 160V，由叠加定理知道 I_1 必然增大一倍，即由原来的 4A 变为 8A，这是因为 160V 电压源作用的结果，可看做由两个 80V 电压源单独作用结果的代数和，显然输出的响应 I_1 或 U_1 是与激励源 U_S 和 I_S 成正比的，若用 X_S 表示激励源，用 Y_0 表示该激励源在某一元件或支路上产生的电流 I 或电压 U，用 K 表示比例常数，则有

$$Y_0 = KX_S \tag{2-15}$$

式（2-15）称为齐次定理，它仅适用于线性电路，若同一个电路中有多个激励源 X_{S1}、X_{S2}、X_{S3}、…，根据叠加定理和齐次定理，显然有

$$Y_0 = K_1X_{S1} + K_2X_{S2} + K_3X_{S3} + \cdots \tag{2-16}$$

【例 2-27】　如图 2-47 所示，N_R 为无源线性电阻网络，其内部结构不详，电路中有两个激励源 I_S 和 U_S，已知实验数据为：当 $U_S = 8V$、$I_S = 12A$ 时，$I = 8A$；当 $U_S = -8V$、$I_S =$

4A 时，$I=0$A；问当 $U_S=30$V、$I_S=10$A 时，$I=?$

解：设比例系数为 K_1 和 K_2，由式(2-16)得

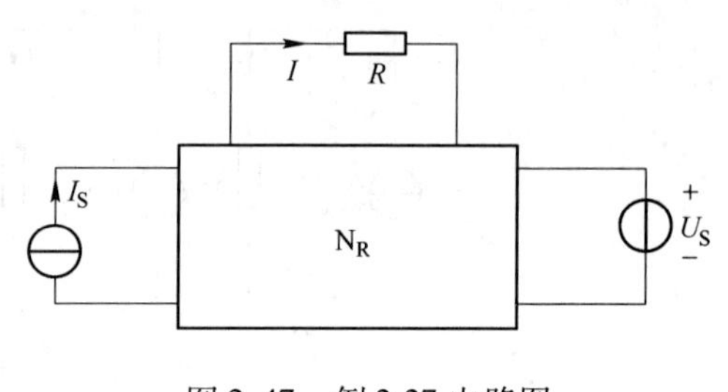

图 2-47　例 2-27 电路图

$$\begin{cases}12K_1+8K_2=8\\4K_1-8K_2=0\end{cases}$$

解出

$$K_1=1/2,\quad K_2=1/4$$

将 K_1 和 K_2 的值及 $U_S=30$V、$I_S=10$A 代入式（2-16）得

$$I=K_1X_{S1}+K_2X_{S2}=1/2\times10+1/4\times30=12.5\text{A}$$

2.7　电路分析方法举例

本章介绍了对电路的多种基本分析方法，在这些方法中，究竟选用哪一种方法较好呢？应该说各种分析方法是一个完整的体系，都应十分熟练掌握。多练习，自然就熟能生巧了，当看到一个电路也就容易用掌握的方法解决了。

虽然如此，对初学者来说，还是应该介绍一个基本思路，以免在见到一个电路图时，无从下手解决。一般来说，按下述的次序选择分析电路的方法较好：

（1）首选的方法应该是欧姆定理、串并联等效、分压分流公式，能够用这些最基本的知识把问题解决最好。

（2）其次选择弥尔曼定理，即电位法。选好参考点，把另一个节点电位求出后，用电位比较的方法就可求出各支路电压、电流来，弥尔曼只适用于两个节点的电路，对于三个节点的电路，一般说来，可用电压源、电流源互换的方法，减少一个节点之后再用弥尔曼定理；也可把两个节点之间的电路断开，暂时变成两个独立的两节点电路，用戴维南定理求出 R_0、U_0 之后，再把断掉的部分接入电路，求出这部分电路的电流或电压，有了这个突破口之后，再回到原电路上，其他各处电压、电流也就很好求了，对于有三个节点以上的电路，最好不要用弥尔曼定理来求解。

（3）若前两个方法仍不能奏效，可以考虑是否只列一个 KVL 方程或者只列一个 KCL 方程来解决，但必须首先搞清楚与这个回路有关的所有电流关系，使回路中最终只有一个电流或电压的未知量，因为一个回路只能求解一个未知数，只要求出这个未知数，电路其他部分就迎刃而解了。

（4）最后就要考虑用网孔电流法或回路电流法列 KVL 方程组来解决了。只要有了网孔电流，整个电路各处电压、电流也就容易得到，而列方程组时，也应该注意尽量利用各支路边缘电流作为一个已知的网孔电流，争取只列二元一次方程组，若列三元以上的方程组，用手工解题就显得很麻烦了。

【例 2-28】　在图 2-48 所示电路中，已知 4Ω 电阻上电流为 3A，试求电阻 R 和 5A 电流源产生的功率。

解：求解电路时，电位是很重要的概念，在此建议，不管解题中是否用到参考点，都

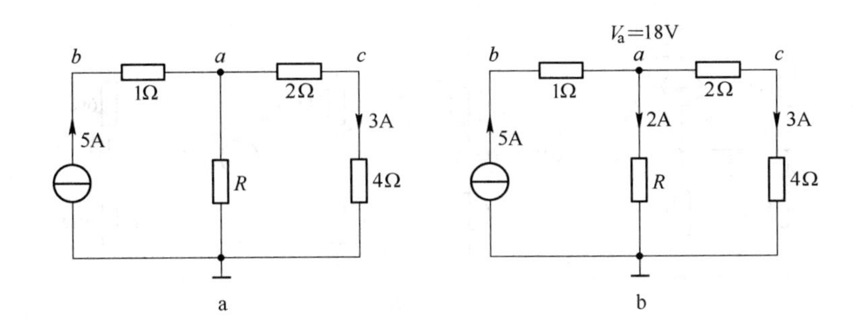

图 2-48 例 2-28 电路图

应顺手在图上画出参考点，以便随时使用电位比较法。

观察此题，看一看首选欧姆定理、串并联等效、分压分流法能否解决，若能解决，则不用再考虑其他方法了。此时只要标清了电流关系，显然是可用此方法求解的。

如图 2-48b 所示，由 KCL 知，R 上的电流为 $5-3=2$A，已标入图中，电位 V_a 可由欧姆定理求出为

$$V_a = (2+4) \times 3 = 18\text{V}$$

由欧姆定理可求出

$$R = V_a/2 = 9\Omega$$

下面求 5A 电流源产生的功率：

因为 1Ω 上的电压为

$$1 \times 5 = 5\text{V}$$

所以，b 点电位比 a 点高出 5V，即

$$V_b = V_a + 5 = 18 + 5 = 23\text{V}$$

这个 V_b 正是 5A 电流源两端的电压，再注意到 5A 电流源的电压 V_b 与电流源的参考方向不一致，则

$$P = -IU = -5 \times 23 = -115\text{W}$$

因为 $P<0$，所以 5A 电流源产生功率 115W。

【例 2-29】 在图 2-49 所示电路中，求电压 U_{ab}。

解： 分析此题，可用分压法求解。

$$V_a = \frac{2}{1+2} \times 6 = 4\text{V}$$

$$V_b = \frac{1}{1+2} \times 6 = 2\text{V}$$

$$U_{ab} = V_a - V_b = 4 - 2 = 2\text{V}$$

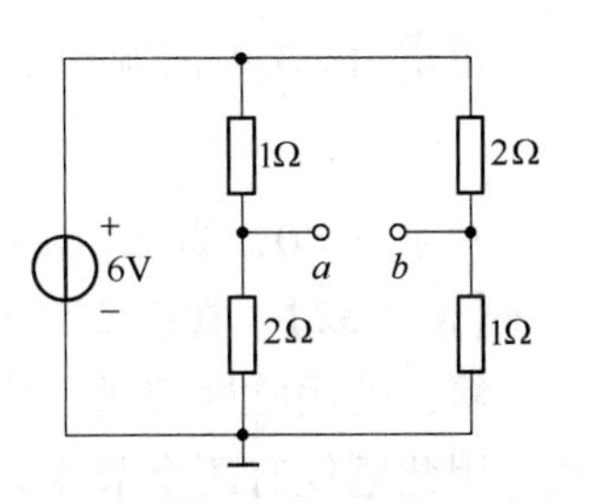

图 2-49 例 2-29 电路图

【例 2-30】 在图 2-50a 所示电路中，求 10Ω 电阻上的电压 U。

解： 首先 4V 电压源与 17Ω 电阻并联，由置换定理可知，可用一个 4V 电压源来置换；其次 6Ω 电阻与 2A 电流源并联，可将它换成电压源。这样就变成了图 2-50b，再将两个顺

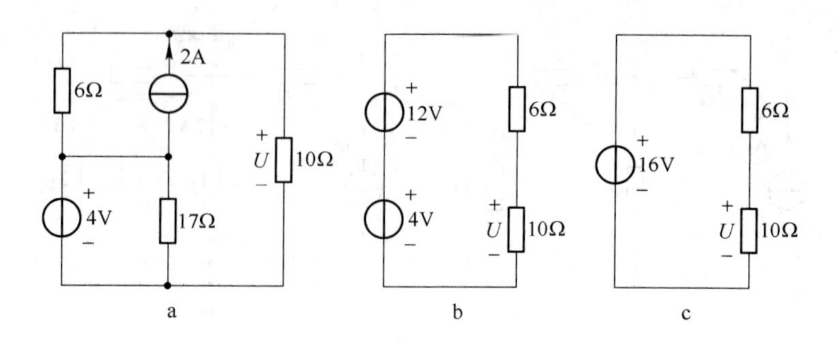

图 2-50　例 2-30 电路图

串的电压源合并成图 2-50c，由分压法可直接求出

$$U = \frac{10}{10+6} \times 16 = 10\text{V}$$

【例 2-31】　在图 2-51a 中，已知 a、b 间的电压为 9V，求 2A 电流源发出的功率。

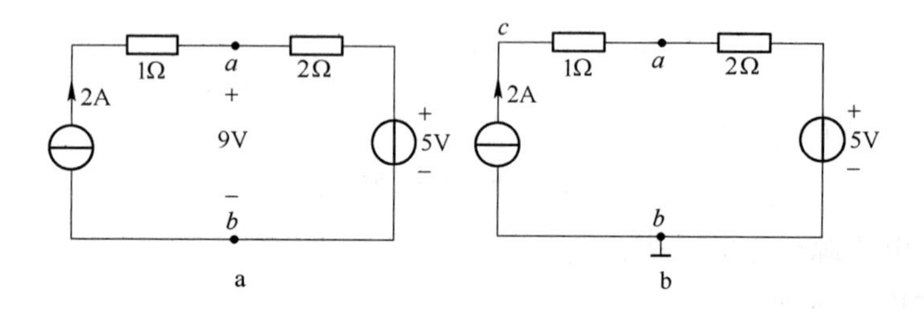

图 2-51　例 2-31 电路图

解：解此题可用的方法很多，若选好参考点如图 2-51b 所示，则可直接用电位比较法得到电流源两端电压 V_c。

因为 c 点比 a 点电位高出 $1 \times 2 = 2\text{V}$。

所以

$$V_c = V_a + 2 = 9 + 2 = 11\text{V}$$

可求得 2A 电流源功率为

$$P = -IU = -2 \times 11 = -22\text{W}$$

功率 $P < 0$，为产生功率。

【例 2-32】　在图 2-52a 中，求电压 U。

解：若用欧姆定理，串并联、分压分流法解决，看来有困难。可以考虑选第二种方法，因此题仅有两个节点，选其中一个为参考点，则另一个节点电位 V_a 可用弥尔曼定理求出。

$$V_a = \frac{\dfrac{6}{2} + \dfrac{2}{10} + \dfrac{10}{4}}{\dfrac{1}{2} + \dfrac{1}{10} + \dfrac{1}{4}} = \frac{114}{17}\text{V}$$

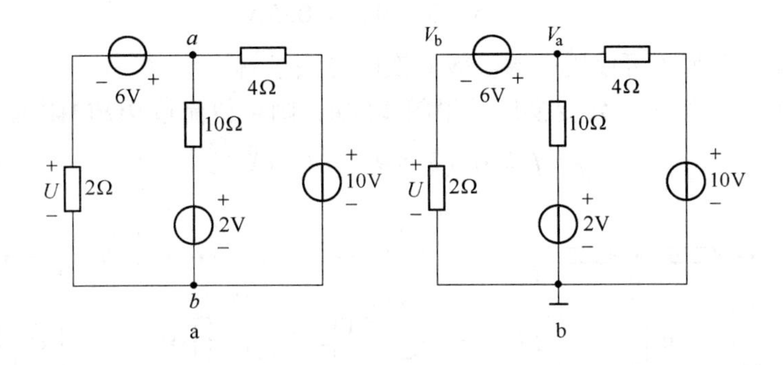

图 2-52 例 2-32 电路图

因为 b 点电位比 a 点低 6V，故有

$$U = V_b = V_a - 6 = (114/17) - 6 = 0.706\text{V}$$

【例 2-33】 在图 2-53a 中，求电流 I。

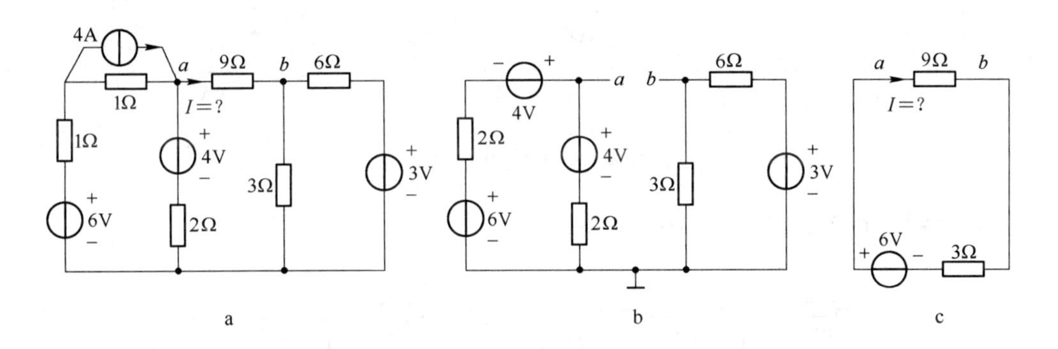

图 2-53 例 2-33 电路图（1）

解法一 此题若从首选方法入手，应该看出无直接的串并联关系，不易解决。若选第二种方法，即用弥尔曼定理来解，而题中又多出两个节点来，为此先把 a、b 断开，在图 2-53a 中使用电源互换法又减少了一个节点，这样就变成了两个独立的两节点电路，如图 2-53b 所示。这时使用弥尔曼定理找出戴维南等效源中的 U_0 来，而 R_0 则是 a、b 两点间的等效电阻，最后在戴维南等效源上接入待求电阻，则可由欧姆定理很容易求出电流 I。

由图 2-53b 中可知
$$V_a = \frac{\dfrac{6+4}{2} + \dfrac{4}{2}}{\dfrac{1}{2} + \dfrac{1}{2}} = 7\text{V}$$

V_b 可直接由分压法求出为

$$V_b = \frac{3}{3+6} \times 3 = 1\text{V}$$

$$U_0 = V_a - V_b = 7 - 1 = 6\text{V} \qquad R_0 = (2 /\!/ 2) + (3 /\!/ 6) = 3\Omega$$

将戴维南等效源接上待求的 9Ω 电阻，如图 2-53c 所示，由图可得

$$I = 6/(3+9) = 0.5\text{A}$$

解法二　解决本题还可使用电源等效变换的方法求解。

如图 2-54 所示，经过等效变换以后得图 2-54e，则可得流过 9Ω 电阻的电流为

$$I = 6/(3+9) = 0.5\text{A}$$

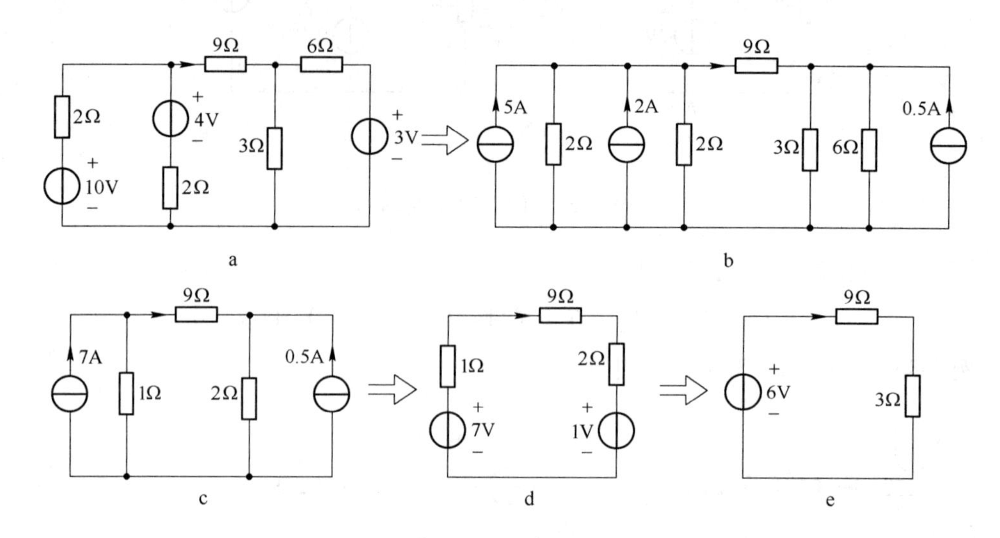

图 2-54　例 2-33 电路图（2）

【**例 2-34**】　在图 2-55a 电路中，求 U。

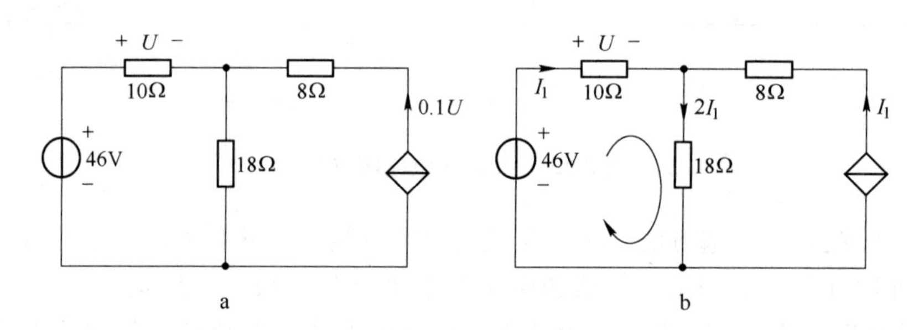

图 2-55　例 2-34 电路图

解：这是一个含受控电流源的电路，若直接用前两种方法都不能使问题简化，这时就可以考虑第三种方法了，看是否能只列一个 KVL 方程解决问题，答案是肯定的。要列一个 KVL 方程，必须先搞清楚电流关系，我们假设 10Ω 电阻上电流为 I_1，即 $I_1 = U/10$，则受控电流源 $0.1U = U/10 = I_1$，由 KCL 可知，18Ω 电阻上的电流为 $2I_1$，电流关系如图 2-55b所示，且

$$10I_1 + 18 \times 2I_1 = 46$$

所以

$$I_1 = 1\text{A} \qquad U = 10\text{V}$$

【**例 2-35**】　在图 2-56a 中，求 2Ω 电阻的功率。

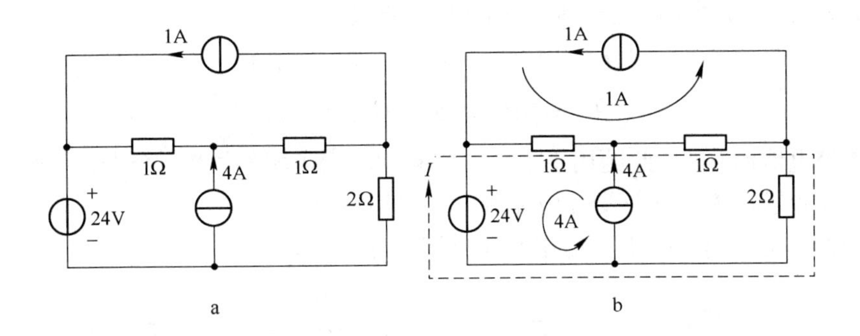

图 2-56 例 2-35 电路图

解： 观察发现，此题用前两种方法不容易解决，但仔细观察会发现，有两个电流源是已知的，这就容易想到用回路电流法就可以少求两个网孔电流，只要回路选得好，完全可以只列出一个 KVL 方程来求解。

如图 2-56b 所示，两个网孔电流（即电流源上的电流）为已知，若选余下的一个网孔电流作为求解的对象，势必要涉及 4A 电流源两端的电压，因此只好选一个避开电流源的回路电流作为求解对象了。所选回路如图 2-56b 所示，而这个回路电流刚好就是 2Ω 电阻上的电流，有了 I，则功率就很容易求出了。

根据 KVL，得

$$(1+1+2)I+(1+1)\times 1-1\times 4=24$$

所以

$$I=6.5\text{A}$$

$$P=I^2R=6.5^2\times 2=84.5\text{W}$$

【例 2-36】 在图 2-57a 中，求 20Ω 电阻上的电压 U。

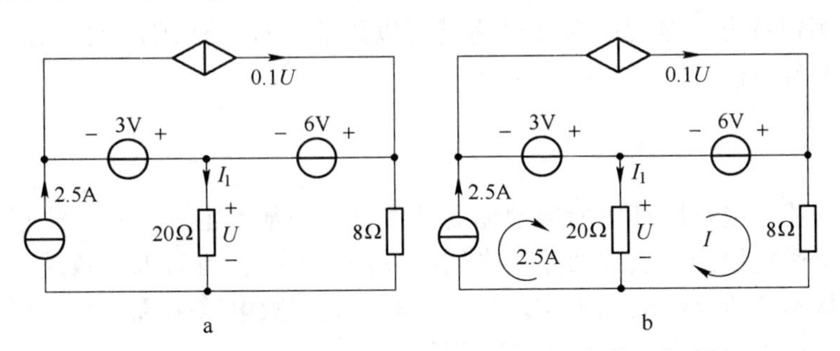

图 2-57 例 2-36 电路图

解： 观察此题，用第一种方法和第二种方法并不能迅速解决，则考虑第三种方法，如图 2-57b 所示利用了一个已知的 2.5A 网孔电流，则可得 I 网孔的 KVL 方程：

$$(20+8)I-20\times 2.5=6$$

所以

$$I=2\text{A}$$

因为 20Ω 上流过两个网孔电流 2.5A 和 I，所以

$$I_1 = 2.5 - I = 2.5 - 2 = 0.5$$

$$U = 20I_1 = 20 \times 0.5 = 10\text{V}$$

显然受控电流源 0.1U 此题用不上。若将 6V 电压源支路中串一个 4Ω 电阻，请再求解此题，看看能否求出 U，这时受控电流源就一定用得上了。

【例 2-37】 在图 2-58a 中，请用网孔电流法计算 U。

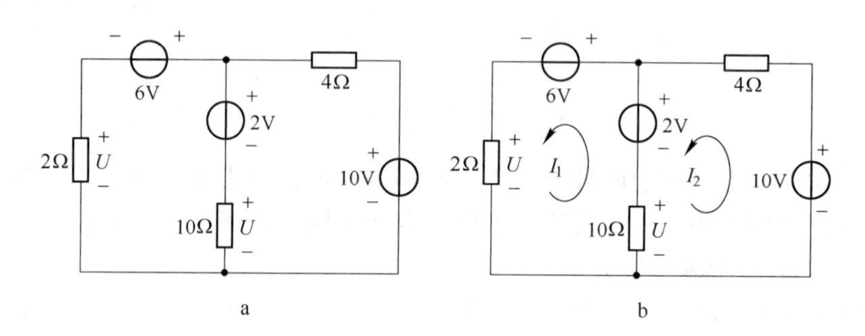

图 2-58　例 2-37 电路图

解： 题中指定必须使用网孔法，也就不能再选择其他方法了，如图 2-58b 所示，列出网孔电流 I_1、I_2 的 KVL 方程为

$$\begin{cases}(10+2)I_1 - 10I_2 = 2 - 6 \\ -10I_1 + (4+10)I_2 = 10 - 2\end{cases}$$

解方程，得

$$I_1 = 6/17\text{A} \qquad I_2 = 12/17\text{A}$$

如果题目中指定用叠加定理或其他方法求解，那就必须按要求的方法去做。

由上面各例题看出，很大一部分电路是可以用前三种方法解决的，必须多做一些题，才能真正掌握各种方法。

本章小结

本章主要讲述了电路原理中所应遵循的基本方法和基本定理。一般来说，碰到一个具体电路，要尽量避免用网孔法或回路法来列出方程组求解，因为未知数越多用方程组来求解就越麻烦，从本章所介绍的基本定理出发，对于大多数电路来说，是可以不用方程来求解的，或者说至少可以避免二元以上的方程组。

1. 电源的等效变换

实际电压源和实际电流源之间的等效变换，应该说把它看成电路分析中的一种分析方法更科学些。在求解电路时，常用电流源到电压源的互换来减少电路的节点数目，以便用弥尔曼定理进行简单求解，而现实中要把电压源变成电流源，只有使用较复杂的电子电路才能实现。

2. 节点电位法

建立在弥尔曼定理基础上的两节点电路的求解方法使用十分广泛，特别是配上实际电

压源与电流源互换的方法后，还可以将节点电路转化为两节点电路，更扩大了使用范围。

3. 戴维南定理

用这个定理作为工具，在求解复杂电路时常可获得一个突破口，解题过程可分为三个步骤：

（1）求开路电压 U_{OC}或短路电流 I_{SC}。

（2）求等效内阻 R_0。

（3）画出等效电源，接上待求支路，这样该支路上的电压、电流就可很容易求出，有了这个突破口，整个复杂电路的求解也就迎刃而解了。用戴维南定理推导出的功率匹配条件 $R_L = R_0$ 及此求解出的负载上获得的最大功率 $P_{Lmax} = U_0^2/4R_0$ 也是经常使用的。

在使用戴维南定理时，要求出网络 N 的内阻 R_0，这个电阻就是网络中所有独立电压源和独立电流源为零时，该网络的两端所表现出来的阻值。这个阻值一般可用电阻的串联、并联法求出，但对于网络内含有受控源时，则要用开路短路法或 U、I 法求解。

4. 网孔法

当一个复杂电路用弥尔曼或戴维南定理解决有困难时，就不得不使用网孔电流法列方程组求解了。网孔法的求解对象是网孔电流，即电路中各网孔单独具有的边沿电流。因此若某一网孔的边沿电流为已知，就可以把它作为该网孔的网孔电流，这样就可以减少一个方程。

最好的方法是将方程法与 KCL 和电源等效相结合，尽量设法只列出一个 KVL 方程求解，这在很多具体电路中都是可以办到的。但要求必须在列方程前用 KCL 和电位比较法搞清楚该网孔（或回路）各元件上的电流关系，最后在列这个 KVL 方程时，使方程中只有一个电流未知数。可以说，在电路分析中，必须列方程组才能求解电路的情况是不多见的。

5. 叠加定理和置换定理

叠加定理在电路理论中应用很广，但在具体解决某一电路问题时却较少使用，原因是用它分析电路比较麻烦，而且用叠加定理能解决的问题，常常可用像弥尔曼定理这样的简单方法来完成。虽然如此，这仍是要求掌握的内容并会用它求解一些简单电路。

叠加定理中所谓的叠加，实际上是逐个考虑各个电源单独作用时在电路某元件或支路上产生的电压、电流结果，最后把它们相加起来就得到了该处的总电压和总电流。线性电路都必须具备叠加性和齐次性，否则就不是线性电路了。例如，二极管两端外接两个电压源，流过它们的总电流就不是两个电压源单独作用时产生的电流之和，因此含二极管的电路就不是线性电路。

置换定理常用来简化电路，它本身也是一种常用的电路等效方法，例如电流源上串联的电阻将其等效掉后，使用弥尔曼定理就不会出现课文中介绍的那种常见错误。在实用电路图中，人们省去画电源，用电位法来画工程中的电路，这也是建立在置换定理基础上的，常可使复杂电路看起来简单明了。

在电路分析中，置换的意思就是把电路中某一部分较为复杂的电路用一个简单的等效电路换掉，使电路看起来更简洁、更清晰。用来置换的电路必须与原电路等效，即把电路中某一部分 A 用简单电路 B 换掉后，对原电路中 A 以外的部分的任何支路、元件、节点等处的电压、电流毫无影响，即置换前和置换后，它们是相等的。

习题与思考题

2-1　将图 2-59 的电压源变换为电流源，电流源变换为电压源。

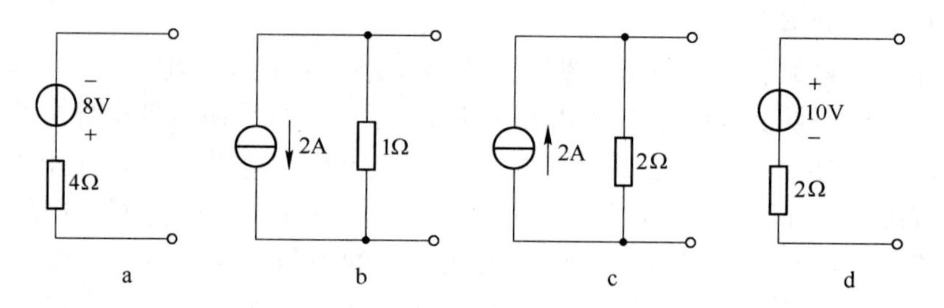

图 2-59　题 2-1 图

2-2　将图 2-60a 所示电路化简为电压源，图 2-60b 所示电路化简为电流源。

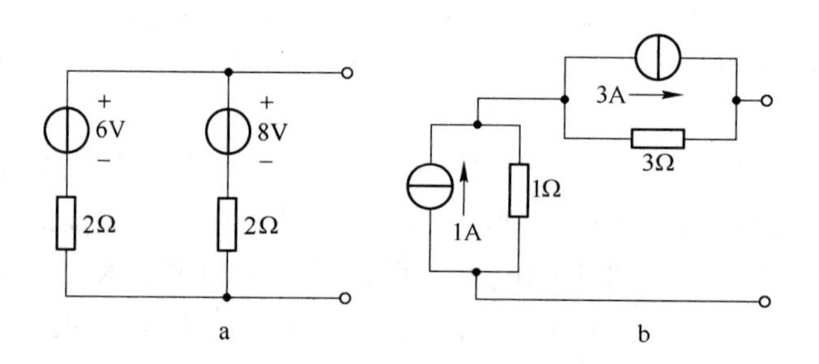

图 2-60　题 2-2 图

2-3　利用电源等效变换求图 2-61 中的电流 I 和电压 U。

2-4　利用电源等效变换求图 2-62 中的电流 I 和电压 U。

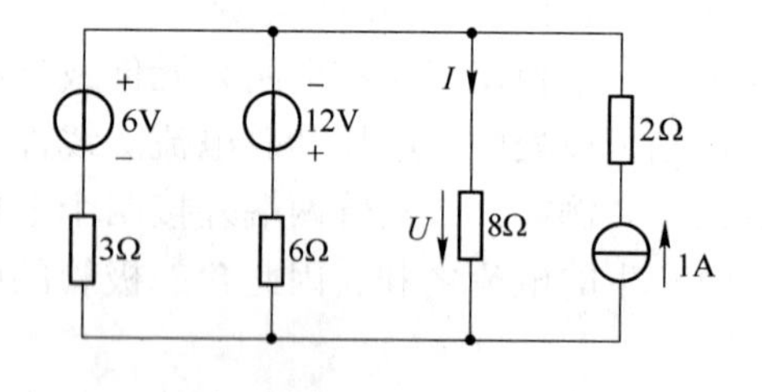

图 2-61　题 2-3 图

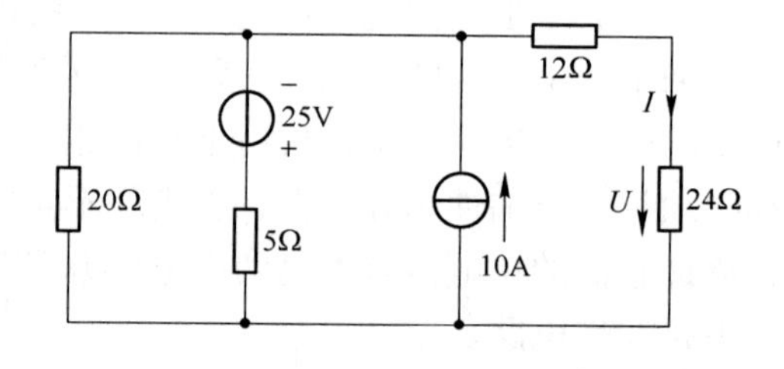

图 2-62　题 2-4 图

2-5　图 2-63 中，已知 $U=28\text{V}$，用电源等效变换法求电阻 R。

2-6　利用电源等效变换求图 2-64 中 a 点电位 V_a。

2-7　用弥尔曼定理求图 2-65 中的电流 I。

2-8　用弥尔曼定理求图 2-66 中的电流 I_1 和 I_2。

2-9　用弥尔曼定理求图 2-62 中的电流 I 和 U。

2-10　用节点电位分析法求图 2-67 中的电流 I_1 和 I_2。

2-11　如图 2-68 所示电路，用节点分析法分别求开关 S 打开、闭合时的 U_{AB}。

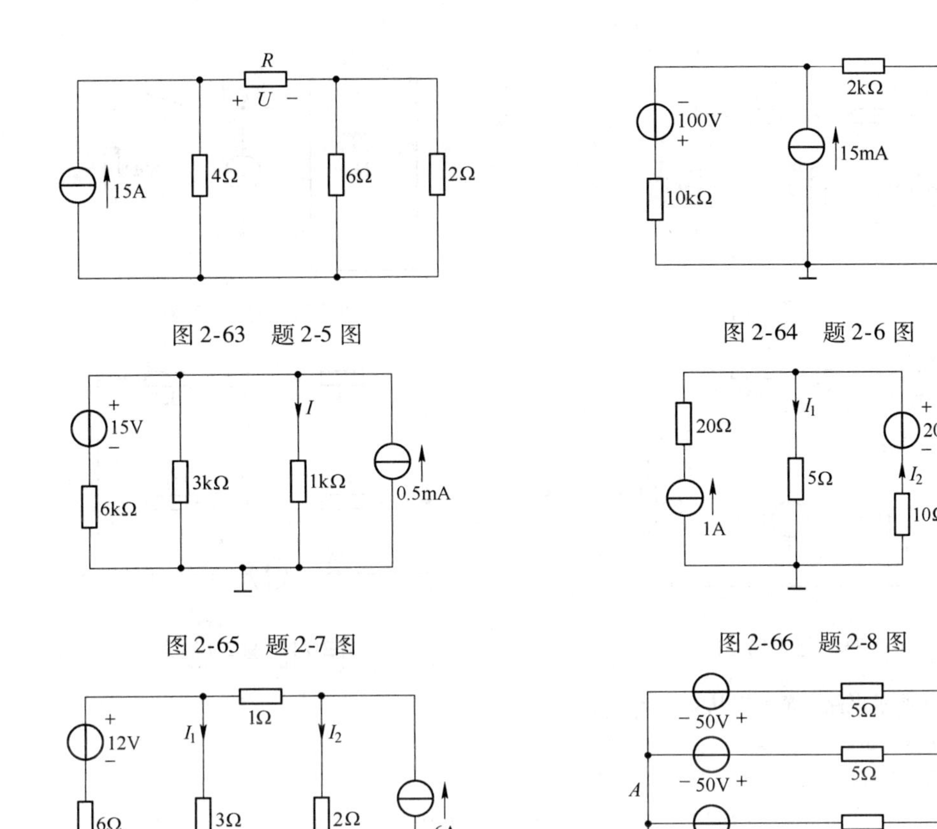

图 2-63　题 2-5 图

图 2-64　题 2-6 图

图 2-65　题 2-7 图

图 2-66　题 2-8 图

图 2-67　题 2-10 图

图 2-68　题 2-11 图

2-12　如图 2-69 所示电路，用节点分析法求 V_1 和 V_2。

2-13　求图 2-70 所示的有源二端网络的戴维南等效源的内阻 R_0。

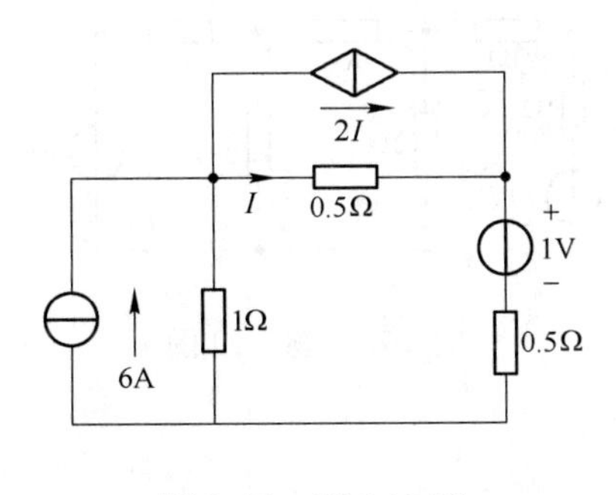

图 2-69　题 2-12 图

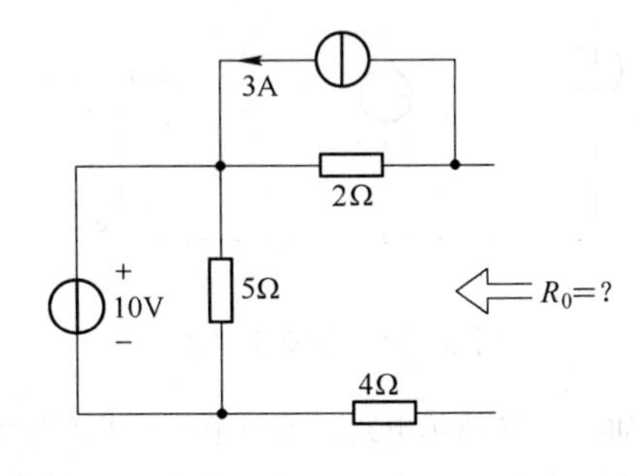

图 2-70　题 2-13 图

2-14　如图 2-71 所示电路，试求 a、b 两端的戴维南等效源和诺顿等效源，并画图表示。

2-15　在图 2-72 中，N_A 为线性含源二端网络，当开关 S 打开时，电压表读数为 10V，当开关 S 闭合后，电压表读数为 9V，试求该二端网络的戴维南等效源内阻 R_0，并画出其戴维南等效源。

2-16　用戴维南等效定理求图 2-73 中的电流 I。

2-17　试求图 2-74 中 ab 端的戴维南等效电路，若在 ab 间接上 2.5Ω 电阻，该电阻两端的电压为多少？

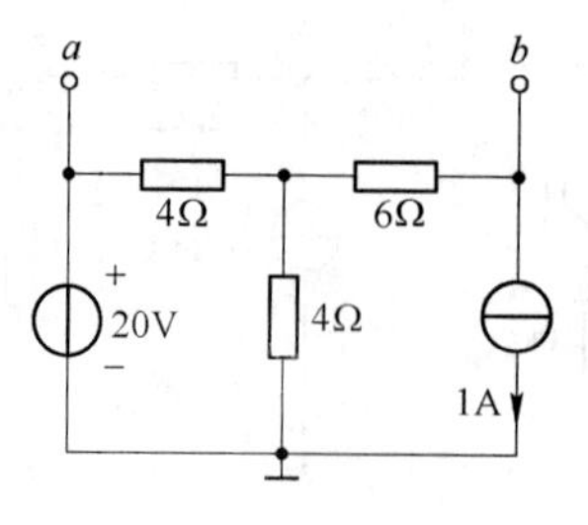

图 2-71　题 2-14 图

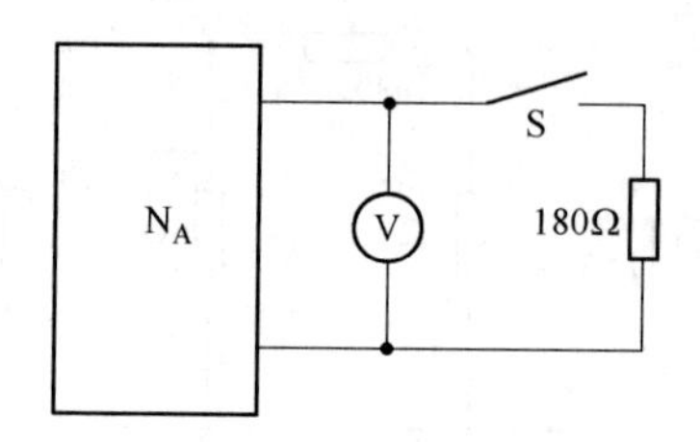

图 2-72　题 2-15 图

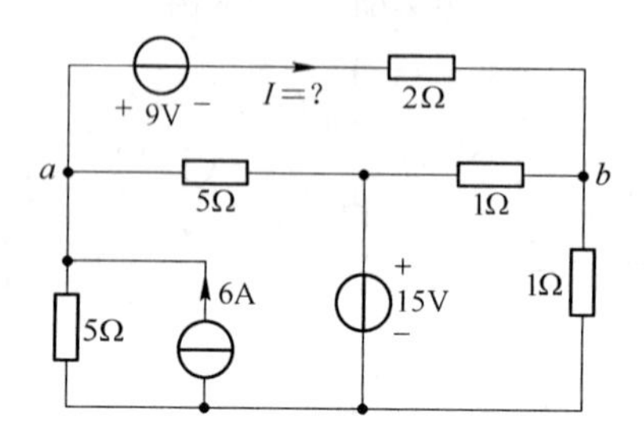

图 2-73　题 2-16 图

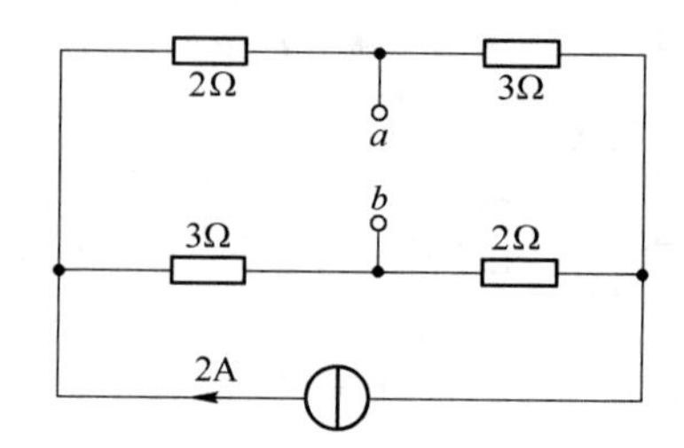

图 2-74　题 2-17 图

2-18　如图 2-75 所示电路，R 可以从 $0\to\infty$ 改变。

（1）当 $R=\infty$ 时，求 U_{ab}。

（2）当 $R=0$ 时，求 I_S。

（3）当 R 为何值时，它所吸收的功率最大，并求出最大功率。

2-19　如图 2-76 所示电路中，求：

（1）$R_X=1\Omega$ 时的电压 U_{ab}。

（2）$R_X=9\Omega$ 时的电压 U_{ab}。

（3）R_X 取何值时，它可以获得最大功率，并求出该功率。

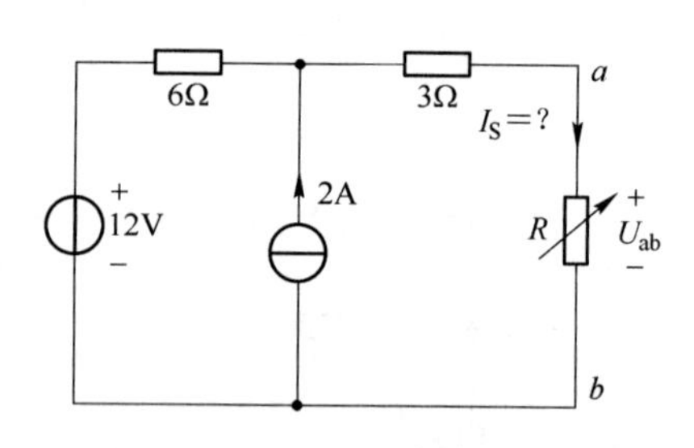

图 2-75　题 2-18 图

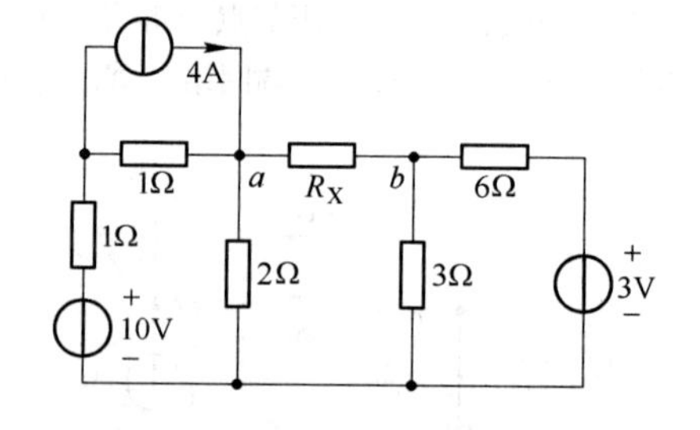

图 2-76　题 2-19 图

2-20　如图 2-77 所示电路，求图中受控源产生的功率 $P_{受}$。

2-21　求图 2-78 所示电路中负载电阻 R_L 上吸收的功率 P_L。

2-22　如图 2-79 所示电路，已知 $U_{S1}=40V$，$U_{S2}=5V$，$U_{S3}=25V$，$R_1=5\Omega$，$R_2=R_3=10\Omega$，试用支路电流法求各支路的电流。

2-23　如图 2-80 所示电路，已知 $R_1=5\Omega$，$R_2=1\Omega$，$R_3=10\Omega$，$R_4=5\Omega$，$U_{S1}=10V$，$U_{S2}=5V$。求各支路电流。

2-24　如图 2-81 所示电路，试用支路电流法列出求解方程组。

2-25　试用网孔电流法只列一个 KVL 方程，求图 2-82 中的电流 I。

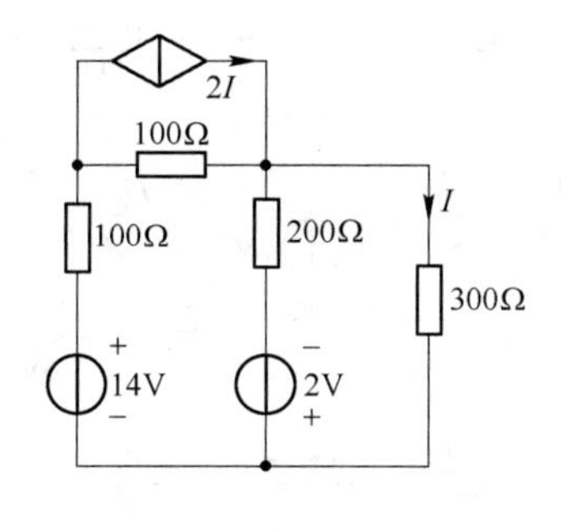

图 2-77　题 2-20 图

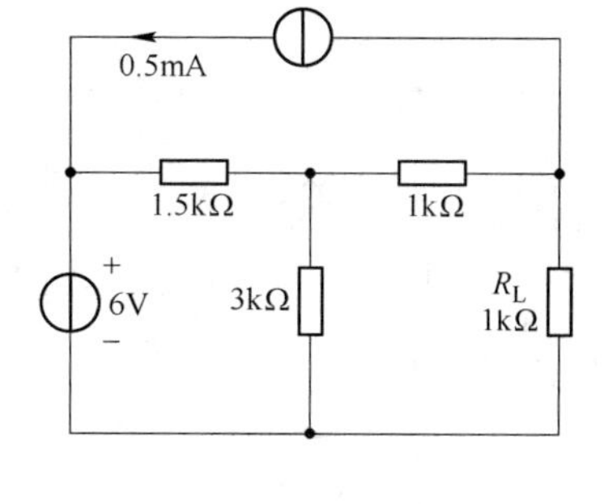

图 2-78　题 2-21 图

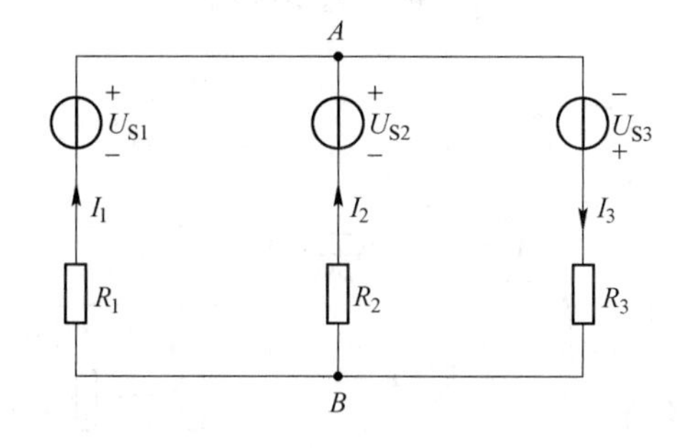

图 2-79　题 2-22 图

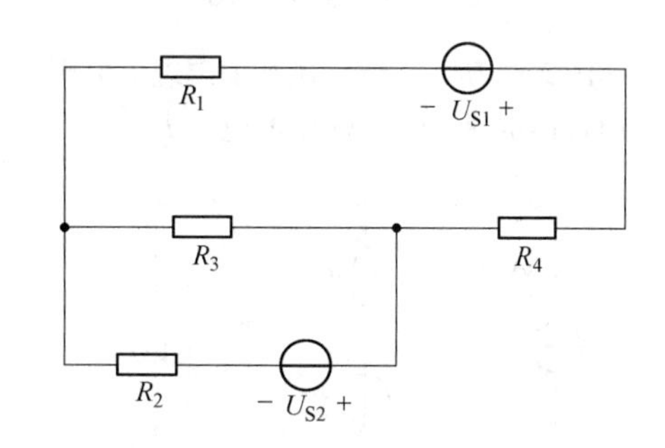

图 2-80　题 2-23 图

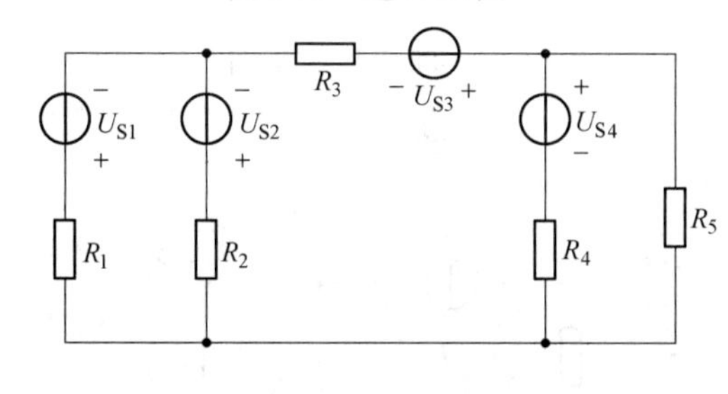

图 2-81　题 2-24 图

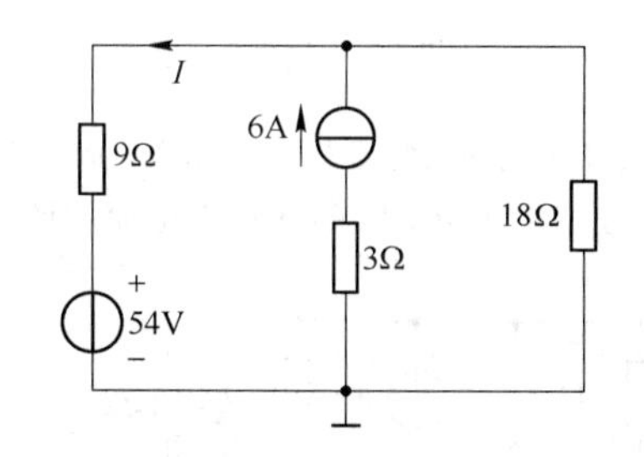

图 2-82　题 2-25 图

2-26　用网孔电流法列 KVL 方程组求图 2-83 中的 I_1、I_2 和 I_3。

2-27　试用回路电流法中只列一个方程求图 2-84 中的电流 I。

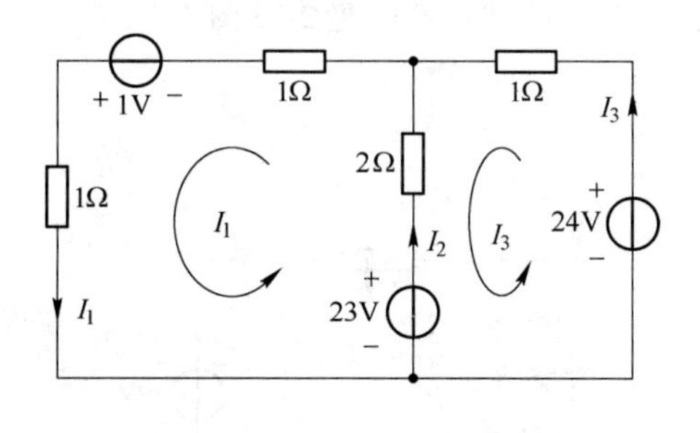

图 2-83　题 2-26 图

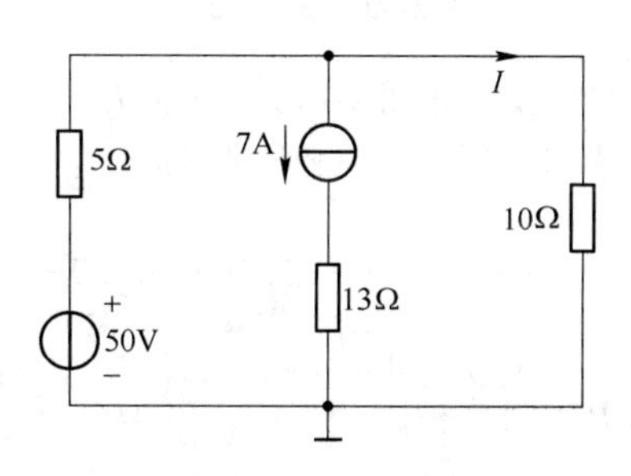

图 2-84　题 2-27 图

2-28　如图 2-85 所示电路，已知电流 $I_1=2\text{A}$，$I_2=1\text{A}$，求电压 U_{bc}，电阻 R 及电压源 U_{S}。

2-29　如图 2-86 所示电路，各网孔电流如图中所示，试列写出可用来求解电路的网孔方程。

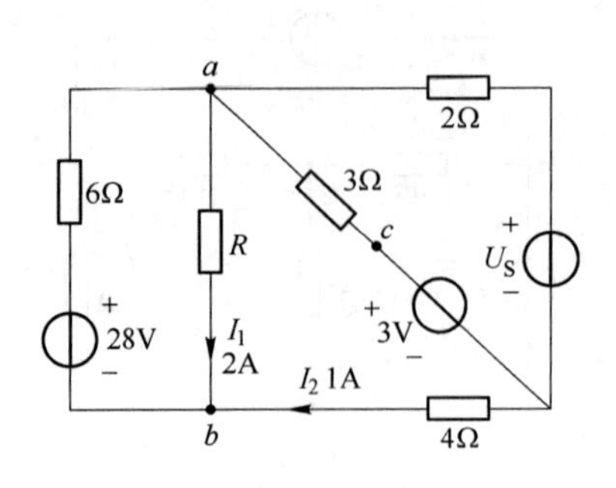

图 2-85　题 2-28 图

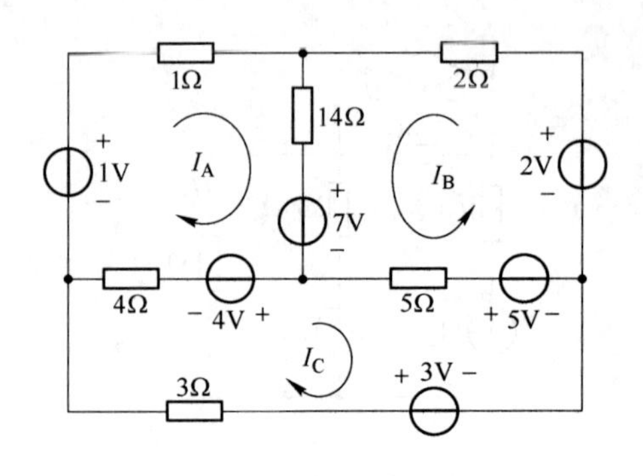

图 2-86　题 2-29 图

2-30　如图 2-87 所示电路，用叠加定理求电压 U。

2-31　用置换定理求图 2-88 中的电流 I。

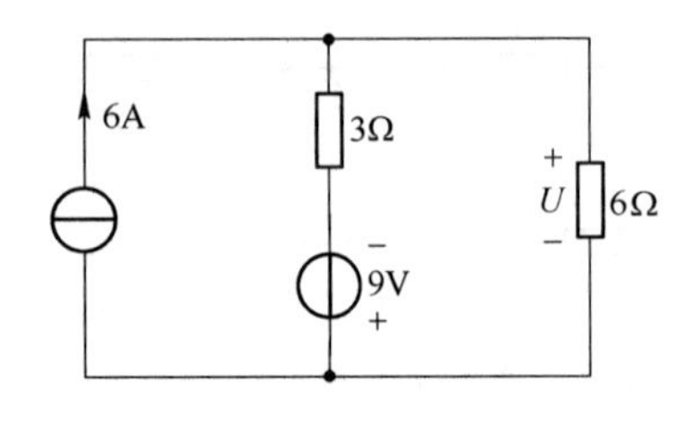

图 2-87　题 2-30 图

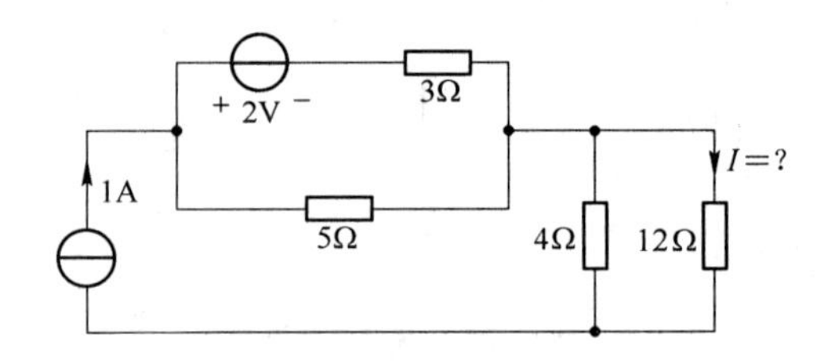

图 2-88　题 2-31 图

2-32　用置换定理及弥尔曼定理求图 2-89 中的电压 U。

2-33　用置换定理求图 2-90 中 3A 电流源产生的功率 P_S。

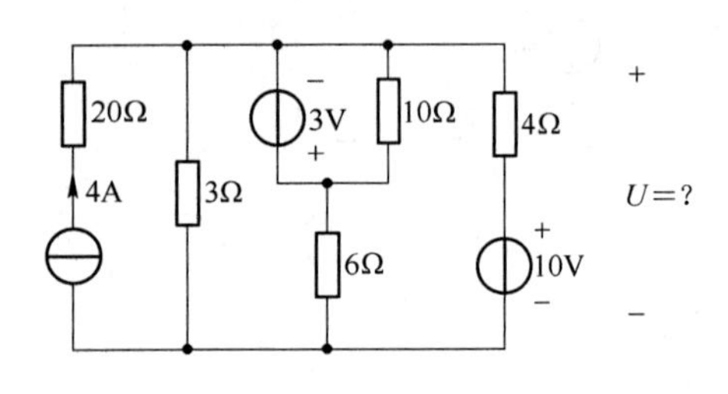

图 2-89　题 2-32 图

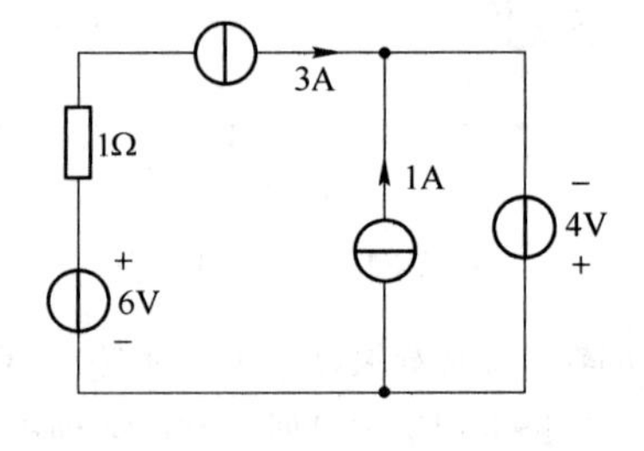

图 2-90　题 2-33 图

2-34　用置换定理求图 2-91 中的电流 I。

2-35　在图 2-92 中，求受控源的电流。

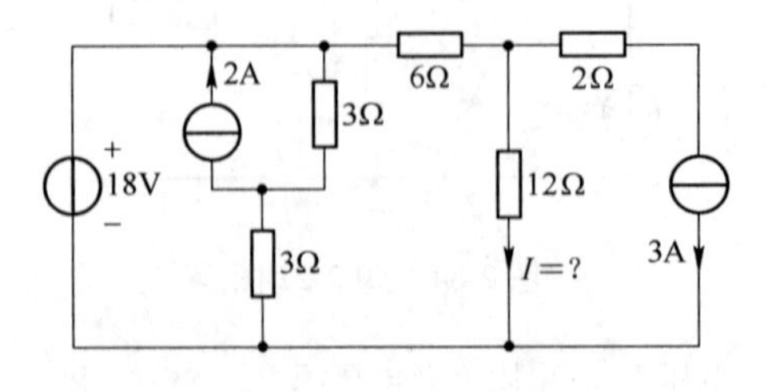

图 2-91　题 2-34 图

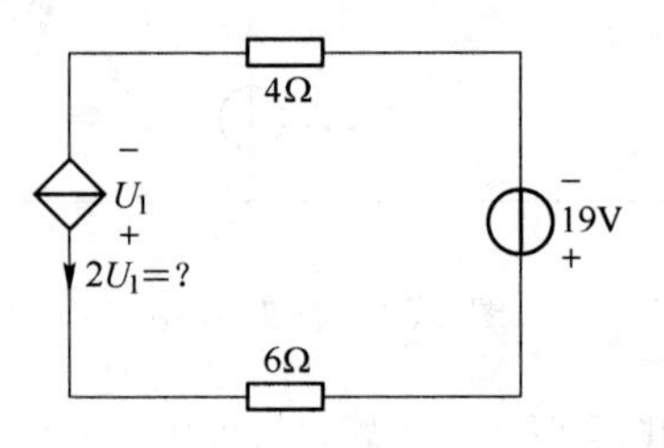

图 2-92　题 2-35 图

2-36　在图 2-93 中，求电流 I 和 56V 电压源产生的功率。

2-37　求图 2-94 中的电流 I。

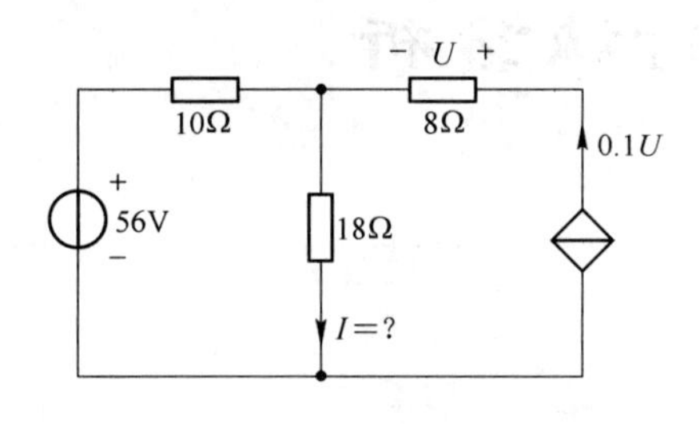

图 2-93　题 2-36 图

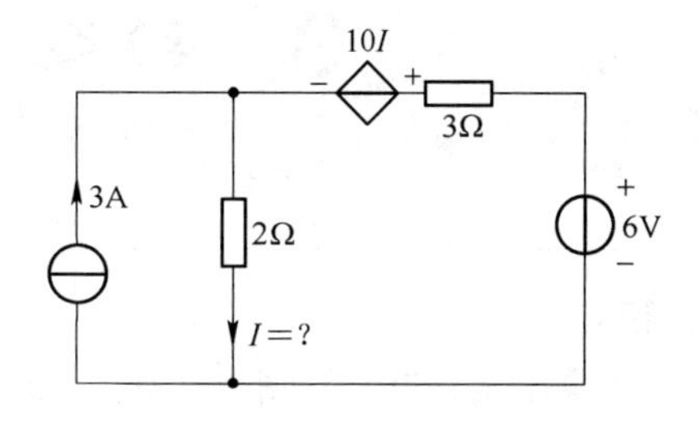

图 2-94　题 2-37 图

2-38　在图 2-95 中，负载电阻 R_L 可以任意改变，问 R_L 等于多大时，其上可获得最大功率，并求出该最大功率 P_{Lmax}。

2-39　在图 2-96 中，求 12V 电压源的功率，并指出是产生还是消耗功率。

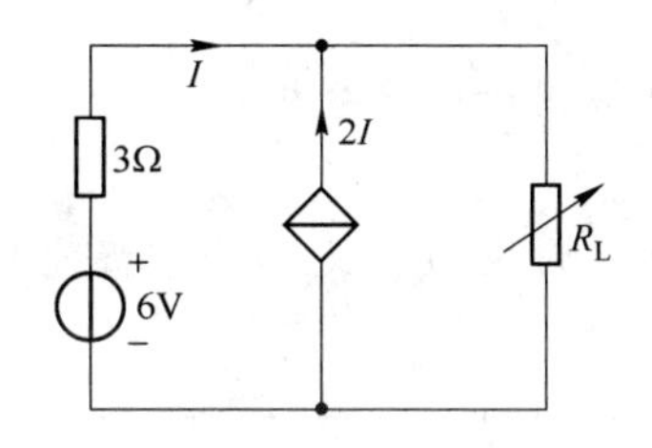

图 2-95　题 2-38 图

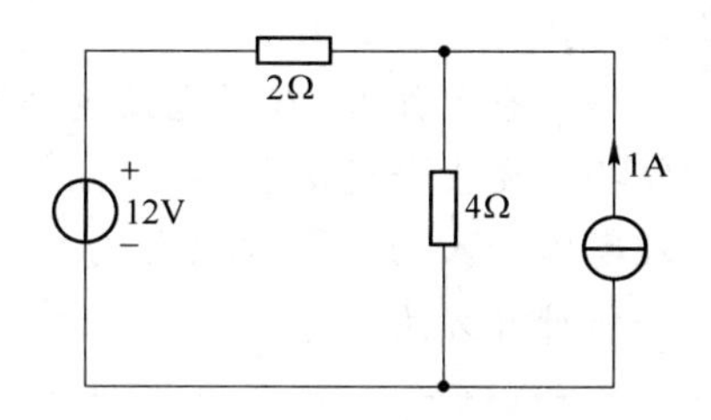

图 2-96　题 2-39 图

2-40　在图 2-97 中，已知网孔电流 $I_1=2A$，$I_2=1A$，求节点电位 V_a。

2-41　在图 2-98 中，已知 $I_1=2A$，求网络 N 吸收的功率 P_N。

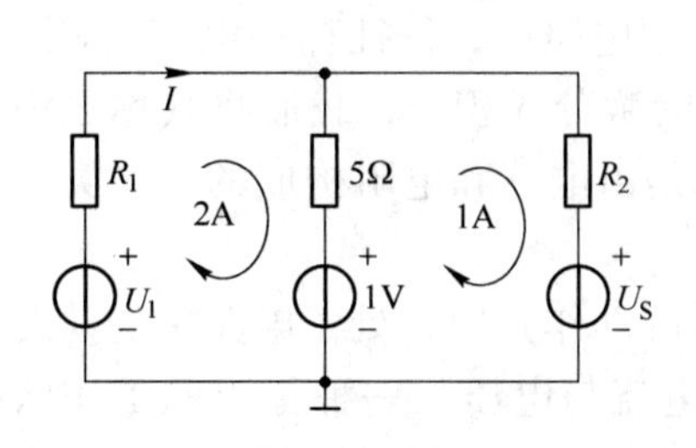

图 2-97　题 2-40 图

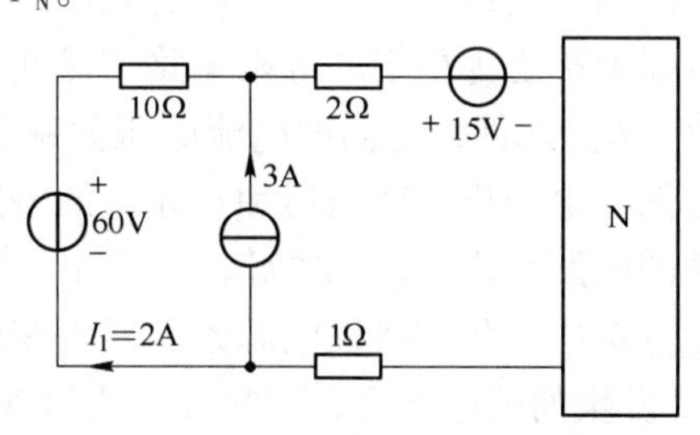

图 2-98　题 2-41 图

2-42　在图 2-99 中，N_R 为一线性电阻网络，已知两个激励源 U_S、I_S 与输出电压 U 的关系为：当 $U_S=1V$、$I_S=1A$ 时，响应 $U=0$；当 $U_S=30V$、$I_S=0A$ 时，响应 $U=1V$；问当 $U_S=60V$、$I_S=20A$ 时，求响应 U。

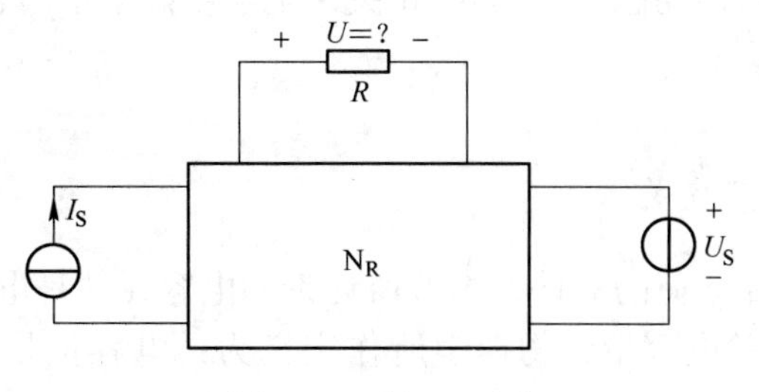

图 2-99　题 2-42 图

3 动态电路时域分析

知识点

1. 换路定律、“0_-”图与“0_+”图；
2. 电容与电感的串并联；
3. 动态响应与三要素公式求解全响应；
4. 零输入响应、零状态响应、稳态响应与暂态响应。

学习要求

1. 理解动态元件 L、C 的电流电压关系，并能熟练应用于电路分析；
2. 掌握三要素分析法求解全响应，画出波形图；
3. 理解零输入响应、零状态响应、暂态响应、稳态响应的含义，并掌握它们的分析计算方法。

3.1 动态元件

在前面的两章中，我们讨论的元件只是电阻元件，电源也只是稳定的直流电源，这种电路习惯上称之为稳定的电阻电路。然而在许多的实用电路中，往往存在电容（C）元件和电感（L）元件，它们的电流电压关系是对于时间的微分或积分，我们将其称之为动态元件。例如电动机、变压器和日光灯的电路模型，都是由电感和电阻构成的。这类含有动态元件的电路称之为动态电路。

在本章中，我们将以电源条件发生变化（如开关的动作）时，处于电路中的动态元件 L、C 上发生的响应入手，分析在动态环境下各部分电流与电压从一种稳定的工作状态到另外一种稳定的工作状态的变化过程，也可以称为过渡过程。对这一过程的研究是十分必要的，只有通过对过渡过程的探讨，才能了解电路的稳定状态是怎样建立的；再者过渡过程中电路中某些部分的电压和电流可能会大于它稳定工作时的好几倍，可能导致对电器设备的损害；另外就是有些电子电路本身就是利用非稳定工作状态来工作的。

弄清电容和电感这两种动态元件的 VCR 关系是学习好本章内容的基础。

3.1.1 电容元件

3.1.1.1 电容及其伏安关系

电容器是一种能储存电荷的器件，本节所讨论的电容元件是电容器的理想化模型（如图 3-1 所示）。C 是电容的电容量，物理学所作定义为：电容量是单位电压下存储电荷的能力。

即：　$$C = \frac{Q}{u} \tag{3-1}$$

电容的单位为法拉（F），实际应用中更小的单位是微法（μF）和皮法（pF）。

$$1\text{F} = 10^{6}\mu\text{F} = 10^{12}\text{pF}$$

本章讨论的电压电流均是在动态条件下，约定用小写字母表示这种动态的电量。

当电容上电压与电荷为关联参考方向时，电荷 q 与 u 关系为：

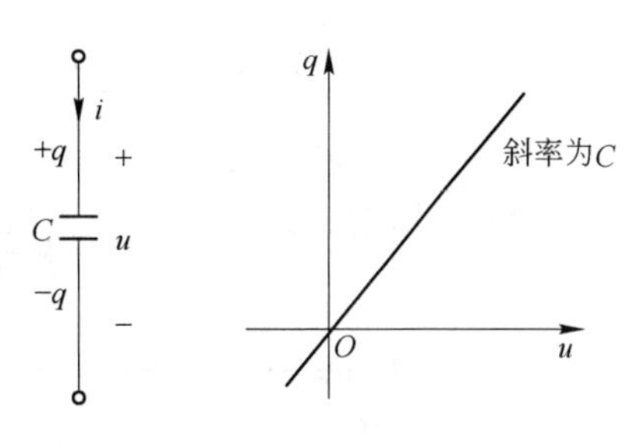

图 3-1　电容的符号、线性电容的特性曲线

$$C = \frac{q}{u}$$

或　$$q = Cu \tag{3-2}$$

C 亦即特性曲线的斜率。

我们将电容叫做线性电容，并非是它的电压电流关系呈线性，而是其存储的电荷与电压呈线性关系，这一点必须引以注意。

下面讨论电容上的电压与电流关系。

将式（3-2）两边对时间求导得：

$$\frac{\mathrm{d}q}{\mathrm{d}t} = C\frac{\mathrm{d}u}{\mathrm{d}t}$$

而 $\frac{\mathrm{d}q}{\mathrm{d}t} = i$，于是就有：

$$i = C\frac{\mathrm{d}u}{\mathrm{d}t} \tag{3-3}$$

式（3-3）即电容的电流与电压的关系（伏安特性 VCR），它说明**电容上流经的电流是由于其端电压的变化而导致的**，如果端电压没有变化，则电流为零，故此称其为动态元件。

电容的伏安特性还可写成：

$$u = \frac{1}{C}\int i\mathrm{d}t \tag{3-4}$$

式（3-4）是电容 VCR 的积分形式，它说明：**电容电压是不会发生突然变化的**，这是因为电容电压是由电流随着时间的积分而得的，时间变化趋近于零时，电压也就趋近于零。

3.1.1.2　电容换路定律

我们用图 3-2 模拟表示电容处于变动的电源条件下的电压变化关系，以时间 $t=0$ 为时间的参考点，电路中开关 S 动作，S 合上之前的瞬间记为 $t=0_-$，S 合上之后的瞬间记为 $t=0_+$。在 $t=0_-$ 时的电容电压记为 $u_C(0_-)$，而在 $t=0_+$ 时的电容电压则记为 $u_C(0_+)$，电容电压不能突变的性质决定了：

$$u_C(0_+) = u_C(0_-) \tag{3-5}$$

这就是电容的换路定律。

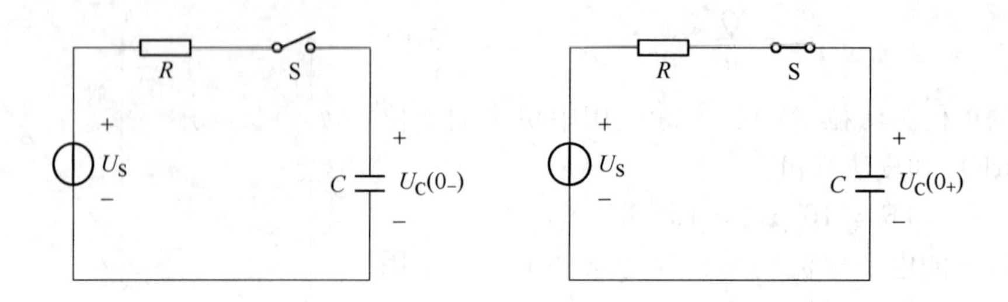

图 3-2　电容的换路定律

3.1.1.3　电容储能

电容存储电荷，建立了电场，也就存储了电能。当电容电压和电流为关联方向时，电容吸收的瞬时功率为：

$$p = ui$$

将 $i = C\dfrac{\mathrm{d}u}{\mathrm{d}t}$ 代入上式并两边同时乘以 dt 可得：

$$p\mathrm{d}t = Cu\mathrm{d}u$$

对其从 $-\infty$ 到 t 进行积分，即得 t 时刻电容上的储能为（如图 3-3 所示）：

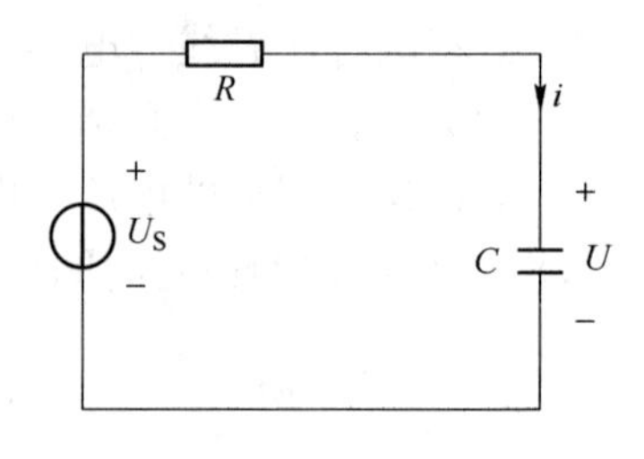

图 3-3　电容储能

$$w_C(t) = \int_{-\infty}^{t} p(t)\mathrm{d}t = \int_{u(-\infty)}^{u(t)} Cu(t)\mathrm{d}u(t) = \frac{1}{2}Cu^2$$

简化为
$$w_C(t) = \frac{1}{2}Cu^2 \tag{3-6}$$

由上式可知：电容在某一时刻 t 的储能仅取决于此时刻的电压，而与电流无关，且储能 $W_C(t) \geqslant 0$。

电容在充电时吸收的能量全部转换为电场能量，放电时又将储存的电场能量释放回电路，它本身不消耗能量，也不会释放出多于它吸收的能量，所以称电容为储能元件。

3.1.2　电感元件

3.1.2.1　电感及其伏安特性

实际中的电感器是用导线绕制成的，如图 3-4a 所示。电感器是建立磁场存储磁能的器件，而本节讨论的电感元件是它的理想化模型。当电流通过电感元件时，就有磁通与线圈交链，即磁力链。当磁通与电流 i 参考方向之间符合右手螺旋关系时，磁力链与电流的关系为：

$$\psi(t) = Li(t)$$

简写作：

$$\psi = Li \quad 或 \quad L = \frac{\psi}{i} \tag{3-7}$$

式（3-7）表明了电感量是电感元件在单位电流下产生磁链的能力，简称电感。

我们将电感叫做线性电感，也并非是它的电压电流关系呈线性，而是其产生的磁力链与电流呈线性关系，L 亦即这一特性曲线的斜率。

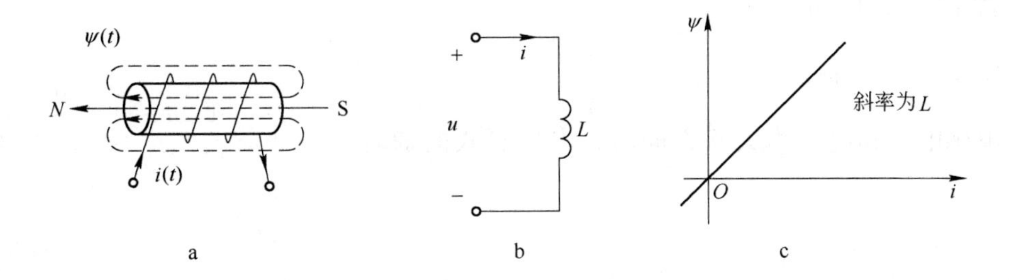

图 3-4 电感线圈、线性电感

电感的单位是亨利（H），比它更小的单位是毫亨（mH）和微亨（μH）。

$$1\text{H} = 10^3\text{mH} = 10^6\mu\text{H}$$

将式 $\psi = Li$ 两边对时间求导得：

$$\frac{\mathrm{d}\psi}{\mathrm{d}t} = L\frac{\mathrm{d}i}{\mathrm{d}t}$$

由法拉第电磁感应定律 $u = \frac{\mathrm{d}\psi}{\mathrm{d}t}$ 有：

$$u = L\frac{\mathrm{d}i}{\mathrm{d}t} \tag{3-8}$$

这是电感伏安关系的微分形式。它说明，**电感两端的电压是由电流的变化导致的**，没有电流的变化，就没有端电压，所以电感也是动态元件。

电感的伏安特性还可写成积分形式：

$$i = \frac{1}{L}\int u\mathrm{d}t \tag{3-9}$$

式（3-9）说明：**电感电流是不会发生突然变化的**，它体现了电压在时间上的积累，因为电感电流是电压随着时间的积分而得的，故此不能发生突变。

3.1.2.2 电感换路定律

类似于电容的分析法，我们用图 3-5 的开关动作来模拟电源的变化，当时间 $t = 0_-$ 时的电感电流记为 $i_L(0_-)$，而当 $t = 0_+$ 时的电感电流则记为 $i_L(0_+)$，电感电流不能突变的性质决定了：

$$i_L(0_+) = i_L(0_-) \tag{3-10}$$

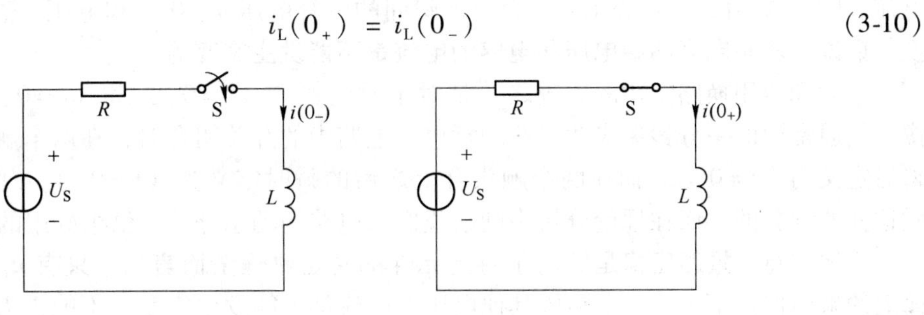

图 3-5 电感的换路定律

这就是电感的换路定律。

3.1.2.3　电感储能

当电感电压和电流为关联方向时，电感吸收的瞬时功率为：

$$p = ui$$

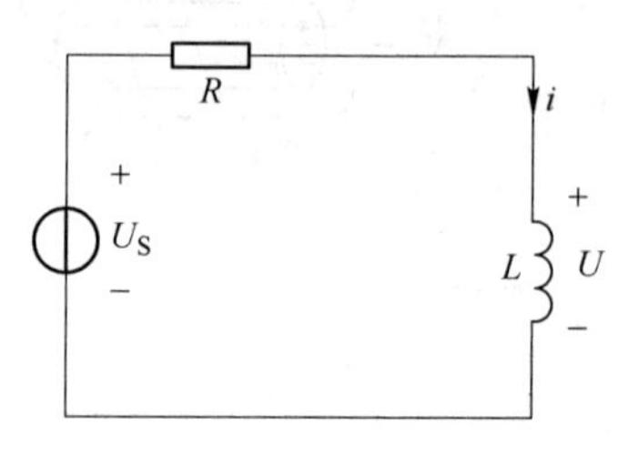

图 3-6　电感储能

与电容一样，电感的瞬时功率也可正可负，当 $p(t)>0$ 时，表示电感从电路吸收功率，储存磁场能量（如图 3-6 所示）；当 $p(t)<0$ 时，表示供出能量，释放磁场能量。

对 $p=ui$ 从 $-\infty$ 到 t 进行积分，即得 t 时刻电感上的储能为：

$$w_L(t) = \int_{-\infty}^{t} p(t)\,dt = \int_{i(-\infty)}^{i(t)} Li(t)\,di(t) = \frac{1}{2}Li^2$$

简写为：

$$w_L(t) = \frac{1}{2}Li^2(t) \tag{3-11}$$

从式（3-11）可看出，电感在某一时刻 t 的储能仅取决于此时刻的电流，而与电压无关，且无论 i 的值为正还是为负，储能 $W_L(t) \geqslant 0$。

3.1.3　换路定律

通常，我们把电路中开关的接通、断开或电路参数的突然变化等统称为“换路”。我们讨论的是换路后电路中电压或电流的变化规律，换路定律为我们求取动态电路的初始值提供了方便，知道了电压、电流的初始值，就能掌握换路后电压、电流是从多大的数值开始变化的。

换路定律揭示了电容电压 u_C 和电感电流 i_L 不能发生突变的事实，即换路前（$t=0_-$）和换路后（$t=0_+$）一瞬间的 u_C、i_L 是相等的，把式（3-5）和式（3-10）联列在一起，即得：

$$\left.\begin{aligned} u_C(0_+) &= u_C(0_-) \\ i_L(0_+) &= i_L(0_-) \end{aligned}\right\} \tag{3-12}$$

换路定律的表述为：当电路中开关合上后的瞬间，电容上的电压 $u_C(0_+)$ 和电感上的电流 $i_L(0_+)$ 的值，分别等于开关合上前瞬间的电容电压 $u_C(0_-)$ 和电压电感 $i_L(0_-)$ 的值，换句话说，就是**电容的端电压和电感的电流是不能发生突变的**。

掌握和应用换路定律的关键之一是对于时间概念（$t=0_+$）和（$t=0_-$）的理解，就像我们通常说的一分钱掰成两半花的意思，电路中的开关闭合时，在两个触头合上之前的瞬时定义为（$t=0_-$），而在两个触头合上之后的瞬时定义为（$t=0_+$）。现实中是不可能做这样的划分的，而在理论分析中则给我们对电路的动态分析提供很好用的理论依据。

必须注意：**换路定律是针对于特定元件的特定物理量而言的，只有 u_C、i_L 受换路定律的约束**而保持不突变，电路中其他电压、电流都可能发生突变，不能扩大应用，特别要注意 i_C 和 u_L 是最容易用错的。

3.1.4　初始值的求取

动态电路中换路后瞬间 $t=0_+$ 时刻的电压和电流值称之为初始值，对于初学者来说，初始值的求取具有一定的难度，但只要认真领会各种初始值的含义，按照以下方法进行求解，通过几次练习就能熟练掌握。

对于电容电压、电感电流的初始值 $u_C(0_+)$ 和 $i_L(0_+)$，我们称其为独立初始值。它们的求取并不困难，只要利用换路前瞬间 $t=0_-$ 电路确定 $u_C(0_-)$ 和 $i_L(0_-)$，再由换路定律就可以得到 $u_C(0_+)$ 和 $i_L(0_+)$ 的值。

电路中其他变量如 i_R、u_R、u_L、i_C 的初始值为非独立初始值，它们不遵循换路定律的规律，非独立初始值需由 $t=0_+$ 电路来求得。

具体求法是： 画出 $t=0_+$ 电路，在该电路中若 $u_C(0_+)=u_C(0_-)=U_0$，电容用一个电压源 U_0 代替，若 $u_C(0_+)=0$ 则电容作短路处理；若 $i_L(0_+)=i_L(0_-)=I_0$，电感一个电流源 I_0 代替，若 $i_L(0_+)=0$ 则电感作开路处理。

【例 3-1】 在图 3-7a 所示的电路中，开关 S 在 $t=0$ 时闭合，开关闭合前电路已处于稳定状态。试求初始值 $u_C(0_+)$、$i_L(0_+)$、$i_1(0_+)$、$i_2(0_+)$、$i_C(0_+)$ 和 $u_L(0_+)$。

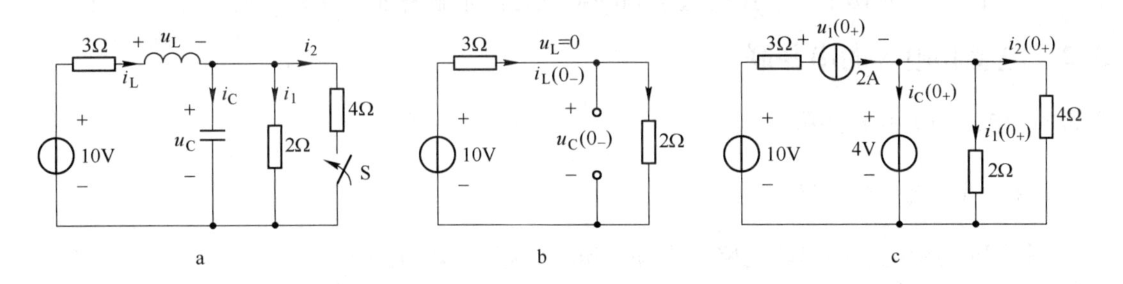

图 3-7　例 3-1 图

解：（1）画（0_-）电路图求取 $u_C(0_+)$ 和 $i_L(0_+)$。

电路在 $t=0$ 时发生换路，欲求各电压、电流的初始值，应先求 $u_C(0_+)$ 和 $i_L(0_+)$。在直流稳态电路中，u_C 不再变化，$du_C/dt=0$，故 $i_C=0$，即电容 C 相当于开路。同理 i_L 也不再变化，$di_L/dt=0$，故 $u_L=0$，即电感 L 相当于短路，而 4Ω 电阻支路显然是不存在的。所以 $t=0_-$ 时刻的等效电路如图 3-7b 所示。

由图 3-7b 可知：

$$u_C(0_-) = 10\times\frac{2}{3+2} = 4\text{V}$$

$$i_L(0_-) = \frac{10}{3+2} = 2\text{A}$$

（2）画（0_+）电路图。

由换路定律得：

$$u_C(0_+) = u_C(0_-) = 4\text{V}$$

$$i_L(0_+) = i_L(0_-) = 2\text{A}$$

因此，在 $t=0_+$ 瞬间，电容元件相当于一个 4V 的电压源，电感元件相当于一个 2A 的电流源。据此画出 $t=0_+$ 时刻的等效电路，如图 3-7c 所示。

（3）在（0_+）电路图中求取各初始值。应用直流电阻电路的分析方法，可求出电路中其他电流、电压的初始值，即

$$i_1(0_+) = \frac{4}{2} = 2\text{A}$$

$$i_2(0_+) = \frac{4}{4} = 1\text{A}$$

$$i_C(0_+) = 2 - 2 - 1 = -1\text{A}$$

$$u_L(0_+) = 10 - 3 \times 2 - 4 = 0\text{V}$$

通过本例，我们可以总结出初始值求取的一般步骤是：

（1）按照开关动作前稳定状态下，电容相当于开路，电感相当于短路的原则画出（0_-）电路图，并由此求得 $u_C(0_-)$ 和 $i_L(0_-)$，利用换路定律确定 $u_C(0_+)$ 和 $i_L(0_+)$ 两个独立初始值。

（2）若独立初始值 $u_C(0_+) = U_0$ 存在，电容用一个电压源 U_0 代替，若 $u_C(0_+) = 0$，则电容作短路处理；若独立初始值 $i_L(0_+) = I_0$ 存在，电感用一个电流源 I_0 代替，若 $i_L(0_+) = 0$，则电感作开路处理。由此画出（0_+）电路图。

（3）在（0_+）图上，利用前边学到的解题方法求解各非独立初始值。

3.2　电感和电容的串并联

3.2.1　电感的串联和并联

3.2.1.1　电感的串联

图 3-8a 为两电感的串联电路，而图 3-8b 则为其等效电路。

对于图 3-8a 中的两个电压来说，根据式（3-8）可得：

$$u_1 = L_1 \frac{di}{dt} \qquad u_2 = L_2 \frac{di}{dt}$$

又由 KVL 关系得：

$$u = u_1 + u_2$$

所以有：

$$u = (L_1 + L_2) \frac{di}{dt}$$

而图 3-8b 中存在：　$u = L \frac{di}{dt}$

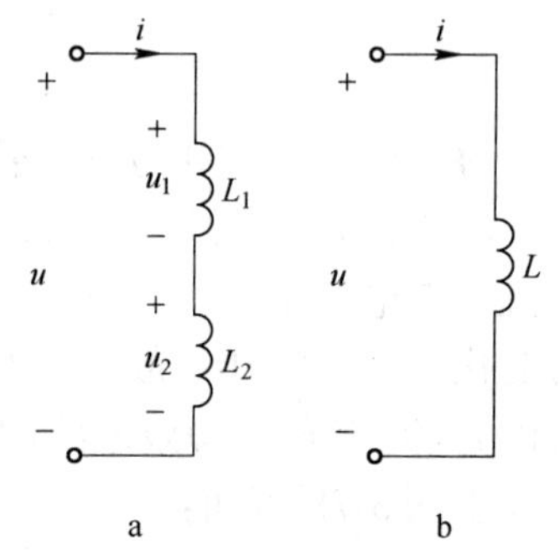

图 3-8　电感的串联与等效

所以有：

$$L = L_1 + L_2 \tag{3-13}$$

可见，串联电感的电感量等于各个串联电感量之和，这一关系与电阻的串联是相同的。与串联电阻一样，串联的两只电感上也存在正比例的分压公式：

$$\left.\begin{aligned} u_1 &= \frac{L_1}{L_1 + L_2} u \\ u_2 &= \frac{L_2}{L_1 + L_2} u \end{aligned}\right\} \tag{3-14}$$

3.2.1.2　电感的并联

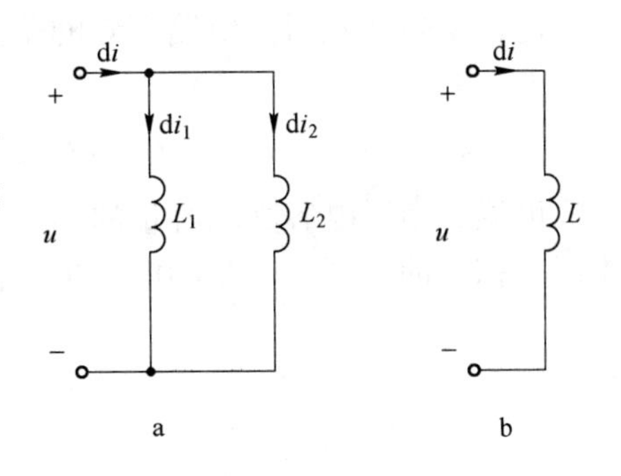

图 3-9　电感的并联与等效电路

图 3-9 为两电感的并联及其等效电路，设电流的增量为 di，显然图 3-9a 中的 L_1 与 L_2 上的电压是相等的。

由式（3-8）得：

$$u = L_1\frac{\mathrm{d}i}{\mathrm{d}t} \qquad u = L_2\frac{\mathrm{d}i}{\mathrm{d}t}$$

也就是说：

$$\mathrm{d}i_1 = \frac{1}{L_1}u\mathrm{d}t \qquad \mathrm{d}i_2 = \frac{1}{L_2}u\mathrm{d}t$$

由 KCL 关系有

$$\mathrm{d}i = \mathrm{d}i_1 + \mathrm{d}i_2 = \left(\frac{1}{L_1} + \frac{1}{L_2}\right)u\mathrm{d}t$$

而在图 3-9b 中：　$u = L\dfrac{\mathrm{d}i}{\mathrm{d}t}$　即　$\mathrm{d}i = \dfrac{1}{L}u\mathrm{d}t$

两式比较可得：

$$\frac{1}{L} = \frac{1}{L_1} + \frac{1}{L_2}$$

即

$$L = \frac{L_1L_2}{L_1 + L_2} \tag{3-15}$$

可见，并联电感的电感量的倒数等于各个并联电感量的倒数之和，这一关系也与电阻的并联相同。同理也存在电感的并联分流反比例关系为：

$$\left.\begin{aligned} i_1 &= \frac{L_2}{L_1 + L_2}i \\ i_2 &= \frac{L_1}{L_1 + L_2}i \end{aligned}\right\} \tag{3-16}$$

3.2.2　电容的串联和并联

3.2.2.1　电容的串联

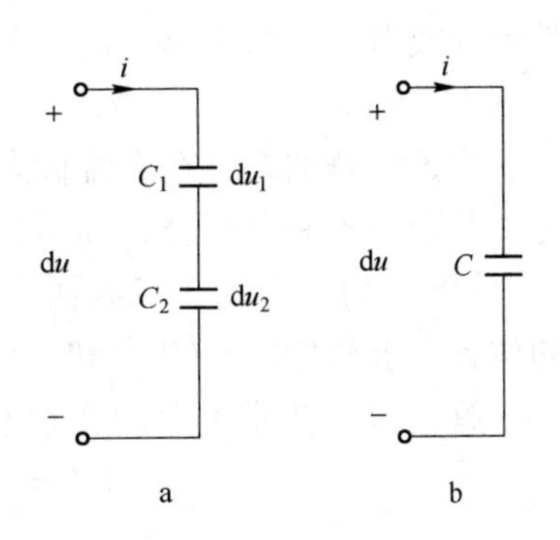

图 3-10　电容的串联与等效电路

图 3-10 为两电容的串联及其等效电路。设电压的增量为 du，且与 i 为关联方向，由式（3-3）得图 3-10b 中的电压关系为：

$$\mathrm{d}u = \frac{1}{C}i\mathrm{d}t$$

又由于串联电路中的电流处处相等，并根据 KVL 关系得图 3-10a 中的电压为：

$$\mathrm{d}u = \mathrm{d}u_1 + \mathrm{d}u_2 = \frac{1}{C_1}i\mathrm{d}t + \frac{1}{C_2}i\mathrm{d}t = \left(\frac{1}{C_1} + \frac{1}{C_2}\right)i\mathrm{d}t$$

比较上述两式得两电路等效的条件为：

$$\frac{1}{C}=\frac{1}{C_1}+\frac{1}{C_2}\quad 即\quad C=\frac{C_1C_2}{C_1+C_2}\tag{3-17}$$

可见，串联电容其电容量的倒数等于各个串联电容量的倒数之和，这一关系与电阻的串联是相反的。同理串联的电容也存在与串联电阻不一样的反比例分压公式：

$$\left.\begin{aligned}u_1&=\frac{C_2}{C_1+C_2}u\\u_2&=\frac{C_1}{C_1+C_2}u\end{aligned}\right\}\tag{3-18}$$

3.2.2.2　电容的并联

图3-11为两电容的并联及其等效电路，注意图3-11a中的并联电压处处相等，且由式(3-3)可知图3-11b中的电流：

$$i=C\frac{du}{dt}$$

而图3-11a中，由KCL可得电流关系是：

$$i=i_1+i_2=C_1\frac{du}{dt}+C_2\frac{du}{dt}=(C_1+C_2)\frac{du}{dt}$$

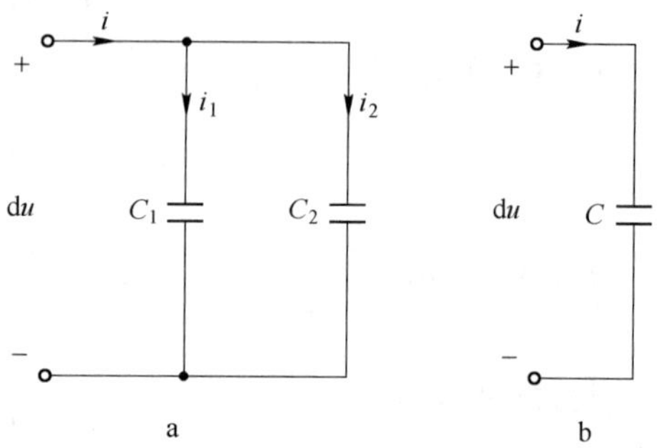

图3-11　两电容的并联与等效电路

两式比较就有：

$$C=C_1+C_2\tag{3-19}$$

可见，并联电容的电容量等于各个并联电容的电容量之和，这一关系与电阻的并联是相反的。同样，并联电容的电流也存在与并联电阻相反的正比例分流关系，其电容分流公式为：

$$\left.\begin{aligned}i_1&=\frac{C_1}{C_1+C_2}i\\i_2&=\frac{C_2}{C_1+C_2}i\end{aligned}\right\}\tag{3-20}$$

弄清了电容和电感的串、并联关系，就能在有多个电容或电感的交流电路中利用总等效电容或电感求取电路响应，也可利用其并联分流公式或串联分压公式求取某一个电容或电感上的响应。

应该注意的是，在直流稳态电路中，除了电容器的分压关系存在而可以使用分压公式外，其余分流和分压公式都不存在，因为此时电容是开路的，电感是短路的。

【例3-2】　在图3-12a中开关动作前电路已经处于稳定状态，$t=0$时开关从1扳向2的位置，求初始值$i_2(0_+)$和$i_C(0_+)$。

解：(1) 先求电路的等效电感和等效电容

$$L=1\,/\!/\,1+1.5=0.5+1.5=2\text{H}$$

$$C=\frac{2\times(1+1)}{2+(1+1)}=1\mu\text{F}$$

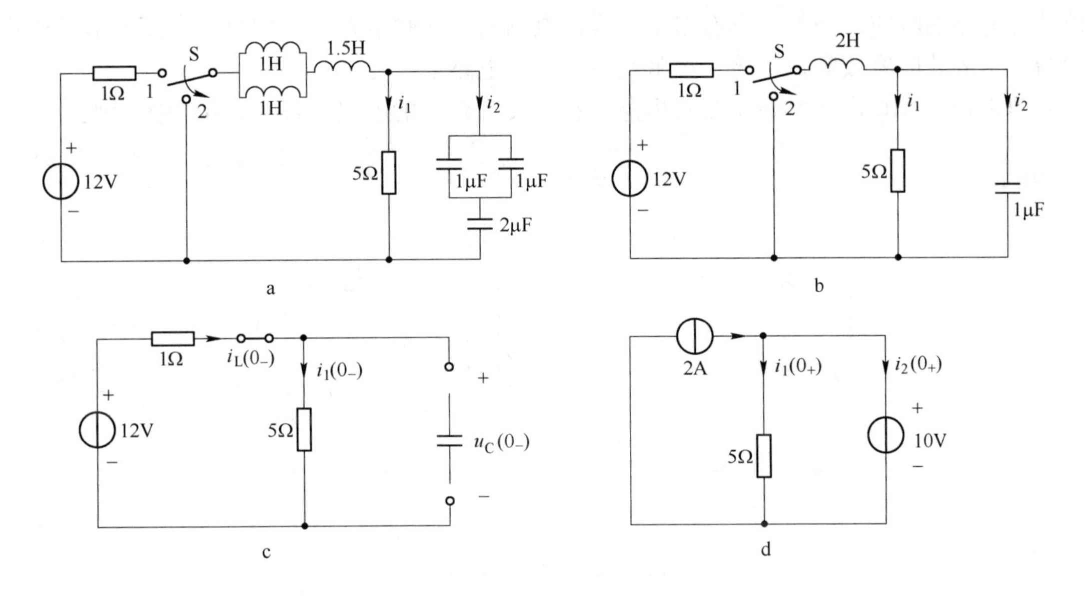

图 3-12　例 3-2 图

将等效电感和等效电容代替分图 a 中的电感和电容，得图 3-12b 所示的电路。

（2）求初始值

根据图 3-12b 并且电路在稳定状态下，电容器已经充满了电压，电压不再变化，电容电流为零，故此视为开路；电感上的电流也不再变化，电感的端电压为零，故视为短路，由此得（0_-）如图 3-12c 所示。

在图 3-12c 中，可很容易求出

$$i_L(0_-)=\frac{12}{1+5}=2\text{A}$$

$$u_C(0_-)=i_L(0_-)R=2\times5=10\text{V}$$

根据换路定律

$$u_C(0_+)=u_C(0_-)=10\text{V}$$

$$i_L(0_+)=i_L(0_-)=2\text{A}$$

用 10V 电压源和 2A 电流源分别代替电路中的电容和电感，并且注意到与电流源串联的电阻和电压源都没有意义，作出（0_+）如图 3-12d 所示。由此可求出

$$i_1(0_+)=\frac{10}{5}=2\text{A}$$

$$i_2(0_+)=2-2=0\text{A}$$

3.3　动态电路的三要素分析法

3.3.1　动态电路方程的建立

对于只含有一个电容或者一个电感的动态电路我们称为一阶动态电路，本节只分析一

阶动态电路的响应。当然，具有多个电容或电感的串并联电路，我们可以利用上节的知识化为一个等效电容或等效电感，也就是一阶动态电路了。

图 3-13 是 RC 串联的一阶动态电路，在开关闭合后的电路（图 3-13b）中，因：

$$i = C\frac{\mathrm{d}u_{\mathrm{C}}}{\mathrm{d}t}$$

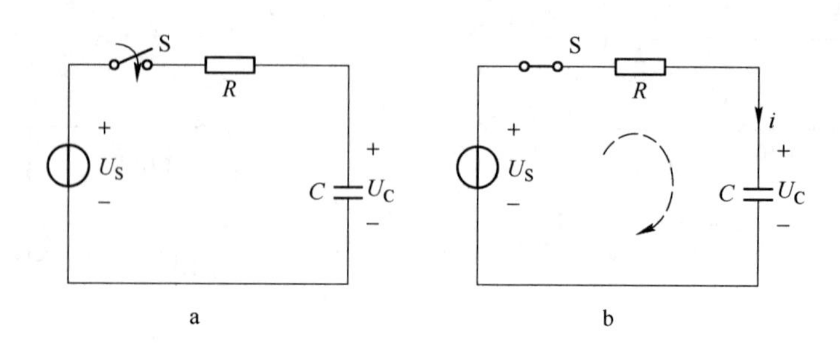

图 3-13　RC 串联的一阶动态电路

故此电阻上电压：

$$u_{\mathrm{R}} = iR = RC\frac{\mathrm{d}u_{\mathrm{C}}}{\mathrm{d}t}$$

根据 KVL 可得方程：　　$u_{\mathrm{R}} + u_{\mathrm{C}} = U_{\mathrm{S}}$

代入上式得到以 u_{C} 为未知量的方程：

$$RC\frac{\mathrm{d}u_{\mathrm{C}}}{\mathrm{d}t} + u_{\mathrm{C}} = U_{\mathrm{S}}$$

两边同时除以 RC 则得：

$$\frac{\mathrm{d}u_{\mathrm{C}}}{\mathrm{d}t} + \frac{1}{RC}u_{\mathrm{C}} = \frac{1}{RC}U_{\mathrm{S}} \tag{3-21}$$

式（3-21）就是一阶 RC 串联电路的常微分方程。求解一阶 RC 电路的响应，必须从解这一方程入手。

图 3-14 是 RL 串联的一阶动态电路，注意到电感两端的电压 $u_{\mathrm{L}} = L\frac{\mathrm{d}i_{\mathrm{L}}}{\mathrm{d}t}$，电阻 R 上的电压为 $u_{\mathrm{R}} = Ri_{\mathrm{L}}$，沿图 3-14b 所示回路的 KVL 电压方程为：

$$u_{\mathrm{R}} + u_{\mathrm{L}} = U_{\mathrm{S}}$$

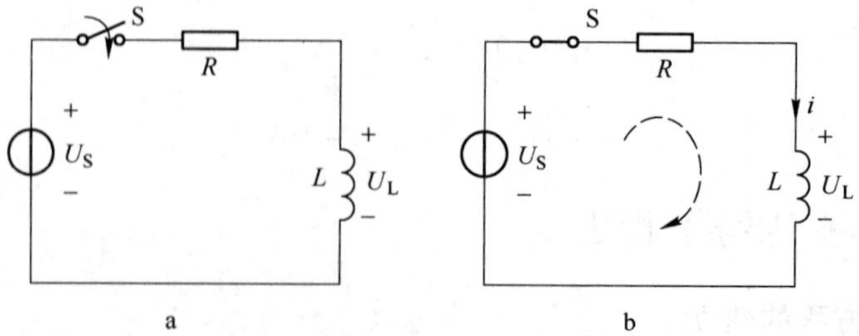

图 3-14　RL 串联的一阶动态电路

代入上两式得：

$$L\frac{\mathrm{d}i_{\mathrm{L}}}{\mathrm{d}t}+Ri_{\mathrm{L}}=U_{\mathrm{S}}$$

两边同时除以 L 则得：

$$\frac{\mathrm{d}i_{\mathrm{L}}}{\mathrm{d}t}+\frac{1}{\frac{L}{R}}i_{\mathrm{L}}=\frac{1}{L}U_{\mathrm{S}} \tag{3-22}$$

式（3-22）就是一阶 RL 串联电路的常微分方程，也就是该电路响应求解的依据。

3.3.2 三要素公式

用微分方程求解动态电路的经典解法是一个很烦琐的过程，而根据上述电容电压和电感电流的两个微分方程式（3-21）和式（3-22）的完全解，可以得到求解一阶动态电路电压和电流的通用公式，即三要素公式，利用这一公式可以简化地求解任何一阶动态电路，把繁琐的微分方程求解过程简化为求解三个要素的过程。三要素公式为：

$$f(t)=f(\infty)+[f(0_+)-f(\infty)]\mathrm{e}^{-\frac{t}{\tau}} \tag{3-23}$$

式中，$f(t)$表示电路的响应电压或电流，$f(0_+)$表示该电压或电流的**初始值**，$f(\infty)$表示响应终了时该电压或电流的**稳定值**（或称终了值），τ表示电路的**时间常数**，在 RC 电路中 $\tau=RC$；而在 RL 电路中 $\tau=\frac{L}{R}$。

我们把式中的**初始值 $f(0_+)$、稳定值 $f(\infty)$ 和时间常数 τ 称为三要素**，把按三要素公式求解响应的方法称为三要素法。三要素法适用于求一阶电路的任何一种响应，具有普遍适用性。

要求取电路中具体的任意端电压时，只需要把对应求得该电压的 $u(0_+)$，$u(\infty)$和时间常数 τ 代入公式；同理求取电路中的任意支路电流时也将对应求得该支路的 $i(0_+)$，$i(\infty)$和时间常数 τ 代入公式。由此可得任意电压和电流的三要素公式为：

$$\left.\begin{aligned}u(t)&=u(\infty)+[u(0_+)-u(\infty)]\mathrm{e}^{-\frac{t}{\tau}}\\ i(t)&=i(\infty)+[i(0_+)-i(\infty)]\mathrm{e}^{-\frac{t}{\tau}}\end{aligned}\right\} \tag{3-24}$$

再次说明：式（3-24）中，电压与电流都没有带下标，这就是说，式中的电压和电流适用于电路中的任何电压和电流，只是在使用中一定要注意配套使用对应待求点的初始值 $f(0_+)$和终了值 $f(\infty)$。

上式中的时间常数 $\tau=RC$ 或 $\tau=\frac{L}{R}$ 的单位是秒（s），这一点可以通过量纲推导加以证明。

$$\tau=RC=\frac{U}{I}\frac{Q}{U}=\frac{Q}{I}=\frac{It}{I}=t(\mathrm{s})$$

$$\tau=\frac{L}{R}=\frac{U\frac{\mathrm{d}t}{\mathrm{d}i}}{\frac{U}{I}}=\frac{\mathrm{d}t}{\mathrm{d}i}I=\mathrm{d}t(\mathrm{s})$$

由此可见，时间常数的单位的确是秒（s）。

对于**时间常数的意义**应该这样理解，它是表示在**动态过程中，电压和电流变化快慢的系数**。它越大，电压和电流的变化越慢，过渡过程时间越长；反之，电压和电流的变化越快，过渡过程的时间越短。以电容器充电（零状态响应）时的电压变化规律列入表3-1，可以看出时间常数对于动态电路的影响。

表3-1　电容器充电的电压变化规律

t	0	1τ	2τ	3τ	4τ	5τ	…	∞
$e^{-\frac{t}{\tau}}$	1	0.368	0.135	0.050	0.018	0.007	…	0
$u_C/u_C(\infty)$	0	0.632	0.862	0.950	0.982	0.993	…	1

从理论上来说，动态电路的过渡过程需要无限长时间才能结束，但是表中可以看到，在（4～5）τ时，电容电压已经达到稳定值的98.2%～99.3%。因此工程上常认为$t=(4\sim5)\tau$过渡过程就算结束。

3.3.3　三要素法求解一阶动态电路

用三要素法求解直流电源作用下一阶电路的响应，其求解步骤如下：

（1）**确定初始值$f(0_+)$**。初始值$f(0_+)$是指任一响应在换路后瞬间$t=0_+$时的数值，与本章第1节所讲的初始值的确定方法是一样的。

1）先作$t=0_-$电路。确定换路前电路的状态$u_C(0_-)$或$i_L(0_-)$，这个状态即为$t<0$阶段的稳定状态，因此，此时电路中电容C视为开路，电感L用短路线代替。

2）作$t=0_+$电路。这是利用刚换路后一瞬间的电路确定各变量的初始值。若$u_C(0_+)=u_C(0_-)=U_0$，在此电路中C用电压源U_0代替；若$i_L(0_+)=i_L(0_-)=I_0$，L用电流源I_0代替；若$u_C(0_+)=u_C(0_-)=0$或$i_L(0_+)=i_L(0_-)=0$，则C用短路线代替，L视为开路。如图3-15所示。

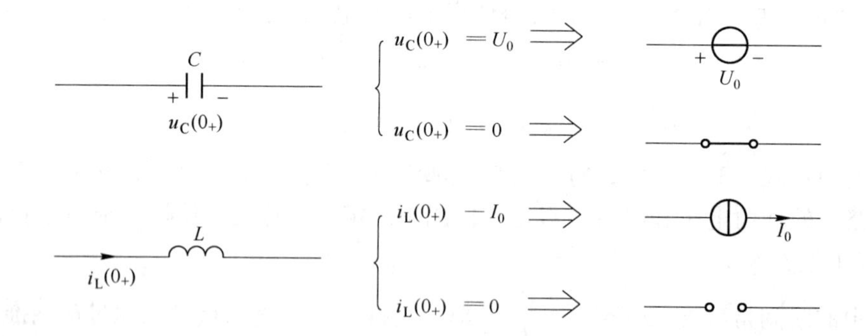

图3-15　电容、电感元件在$t=0_+$时的电路模型

3）作$t=0_+$电路后，即可按一般电阻性电路来求解各变量的$u(0_+)$、$i(0_+)$。

（2）**确定稳态值$f(\infty)$**。作$t=\infty$电路。瞬态过程结束后，电路进入了新的稳态，用此时的电路确定各变量稳态值$u(\infty)$、$i(\infty)$。在此电路中，电容C视为开路，电感L用短路线代替，可按一般电阻性电路来求各变量的稳态值。

（3）**求时间常数τ**。RC电路中，$\tau=RC$；RL电路中，$\tau=L/R$。其中，R是将电路中所

有独立源置零后，从 C 或 L 两端看进去的等效电阻（即戴维南等效源中的 R_0）。

（4）**代入三要素公式求出待求响应。**

【例 3-3】 图 3-16a 所示电路中，$t=0$ 时将 S 合上，求 $t\geqslant0$ 时的 i_1、i_L、u_L。

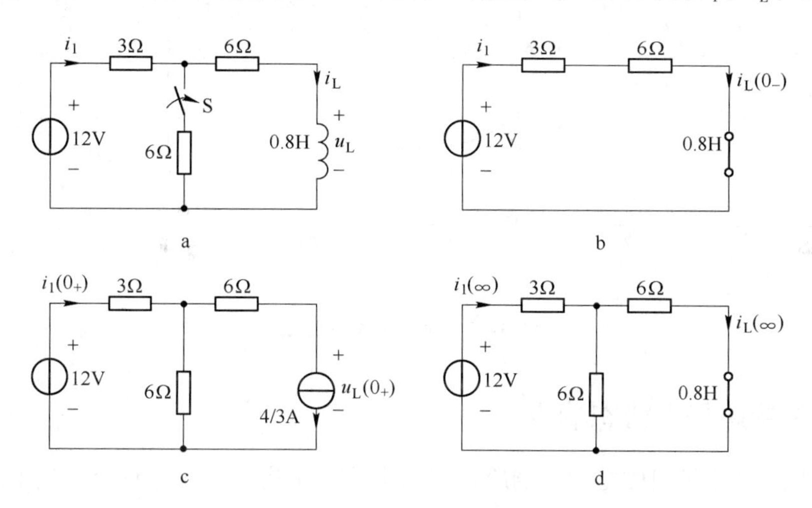

图 3-16 例 3-3 的电路图

解：（1）先求 $i_L(0_-)$。作 $t=0_-$ 电路，见图 3-16b，电感用短路线代替，则 $i_L(0_-)=\frac{12}{3+6}=\frac{4}{3}$。

（2）求 $f(0_+)$。作 $t=0_+$ 电路，见图 3-16c，$i_L(0_+)=i_L(0_-)=\frac{4}{3}$A。

图中电感用 4/3A 的电流源代替，流向与图 3-16b 中 $i_L(0_-)$ 一致。因为题意要求 i_1、i_L、u_L，所以相应地需先求 $i_1(0_+)$ 和 $u_L(0_+)$。根据 KVL，图 3-16c 左边回路中有：

$$3i_1(0_+)+6[i_1(0_+)-i_L(0_+)]=12$$

解得：

$$i_1(0_+)=\frac{20}{9}\text{A}$$

图 3-16c 右边回路中有 $u_L(0_+)=-6i_L(0_+)+6[i_1(0_+)-i_L(0_+)]=-\frac{8}{3}$V

（3）求出时间常数。求时间常数的关键是求出等效电阻，在图 3-16d 中，断开电感两端并短接 12V 电压源来看，$R=6+3/\!/6=8\Omega$，于是 $\tau=\frac{L}{R}=\frac{0.8}{8}=0.1$s。

（4）代入三要素公式得所求。

$$f(t)=f(\infty)+[f(0_+)-f(\infty)]e^{-\frac{t}{\tau}}$$

$$i_1(t)=2+\left(\frac{20}{9}-2\right)e^{-10t}=2+\frac{2}{9}e^{-10t}\text{A}$$

$$i_L(t)=1+\left(\frac{4}{3}-1\right)e^{-10t}=1+\frac{1}{3}e^{-10t}\text{A}$$

$$u_L(t) = 0 + \left(-\frac{8}{3} - 0\right)e^{-10t} = -\frac{8}{3}e^{-10t}\text{V}$$

$i_1(t)$、$i_L(t)$ 及 $u_L(t)$ 的波形如图 3-17 所示。

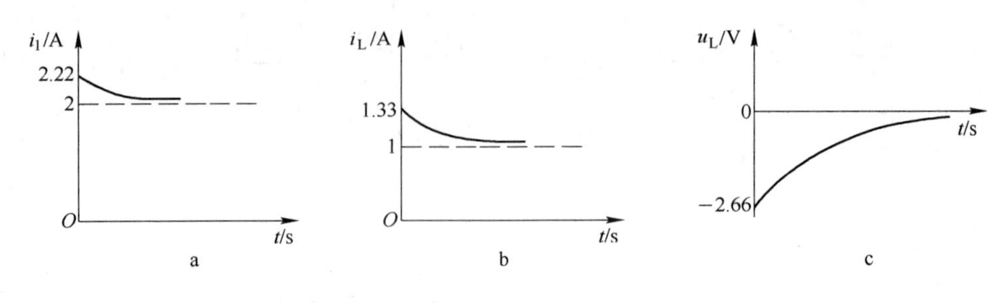

图 3-17　例 3-3 的波形图

3.4　零输入响应与零状态响应

上例所求的响应我们称之为全响应，所谓全响应是指动态元件具有一定的储能$i_L(0_-)$和 $u_C(0_-)$，同时又在外激励源的作用下电路中各元件或支路电压电流的变化规律。在实际中有时只需要考虑仅在初始储能的作用下或仅在外激励源的作用下，各电压和电流的变化规律，本节我们讨论的就是后面两种情况。

3.4.1　零输入响应

外加激励为零，仅有动态元件初始储能所产生的电流和电压，称为动态电路的零输入响应。这里的“零输入”，指的就是没有任何电源输入，电压源 $U_S=0$，电流源 $I_S=0$。

由于没有任何电源作用，储能元件处在一种能量释放状态，即放电状态，电容器上的存储电场，以电压对电阻进行放电，端电压只会越来越小并最终为零，即 $U_C(\infty)=0$；同样，电感上的存储磁场，以电流形式对电阻进行放电，电流只会越来越小并最终为零，即 $I_L(\infty)=0$。这就是零输入响应的特点。

由三要素公式　　$f(t) = f(\infty) + [f(0_+) - f(\infty)]e^{-\frac{t}{\tau}}$

可知，当$f(\infty)$时，就有　　$f_x(t) = f_x(0_+)e^{-\frac{t}{\tau}}$　　(3-25)

具体到电容和电感则有

$$\begin{cases} u_{Cx}(t) = u_C(0_+)e^{-\frac{t}{\tau}} \\ i_{Lx}(t) = i_L(0_+)e^{-\frac{t}{\tau}} \end{cases} \tag{3-26}$$

上式中引用了一个下标 x，这是为了与全响应加以区别，因而在以后凡是求取电路中某处电压或电流的零输入响应时都应该注意加此下标。

对于电路中任意点的电压和电流的零输入响应的求取，也因为是仅工作在电容或电感的储能条件下的，其数值也只会越来越小，无限长时间后，各点电压和电流都是零，故此只需求出初始值$f(0_+)$和时间常数 τ，直接代入式（3-25）就得到相应的零输入响应。

求零输入响应应该注意的是：

（1）因为是零输入响应，电源作用为零，即使在换路后的电路中仍然有电压源或电流源，也必须将其视为零，即 U_S 要短路，I_S 要开路。

（2）画 0_+ 图，求出 $f_x(0_+)$ 后代入式（3-25）即得 $f_x(t)$。

【例 3-4】 图 3-18a 所示的电路中，在 $t<0$ 时开关在位置 1，电路已处于稳态，$t=0$ 时，开关扳向位置 2，试求图中电压 $u(t)$ 和 $i(t)$。

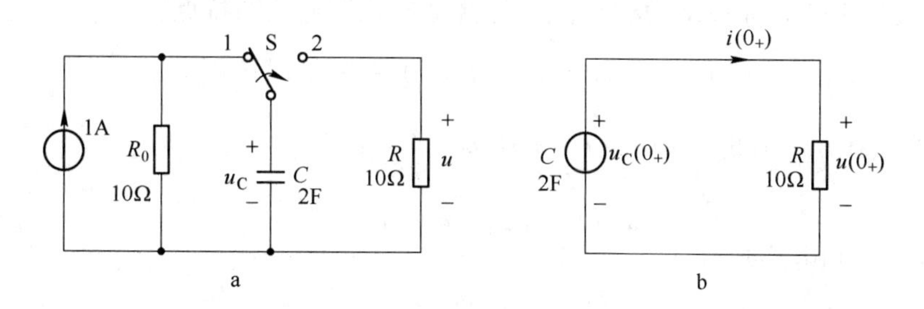

图 3-18 例 3-4 电路图

解： 稳态时电容已被电流源充有电压，这样在 $t \geqslant 0$ 时，电容将对 R 放电，电路如图 3-18b 所示，电路中形成电流 i。因电路中已无电源作用，电路的响应仅是由电容的初始储能而产生，故属于零输入响应。

换路前 $$u_C(0_-)=R_0I_S=1\times10=10\text{V}$$

换路后 $$u_C(0_+)=u_C(0_-)=10\text{V}$$

由图 3-18b 可知， $$i(0_+)=\frac{u_C(0_+)}{R}=\frac{10}{10}=1\text{A}$$

$$\tau=RC=10\times2=20\text{s}$$

代入上述结果于公式 $$f_x(t)=f_x(0_+)\mathrm{e}^{-\frac{t}{\tau}}$$

可得 $$u_x(t)=u_x(0_+)\mathrm{e}^{-\frac{t}{\tau}}=10\mathrm{e}^{-\frac{t}{20}}\text{V}$$

$$i_x(t)=i_x(0_+)\mathrm{e}^{-\frac{t}{\tau}}=1\mathrm{e}^{-\frac{t}{20}}\text{A}$$

上述结果可知，RC 电路零输入响应的电压和电流都是按指数规律衰减的。其波形变化如图 3-19 所示。

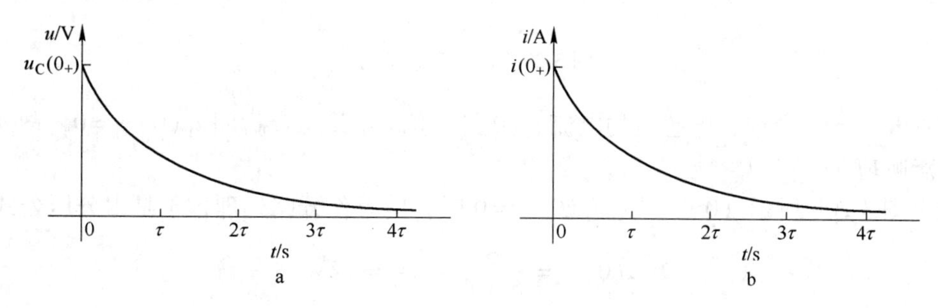

图 3-19 RC 电路零输入响应波形图

3.4.2　零状态响应

动态元件初始储能零，仅有外加激励作用所产生响应，称为动态电路的零状态响应。这里说的“零状态”，指的就是电容上的初始值 $U_C(0_+)=0$ 和电感上的初始值 $I_L(0_+)=0$。储能元件从零开始储能，即充电状态，电容器上电压越来越高并最终为稳态值；同样，电感上的电流越来越大并最终为稳态值。这就是零状态响应的特点。

由
$$f(t)=f(\infty)+[f(0_+)-f(\infty)]e^{-\frac{t}{\tau}}$$

可知，当 $f(0_+)=0$ 时，就有 $f_f(t)=f(\infty)(1-e^{-\frac{t}{\tau}})$

具体到电容和电感则有
$$\begin{cases} u_{Cf}(t)=u_C(\infty)(1-e^{-\frac{t}{\tau}}) \\ i_{Lf}(t)=i_L(\infty)(1-e^{-\frac{t}{\tau}}) \end{cases} \tag{3-27}$$

式（3-27）引用了一个下标 f，这是为了与全响应和零输入响应加以区别，因而在以后凡是求取电路中某处电压或电流的零状态响应时也应该注意加此下标。

在求取零状态响应时，应该注意的是：

（1）因为是求零状态响应即使在换路后的电路中电容和电感上的初始值不为零，也必须将其视为零，即画 0_+ 图时，令 $u_C(0_+)=0$，$i_L(0_+)=0$。

（2）零状态只存在于电容电压 $u_C(0_+)=0$，和电感电流 $i_L(0_+)=0$，因而不能用式（3-18）来求取电路中的电容电压和电感电流以外的其他任何电压与电流，换路定律只是针对于电容电压与电感电流而言，电路中其他各处的电压和电流都是可以突变的，其 $f(0_+)$ 一般不为零，故此应该按照三要素法在（0_+）图上求出 $f(0_+)$，再求 $f(\infty)$ 和 τ 后，代入三要素公式求取正确的零状态响应。

【例 3-5】　如图 3-20 所示电路，$t=0$ 时开关 S 闭合，求 $t>0$ 时的电流 i_L 和电压 u。

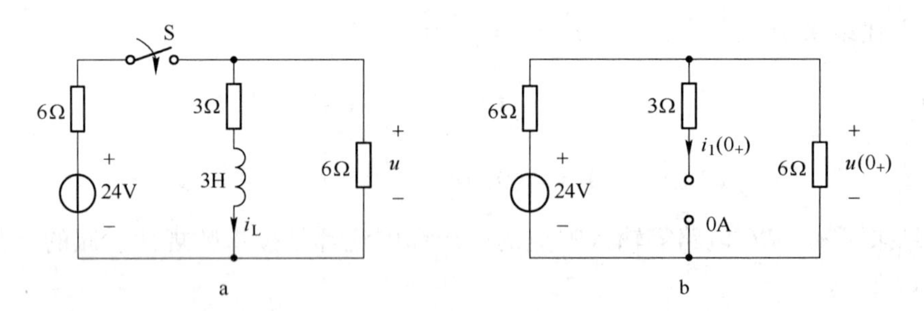

图 3-20　例 3-5 电路图

解： 开关 S 闭合前，电感上的电流 $i_L(0_-)=0$，开关闭合瞬间 $i_L(0_+)=0$，故本题是求零状态响应。

画出图 3-20b 所示（0_+）图，$i_L(0_+)=0$ 时，电感作开路处理，于是由分压公式得：

$$u(0_+)=\frac{6}{6+6}\times 24=12\text{V}$$

当 $t\to\infty$ 时，电感相当于短路，同样由分压关系得

$$u(\infty)=\frac{6\ /\!/\ 3}{6+6\ /\!/\ 3}\times 24=6\text{V}\qquad i_{\text{L}}(\infty)=\frac{u(\infty)}{3}=\frac{6}{3}=2\text{A}$$

时间常数为
$$\tau=\frac{L}{R}=\frac{3}{3+6\ /\!/\ 6}=0.5\text{s}$$

代入式（3-27）得

$$i_{\text{Lf}}(t)=i_{\text{L}}(\infty)(1-\text{e}^{-\frac{t}{\tau}})=2(1-\text{e}^{-2t})\text{A}$$

由三要素公式得电压的零状态响应为

$$u_{\text{f}}(t)=u(\infty)+[u(0_{+})-u(\infty)]\text{e}^{-\frac{t}{\tau}}=6+6\text{e}^{-2t}\text{V}$$

而如果直接用式（3-27）则求得

$$u_{\text{f}}(t)=u(\infty)(1-\text{e}^{-\frac{t}{\tau}})=6(1-\text{e}^{-2t})\text{V}$$

这一结果显然是错误的。

本电路响应的波形如图 3-21 所示。

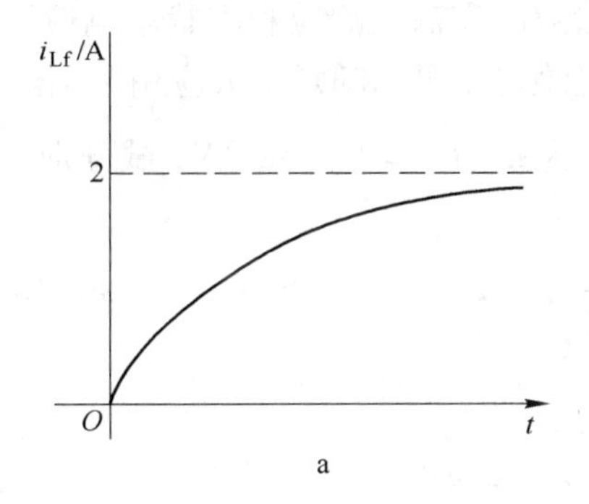

a

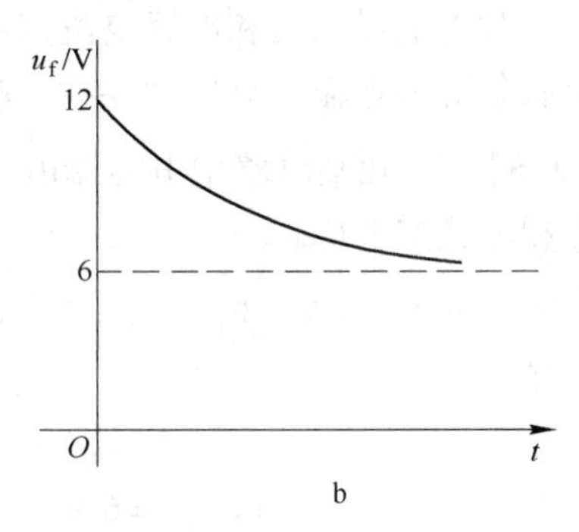

b

图 3-21 例 3-5 电路的响应波形
a—原图；b—0_{+}图

3.5 全响应的合成与分解

3.5.1 零输入响应和零状态响应与全响应的关系

动态电路中的激励有两种，一是外加电源的输入信号，二是储能元件的初始储能，根据线性电路的叠加定理，电路的响应是两种激励各自产生响应的叠加，即

全响应 = 零输入响应 + 零状态响应

也就是说全响应可以分解为零输入响应和零状态响应之和，这一结论也可以从三要素公式引出。对于三要素公式：

$$f(t)=f(\infty)+[f(0_{+})-f(\infty)]\text{e}^{-\frac{t}{\tau}}$$

改写一下就可得

$$f(t)=f(0_{+})\text{e}^{-\frac{t}{\tau}}+f(\infty)(1-\text{e}^{-\frac{t}{\tau}})\tag{3-28}$$

上式等号右边第一项为零输入响应，第二项为零状态响应。它表明了零输入响应和零状态响应与全响应之间的关系。

我们知道，全响应可以由三要素公式直接求出，本节又说全响应可以分别求取零输入响应和零状态响应后叠加得出，两种方法的结果完全一致，但是后者显然较麻烦，除非要求取三种响应，一般不用后一种方法来求全响应。

那么，在求取零输入响应和零状态响应时，能否利用三要素公式先求出全响应，再按照公式（3-28）分解为零输入响应和零状态响应呢？这样做的确可以简化过程，然而大多数情况是行不通的。这是因为大部分响应的初始值$f(0_+)$都是由激励源和动态元件的初始储能$u_C(0_+)$和$i_L(0_+)$共同作用的结果。如果只是求取电容电压的$u_{Cx}(t)$、$u_{Cf}(t)$和电感电流的$i_{Lx}(t)$、$i_{Lf}(0_+)$则是行得通的。它们的三要素公式为

$$u_C(t)=u_C(\infty)+[u_C(0_+)-u_C(\infty)]e^{-\frac{t}{\tau}}$$

$$i_L(t)=i_L(\infty)+[i_L(0_+)-i_L(\infty)]e^{-\frac{t}{\tau}}$$

两式可改写为

$$u_C(t)=u_C(0_+)e^{-\frac{t}{\tau}}+u_C(\infty)(1-e^{-\frac{t}{\tau}}) \tag{3-29}$$

$$i_L(t)=i_L(0_+)e^{-\frac{t}{\tau}}+i_L(\infty)(1-e^{-\frac{t}{\tau}}) \tag{3-30}$$

可见，对于电容电压和电感电流这两个特殊参数的零输入响应和零状态响应，可以求出全响应后分解为零输入响应和零状态响应，但是绝对不可以随意扩大应用范围。

【例 3-6】 已知某电路中电容端电压的全响应为$u_C(t)=6+3e^{-\frac{t}{2}}V$，试分别求出其零输入响应和零状态响应。

解： 比较$u_C(t)=6+3e^{-\frac{t}{2}}V$，与公式$u_C(t)=u_C(\infty)+[u_C(0_+)-u_C(\infty)]e^{-\frac{t}{\tau}}$

显然有
$$u_C(\infty)=6V$$

而
$$u_C(0_+)-u_C(\infty)=3V$$

则
$$u_C(0_+)=6+u_C(\infty)=6+3=9V$$

故此
$$u_{Cx}(t)=u_C(0_+)e^{-\frac{t}{\tau}}=9e^{-\frac{t}{2}}V$$

$$u_{Cf}(t)=u_C(\infty)(1-e^{-\frac{t}{\tau}})=6(1-e^{-\frac{t}{2}})V$$

3.5.2　稳态响应和暂态响应与全响应的关系

全响应除了可以分解为零输入响应和零状态响应之外，还可以分解为暂态响应和稳态响应，这种不同的区分法，为从不同的角度研究实际电路提供方便。也就是

$$全响应=暂态响应+稳态响应$$

我们可以通过对三要素公式的分析来说明这种分解的正确性。

对于三要素公式$f(t)=f(\infty)+[f(0_+)-f(\infty)]e^{-\frac{t}{\tau}}$来说，式中的第一项$f(\infty)$表示的是当时间$t\to\infty$时的电路响应，这里我们称之为稳态响应。此时电路的动态过程已经结束，在直流稳定电源的作用下时，它就是一个常量的电压和电流；如果是动态的信号源作用时，它是一个与该信号源同频率的响应信号。也就是说稳态响应具有与激励源相同的响应形式。式中的第二项$[f(0_+)-f(\infty)]e^{-\frac{t}{\tau}}$是按照指数规律衰减的，它表明了换路后对电路的冲击情况，当时间$t\to\infty$时它的值趋向于零。这表明了它是一个暂时的现象，我们称其为暂态响应。

由此看来，求解暂态响应和稳态响应，只需按照三要素法求出全响应，其常数项就是

稳态响应，而指数函数项即为暂态响应。

【例 3-7】 在图 3-22 所示电路中开关动作前电路处于稳态，开关在 $t=0$ 时闭合，求 $t>0$ 时的电感电流与端电压，并用波形图表示出稳态响应和暂态响应。

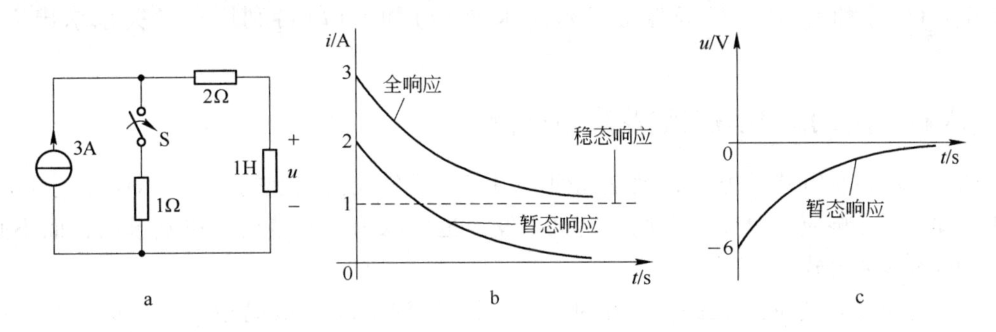

图 3-22 例 3-7 图

解：（1）先求电感电流。

本题所求动态元件上的响应，初始值 $i(0_+)$ 由换路定律可得，不必画 0_+ 图，电路稳态时只有一个回路，故有

$$i_L(0_+) = i_L(0_-) = 3\text{A}$$

当换路后，电路稳态时电感相当于短路，电感电流只是两个电阻的分流值

$$i_L(\infty) = \frac{1}{1+2}\times 3 = 1\text{A}$$

求时间常数的关键是等效电阻的求取，本电路的电流源开路时，等效电阻就是两个电阻的串联关系，于是

$$R = 1+2 = 3\Omega$$

而

$$\tau = \frac{L}{R} = \frac{1}{3}\text{s}$$

上述结果代入三要素公式 $i_L(t) = i_L(\infty) + [i_L(0_+) - i_L(\infty)]e^{-\frac{t}{\tau}}$ 得

$$i_L(t) = 1 + [3-1]e^{-3t} = 1 + 2e^{-3t}\text{A}$$

式中，1A 就是稳态响应的电感电流，而 $2e^{-3t}$A 就是暂态响应的电感电流。波形如图 3-22b 所示。从波形图可以看出：换路后，电感上的电流从 3A 开始随着时间逐渐减小，当 $t\to\infty$ 时趋向于 1A，最终稳定在 1A 上，而暂态响应的波形说明，电感电流的变化量是 2A，即起始时是 2A，随着时间逐渐减小，当 $t\to\infty$ 时趋向于零。

（2）再求电感的端电压。

我们直接用电感电压与电流的关系求解，而不必再求电压的三要素。根据 $u_L(t) = L\dfrac{di_L(t)}{d(t)}$ 则有

$$u_L(t) = L\frac{d(1+2e^{-3t})}{d(t)} = 1\times(-6)e^{-3t} = -6e^{-3t}$$

电压波形如图 3-22c 所示，其意义为换路后，电感上的端电压从 −6V 开始随着时间逐

渐减小，当 $t\to\infty$ 时电压趋向于零，电路稳定后电感仍相当于短路。

本例说明了我们如果只是求取动态元件上的电压和电流响应而不求电阻元件上的响应时，解题过程相对简单，不必画 0_+ 图去求取电阻元件上的初始值，而是直接应用换路定律求出 $u_C(0_+)$ 和 $i_L(0_+)$，步骤上必须先求 $u_C(t)$ 和 $i_L(t)$ 再利用求导关系求出 $i_C(t)$ 和 $u_L(t)$。

3.6 求解一阶动态电路方法及应用举例

求解一阶动态电路的方法，就是如何应用三要素公式去解题的方法，即使是求取零输入响应和零状态响应，只要从它们的定义出发，也可以用三要素公式将其求出，而不必去记忆其他的派生公式。

（1）待求变量为动态元件上的电压与电流。这种情况是最简单的，不必画出（0_+）图，求出 $u_C(0_-)$ 和 $i_L(0_-)$ 后，利用换路定律就可得出 $u_C(0_+)$ 和 $i_L(0_+)$。再求取另外两个要素，其解题步骤是：

电感电路 $i_L(0_-)\to$换路定律$\to i_L(0_+)\to$稳态分析$\to i_L(\infty)\to$等效电阻$\to\tau\to$代入公式$\to i_L(t)\to u_L(t)=L\dfrac{di_L(t)}{d(t)}$。

电容电路 $u_C(0_-)\to$换路定律$\to u_C(0_+)\to$稳态分析$\to u_C(\infty)\to$等效电阻$\to\tau\to$代入公式$\to u_C(t)\to i_C(t)=C\dfrac{du_C(t)}{d(t)}$。

（2）待求变量为动态元件之外的电压与电流。这是动态电路求解的一般情况，求出正确的初始值是解题成功的关键，必须要画（0_+）图，先求出 $u_C(0_-)$ 和 $i_L(0_-)$，利用换路定律得出 $u_C(0_+)$ 和 $i_L(0_+)$，由 $u_C(0_+)$ 和 $i_L(0_+)$ 的数值在（0_+）图上用相应的电压源、电流源置换，才能求出待求变量的初始值。解题步骤是：

电感电路 $i_L(0_-)\to i_L(0_+)\to i_L(0_+)$数值的电流源置换电感$\to$画出（$0_+$）图$\to u(0_+)$、$i(0_+)\to$稳态分析$\to i(\infty)$、$u(\infty)\to$等效电阻$\to\tau\to$代入公式$\to i(t)$、$u(t)$。

电容电路 $u_C(0_-)\to u_C(0_+)\to u_C(0_+)$数值的电压源置换电容$\to$画出（$0_+$）图$\to u(0_+)$、$i(0_+)\to$稳态分析$\to i(\infty)$、$u(\infty)\to$等效电阻$\to\tau\to$代入公式$\to i(t)$、$u(t)$。

（3）电路中含有多个电感和电容。电路中含有多个电感或多个电容时，仍然是一阶动态电路，只需利用电感和电容的串并联关系将多个电感等效为一个电感，多个电容等效为一个电容，使之成为典型的一阶动态电路，再对照（1）、（2）两种情况进行求解即可。

（4）电路中同时有电感和电容。这种情况初看很像是二阶动态电路，仔细分析一般都可以化为两个单独的一阶动态电路，因而也就存在两个单独的时间常数

$$\tau=\frac{L}{R}\quad \tau=RC$$

同时分别在两个电路中求出各自的另外两个要素后，代入三要素公式得所求。

【例 3-8】 在图 3-23a 中 $t=0$ 时合上开关 S，求 $t>0$ 时的 u_C 与 i_C。

解： 根据题意，待求变量为动态元件上的电压与电流，是属于第一种情况，不必画（0_+）图。在开关动作前电容器上无任何储能 $u_C(0_-)=0$，为零状态响应，但题目未明确指明，可以不带下标 f。

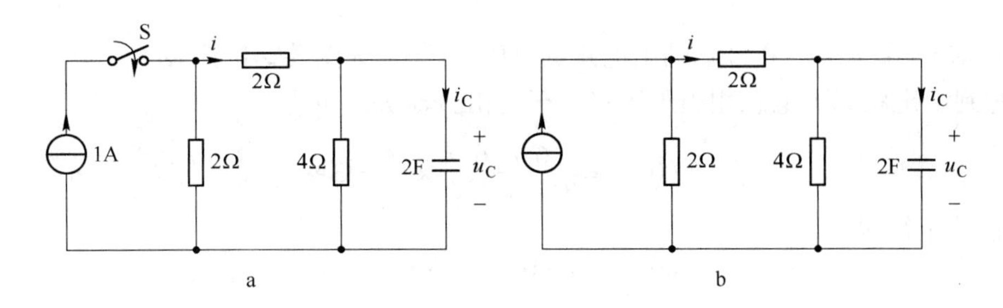

图 3-23 例 3-8 图

由换路定律得 $u_C(0_+) = u_C(0_-) = 0$

在 $t\to\infty$ 时，电容器相当于开路，由分流关系可得 4Ω 电阻上的电流

$$i(\infty) = \frac{2}{2+(2+4)}\times 1 = \frac{1}{4}\mathrm{A}$$

进而得电容电压的稳态值

$$u_C(\infty) = 4i = 4\times\frac{1}{4} = 1\mathrm{V}$$

时间常数 $\tau = RC = [4 /\!/ (2+2)]\times 2 = 4\mathrm{s}$

代入三要素公式得

$$u_C(t) = u_C(\infty) + [u_C(0_+) - u_C(\infty)]\mathrm{e}^{-\frac{t}{\tau}} = 1 - \mathrm{e}^{-\frac{t}{4}}\mathrm{V} \quad t>0$$

而电容电流

$$i_C(t) = C\frac{\mathrm{d}u_C(t)}{\mathrm{d}(t)} = 2\times(1-\mathrm{e}^{-\frac{t}{4}})' = 0.5\mathrm{e}^{-\frac{t}{4}}\mathrm{A} \qquad t>0$$

【例 3-9】 电路如图 3-24a 所示，$t<0$ 时电路处于稳态，$t=0$ 时，开关 S 由 1 合向 2 的位置，求 $t>0$ 后的电压 $u(t)$，并画出波形图。

解：本题所求为非动态元件上的响应，属于第二种情况，必须画（0_+）图才能求出

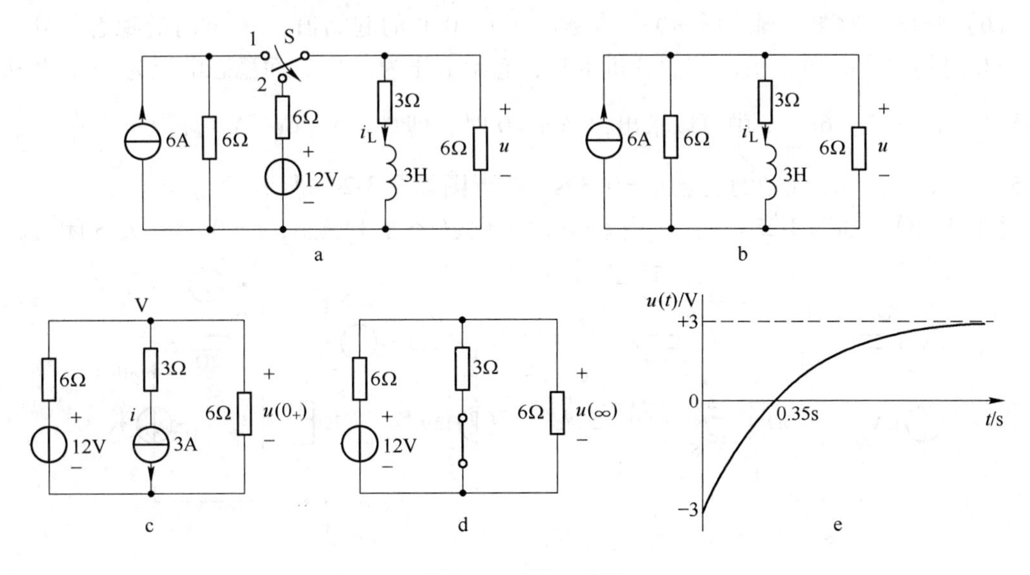

图 3-24 例 3-9 图

初始值。

（1）求 $i_L(0_-)\to i_L(0_+)$。画出电路的（0_-）图，如图3-24b 所示。

注意到稳定状态下电感相当于短路，于是由分流关系可得

$$i_L(0_-)=\frac{6/\!/6}{3+6/\!/6}\times 6=3\text{A}$$

由换路定律得

$$i_L(0_+)=i_L(0_-)=3\text{A}$$

（2）画出（0_+）图，如图3-24c 所示，电感元件用3A 的电流源代替，利用弥尔曼定理可得

$$u(0_+)=\frac{\frac{12}{6}-3}{\frac{1}{6}+\frac{1}{6}}=-3\text{V}$$

（3）求稳态值 $u(\infty)$。稳定后电感上的储能释放完毕，电感元件仍视为短路。（∞）电路如图3-24d 所示。由分压关系可得稳态值电压

$$u(\infty)=\frac{3/\!/6}{6+3/\!/6}\times 12=3\text{V}$$

（4）求时间常数 τ。求取时间常数的关键是求出等效电阻，本例无受控源，直接求无源等效电阻就可以了。短接电压源后从电感两端看出的电阻关系是

$$R=3+6/\!/6=6\Omega$$

故此时间常数为

$$\tau=\frac{L}{R}=\frac{3}{6}=\frac{1}{2}\text{s}$$

（5）求出待求响应 $u(t)$，将上面所求得的三个要素代入三要素公式得

$$u(t)=3+(-3-3)\text{e}^{-2t}=3-6\text{e}^{-2t}\text{V}\quad t>0$$

（6）画出波形图，画波形的关键参数除了 $t=0$ 时的起始值、$t\to\infty$ 时的稳态值外，还有 $u=0$ 时的对应时间 t_0 值。前面分析可知，起始电压为 -3V，而稳态电压为3V，并从所求结果 $u(t)=3-6\text{e}^{-2t}\text{V}$ 中可以求出，当 $u=0$ 时，即 $0=3-6\text{e}^{-2t}\text{V}$ 可得 $t=-\frac{1}{2}\ln\frac{1}{2}=0.35\text{s}$。所以波形与时间轴的交点 $t_0=0.35\text{s}$。波形图如图3-24e 所示。

【例3-10】 如图3-25a 电路，当 $t<0$ 时电路已经处于稳态，$t=0$ 时开关 S 闭合，求

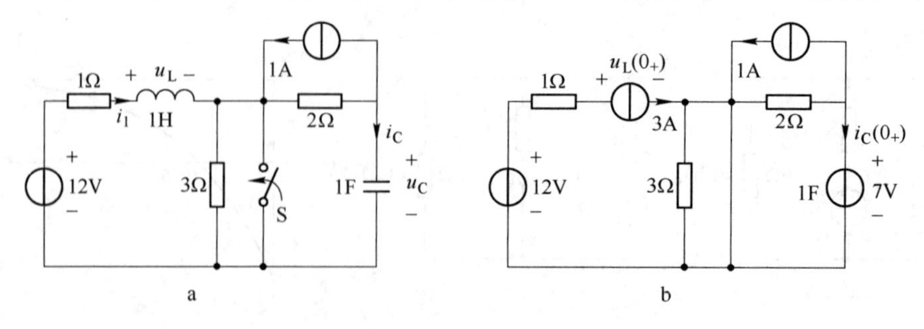

图3-25　例3-10 的图

$t>0$ 的电容电流 $i_C(t)$ 和电感电压 $u_L(t)$。

解： 本电路有电容也有电感，初看不是一阶电路，但是仔细分析发现，当开关 S 闭合后，起到短路作用，就把电路分为两个独立的一阶电路，左边是一阶 *RL* 电路，右边是一阶 *RC* 电路。这就是第四种情况，必须分别求取。

（1）求初始值 $i_C(0_+)$ 和 $u_L(0_+)$

开关动作前电路处于稳态，电容视为开路，电感视为短路，故

$$i_L(0_+) = i_L(0_-) = \frac{12}{1+3} = 3\text{A}$$

$$u_C(0_+) = u_C(0_-) = (-1\times 2) + \frac{3}{1+3}\times 12 = 7\text{V}$$

由此将电感用 3A 电流源置换，电容用 7V 电压源置换画出（0_+）电路如图 3-25b 所示，可以解得

$$u_L(0_+) = -1\times i_L(0_+) + 12 = -1\times 3 + 12 = 9\text{V}$$

$$i_C(0_+) = -1 - \frac{7}{2} = -4.5\text{A}$$

（2）求稳态值 $i_C(\infty)$ 和 $u_L(\infty)$

换路后电路又进入了新的稳态，电感视为短路，电容视为开路，故此

$$u_L(\infty) = 0$$

$$i_C(\infty) = 0$$

（3）求时间常数

对于左边 *RL* 电路来说，*R* 只是 1Ω 电阻

$$\tau_l = \frac{L}{R} = \frac{1}{1} = 1\text{s}$$

对于右边 *RC* 电路来说，*R* 也只是 2Ω 电阻

$$\tau_C = RC = 2\times 1 = 2\text{s}$$

（4）上述两组结果分别代入三要素公式，解得

$$i_C(t) = i_C(\infty) + [i_C(0_+) - i_C(\infty)]e^{-\frac{t}{\tau}} = -4.5e^{-\frac{t}{2}}\text{A} \quad t>0$$

$$u_L(t) = u_L(\infty) + [u_L(0_+) - u_L(\infty)]e^{-\frac{t}{\tau}} = -9^{-t}\text{V} \quad t>0$$

【例 3-11】 电路如图 3-26a 所示，$t<0$ 时电路已经处于稳态，$t=0$ 时，开关 S 由 1 合

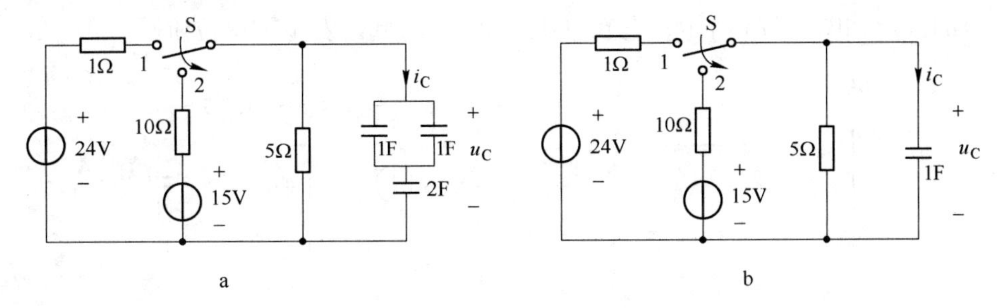

图 3-26 例 3-11 图

向 2 的位置，求 $t>0$ 后的电压 $u_C(t)$、电流 $i_C(t)$。

解： 本题电路中含有多个电容，属于第三种情况，应先将其化为一个等效电容，再按三要素法求解。

（1）求出等效电容

$$C = \frac{2\times(1+1)}{2+(1+1)} = 1\text{F}$$

将电容支路用等效电容替换，得图 3-26b 所示电路。

（2）求电容电压的三要素

$$u_C(0_+) = u_C(0_-) = \frac{5}{1+5}\times 24 = 20\text{V}$$

$$u_C(\infty) = \frac{5}{10+5}\times 15 = 5\text{V}$$

$$\tau = RC = (10 /\!/ 5)\times 1 = \frac{10}{3}\text{s}$$

（3）代入三要素公式求出电压响应

$$u_C(t) = 5 + (20-5)\mathrm{e}^{-0.3t} = 5 + 15\mathrm{e}^{-0.3t}\text{V}$$

（4）求电流响应

$$i_C(t) = C\frac{\mathrm{d}u_C(t)}{\mathrm{d}(t)} = 1\times(5+15\mathrm{e}^{-0.3t})' = -4.5\mathrm{e}^{-0.3t}\text{A}$$

*3.7　单位阶跃响应

本节介绍单位阶跃响应的概念和求解方法。

单位阶跃响应是指在 $t=0_+$ 时将一个单位电流（1A）或一个单位电压（1V）的电源接入电路所引起的零状态响应。“单位”的意思是指无论信号源是电压还是电流，其大小都是“1”。常用 $\varepsilon(t)$ 表示信号源，我们通常称其为单位阶跃函数，而所求的单位阶跃响应用 $g(t)$ 表示。

单位阶跃函数 $\varepsilon(t)$ 的定义如下

$$\varepsilon(t) = \begin{cases} 0 & \text{当 } t < 0_- \\ 1 & \text{当 } t > 0_+ \end{cases}$$

$\varepsilon(t)$ 的波形如图 3-27a 所示，它在（0_-，0_+）时域内发生了单位阶跃。

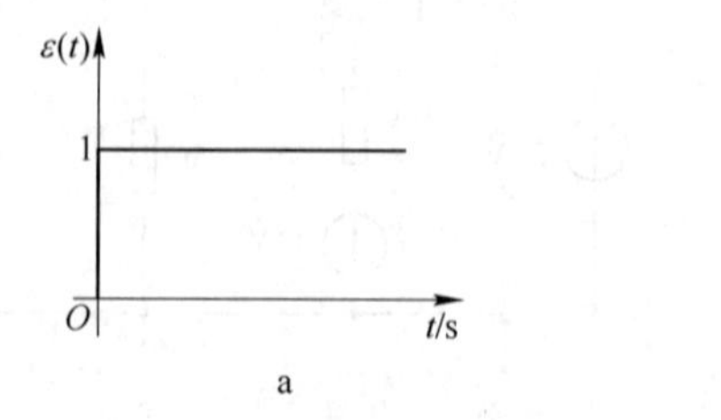

a

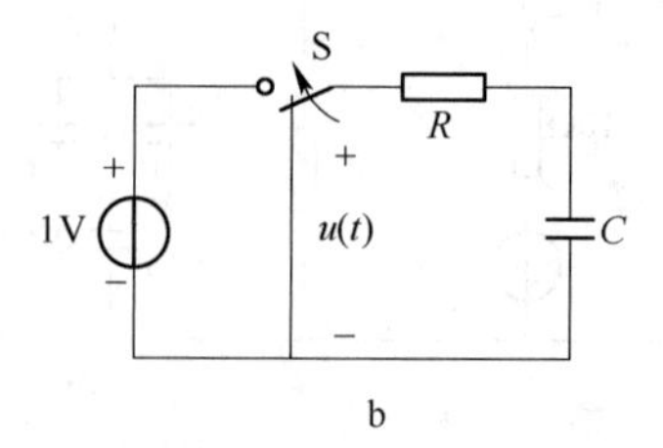

b

图 3-27　单位阶跃函数

单位阶跃函数可以用图 3-27b 所示的开关动作来描述，它表示在 $t=0$ 时把电路接入 1V 直流源时 $u(t)$ 的值，即：

$$u(t) = \varepsilon(t)$$

弄清了单位阶跃函数意义，我们对于单位阶跃响应的电路进行分析时，所画电路图不必画开关 S，而只是将电源 U_S 用单位阶跃函数 $\varepsilon(t)$ 表示就可以了。如图 3-28 所示。

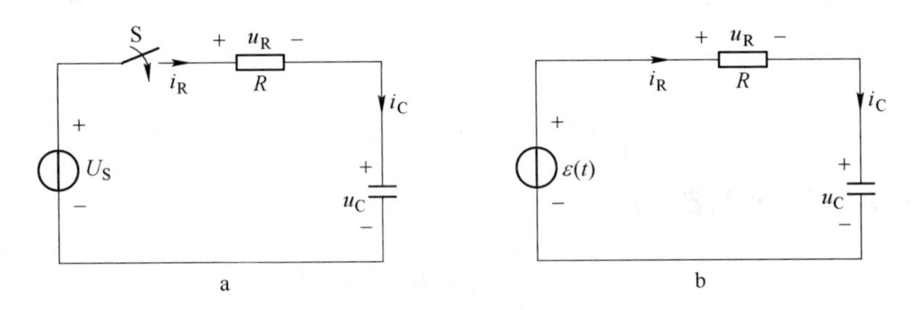

图 3-28 用阶跃函数表示开关动作

如果信号源不在 $t=0$ 时发生跳变，而是滞后一段时间，在 $t=t_0$ 时发生跳变，这相当于单位直流源接入电路的时间推迟到 $t=t_0$，它是延迟的单位阶跃函数，可表示为

$$\varepsilon(t-t_0) = \begin{cases} 0 & t < t_{0-} \\ 1 & t \geqslant t_{0+} \end{cases}$$

其波形如图 3-29 所示。

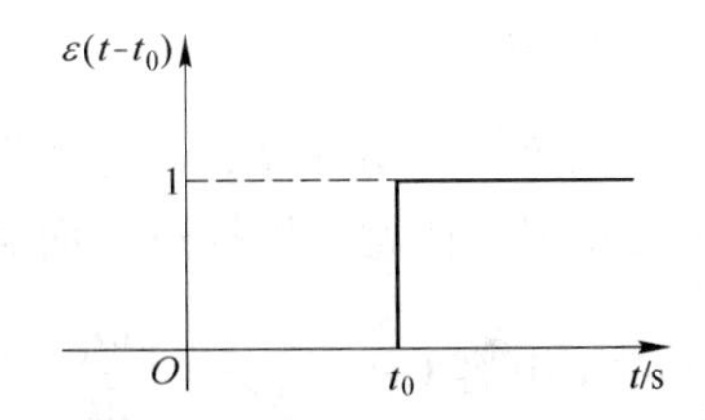

图 3-29 延迟的单位阶跃函数波形

当激励为单位阶跃函数 $\varepsilon(t)$ 时，电路的零状态响应称为单位阶跃响应，简称阶跃响应。对于图 3-28 所示电路的单位阶跃响应，只要令 $U_S=\varepsilon(t)$ 就能得到，例如电容电压为

$$u_C = (1-e^{-\frac{t}{\tau}})\varepsilon(t)$$

如单位阶跃不是在 $t=0$ 而是在某一时刻 t_0 时加上的，则只要把上述表达式中的 t 改为 $t-t_0$，即延迟时间 t_0 就行了。这种情况下的 u_C 为

$$u_C = (1-e^{-\frac{t-t_0}{\tau}})\varepsilon(t-t_0)$$

若图 3-28 的激励 $u_S=K\varepsilon(t)$（K 为任意常数），则根据线性电路的性质，电路中的零状态响应均应扩大 K 倍，对于电容有

$$u_C = K(1-e^{-\frac{t}{\tau}})\varepsilon(t)$$

【例 3-12】 如图 3-30a 所示电路，以 $u_C(t)$ 为输出：（1）求电路的阶跃响应；（2）若激励 u_S 的波形如图 3-30b 所示，求 u_C 的零状态响应。

解：（1）用三要素法求解 $g(t)$。

阶跃响应是电路的零状态响应 $u_C(0_+)=0$，当 $u_S=\varepsilon(t)$ 时，其稳态值和时间常数分别为

$$u_C(\infty) = \frac{6}{3+6}\times 1 = \frac{2}{3}\text{V}$$

$$\tau = \frac{3\times 6}{3+6}\times 0.5 = 1\text{s}$$

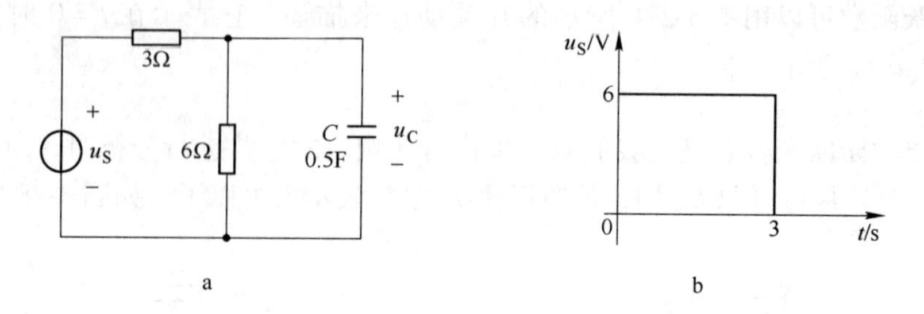

图 3-30　例 3-12 图

代入三要素公式，得阶跃响应

$$g(t) = \frac{2}{3}(1 - e^{-t})\varepsilon(t)\,\mathrm{V}$$

（2）图 3-30b 的输入信号用阶跃函数表示为

$$u_S(t) = 6\varepsilon(t) - 6\varepsilon(t-3)$$

电路相当于有两个阶跃函数作用，在 $t=0$ 时刻有 $5\varepsilon(t)$ 的阶跃函数作用，而在延迟时间 t_0 即 $t-t_0$ 时刻则有 $-5\varepsilon(t)$ 的阶跃函数作用。于是解出 u_C 的零状态响应为

$$u_C(t) = 6g(t) - 6g(t-3) = 4(1 - e^{-t})\varepsilon(t) - 4(1 - e^{-(t-3)})\varepsilon(t-3)\,\mathrm{V}$$

本章小结

1. 含有动态元件 L、C 的电路是动态电路，动态元件的伏安关系并不像电阻那样可以直接用欧姆定律就可以描述，而是微分或积分的关系。

对于电容 C：　$i_C = C\dfrac{du_C}{dt}$　　或　　$u_C = u_C(0) + \dfrac{1}{C}\displaystyle\int_0^t i_C(\xi)d\xi$

对于电感 L：　$u_L = L\dfrac{di_L}{dt}$　　或　　$i_L = i_L(0) + \dfrac{1}{L}\displaystyle\int_0^t u_L(\xi)d\xi$

动态元件也是储能元件，它们的储能大小分别为

$$w_C = \frac{1}{2}Cu^2 \quad w_L = \frac{1}{2}Li^2$$

2. 电路中的开关接通与断开的瞬间我们称其为换路，换路定律是描述电路中的开关接通与断开的瞬间动态元件上的电压和电流变化规律的，这一定律指：电容电压 u_C 和电感电流 i_L 不能跃变，即：

$$u_C(0_+) = u_C(0_-)$$
$$i_L(0_+) = i_L(0_-)$$

必须注意，换路定律只是针对于特定元件的特定物理量，千万不能扩大应用，也就是说，除 u_C 和 i_L 以外，电路中的其他电压、电流是能够跃变的。换路定律便于我们求取初始值。

3. 求解一阶电路通常只需按照三要素法求解，三要素公式为：

$$f(t)=f(\infty)+[f(0_+)-f(\infty)]\mathrm{e}^{-\frac{t}{\tau}}\quad t\geqslant 0$$

三要素即初始值$f(0_+)$、稳态（终了）值$f(\infty)$和时间常数τ。只要求得电路待求响应的这三个要素，代入公式，就能求得电路的待求响应。

4. 零输入响应：当外加激励为零，仅有动态元件初始储能所产生所激发的响应。

零状态响应：电路的初始储能为零，仅由输入产生的响应。

全响应：由电路的初始状态和外加激励共同作用而产生的响应，称为全响应。

习题与思考题

3-1 某电容元件的电压和电流波形如图3-31所示，求电容C及$t=2\mathrm{s}$时的电容器储能$W_C(2)$。

3-2 电路如图3-32所示，已知电流$i_L=5\mathrm{e}^{-3t}\mathrm{A}$，求电压$u$。

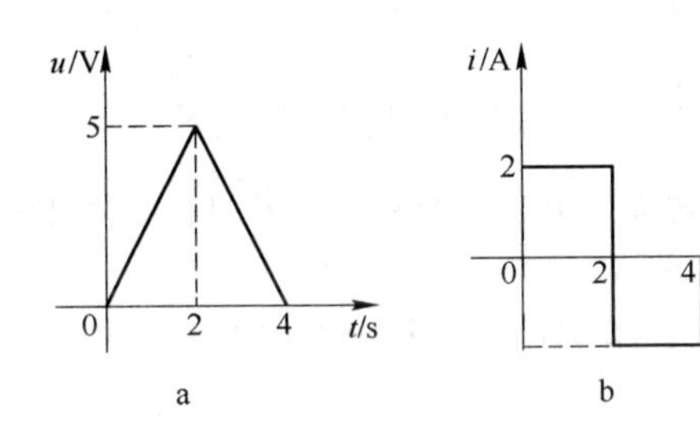

图3-31 题3-1图

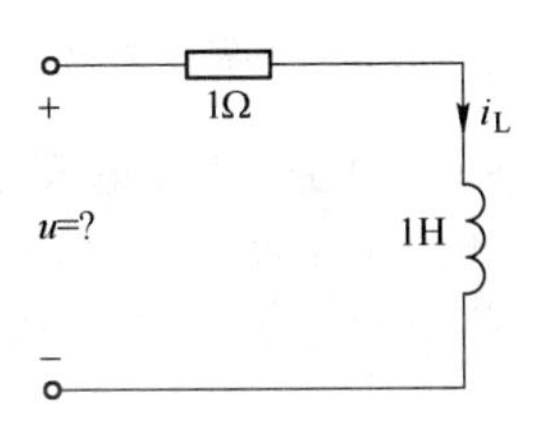

图3-32 题3-2图

3-3 图3-33中，已知电压$u_C(t)=5+2\mathrm{e}^{-2t}\mathrm{V}$，求电流$i(t)$、电压$u_L(t)$及总电压$u(t)$。

3-4 图3-34中，$t<0$时电路已经处于稳态，当$t=0$时开关S打开，求初始值$u_C(0_+)$和$i_C(0_+)$。

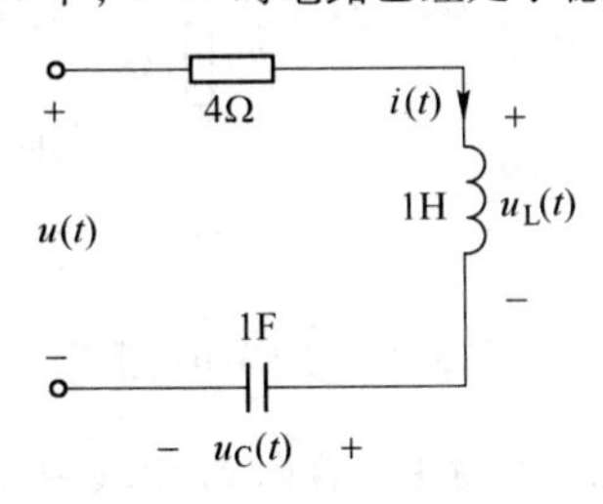

图3-33 题3-3图

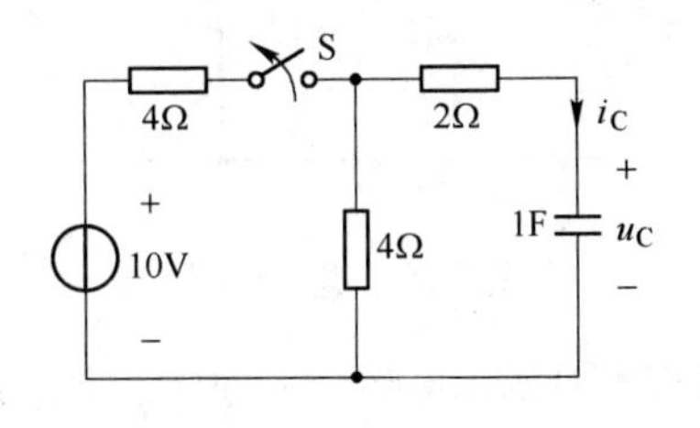

图3-34 题3-4图

3-5 图3-35中，$t<0$时电路已经处于稳态，当$t=0$时开关S由1合向2，求初始值$u_L(0_+)$和$i_1(0_+)$、$i_2(0_+)$。

3-6 图3-36中，$t<0$时电路已经处于稳态，当$t=0$时开关S由1合向2，求$u(0_+)$和$i(0_+)$。

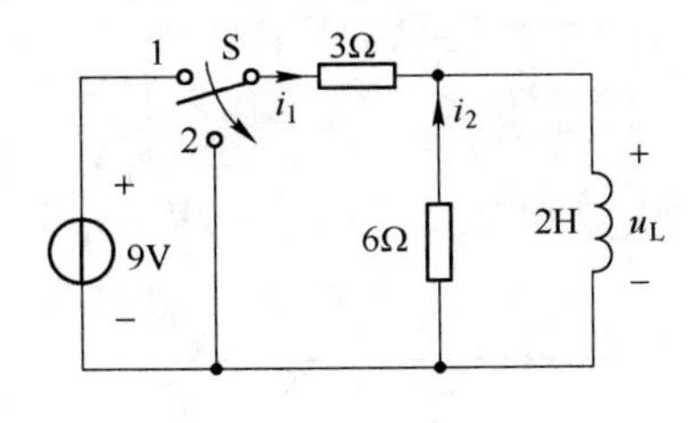

图3-35 题3-5图

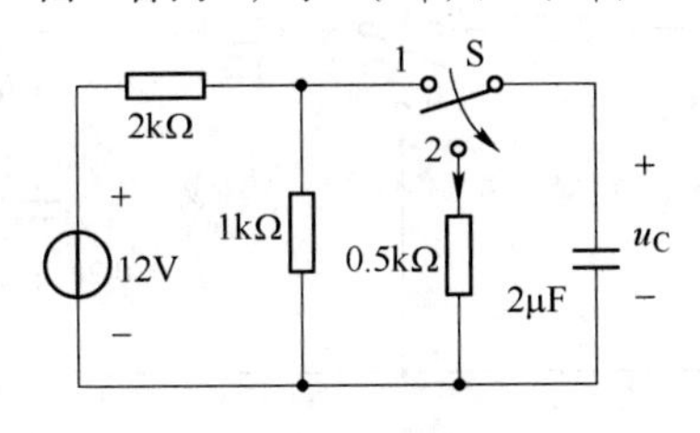

图3-36 题3-6图

3-7　如图 3-37 所示电路，求 ab 端的等效电感。

3-8　如图 3-38 所示电路，求 ab 端的等效电容。

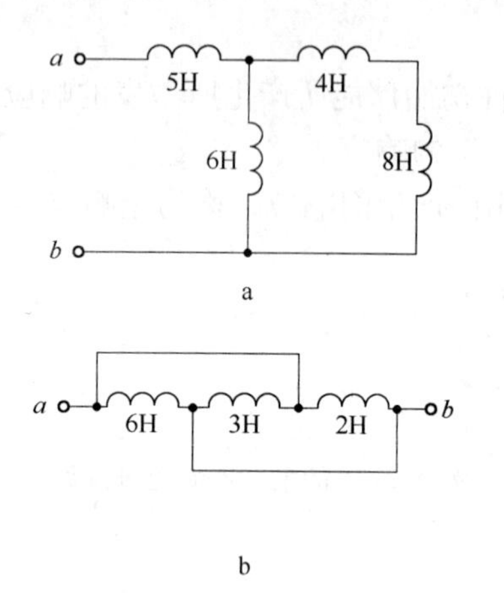

图 3-37　题 3-7 图

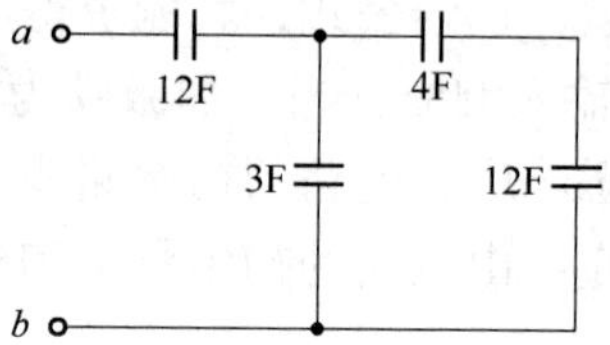

图 3-38　题 3-8 图

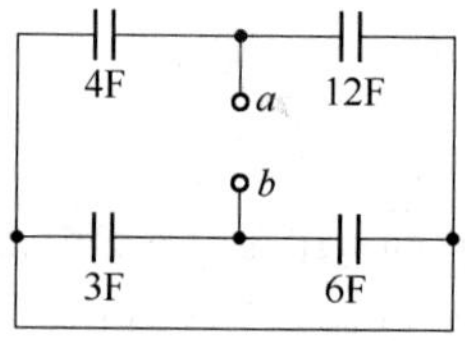

3-9　如图 3-39 所示电路，其中电压表的内阻 $R_V = 10\text{k}\Omega$，量程为 100V，开关 S 在 $t=0$ 时打开，问开关打开时，电压表是否会被损坏？

3-10　如图 3-40 所示电路，电容的初始储能为零，开关 S 在 $t=0$ 时闭合，求 $t>0$ 时的 $u_C(t)$、$i_C(t)$ 和 $u(t)$。

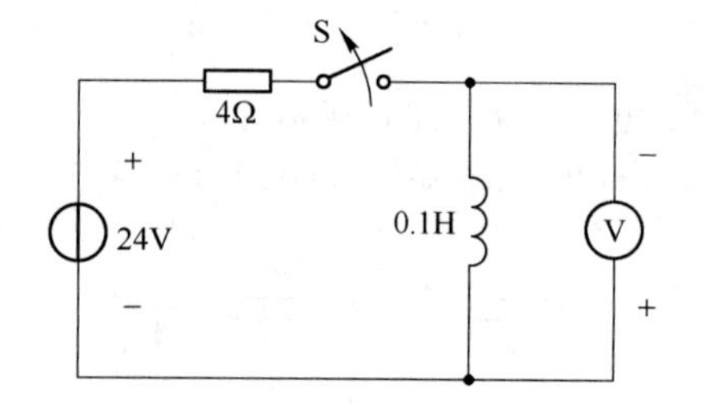

图 3-39　题 3-9 图

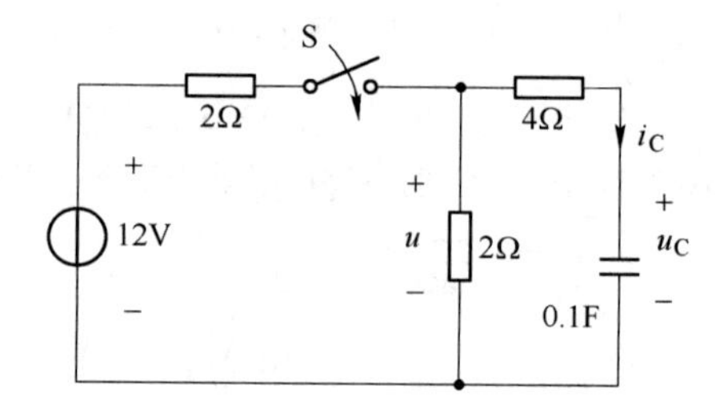

图 3-40　题 3-10 图

3-11　如图 3-41 所示电路，$t<0$ 时电路已经处于稳态，开关 S 在 $t=0$ 时由 1 合向 2，求 $t>0$ 时的 $u_C(t)$ 和 $i_C(t)$。

3-12　如图 3-42 所示电路，$t<0$ 时电路已经处于稳态，开关 S 在 $t=0$ 时闭合，求 $t>0$ 时的 $i_L(t)$ 和 $u_L(t)$。

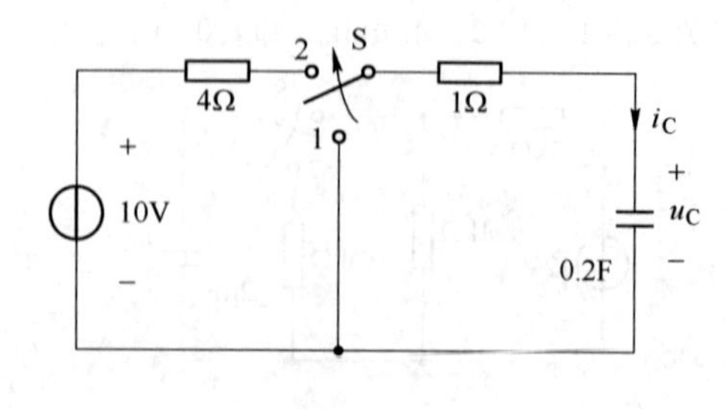

图 3-41　题 3-11 图

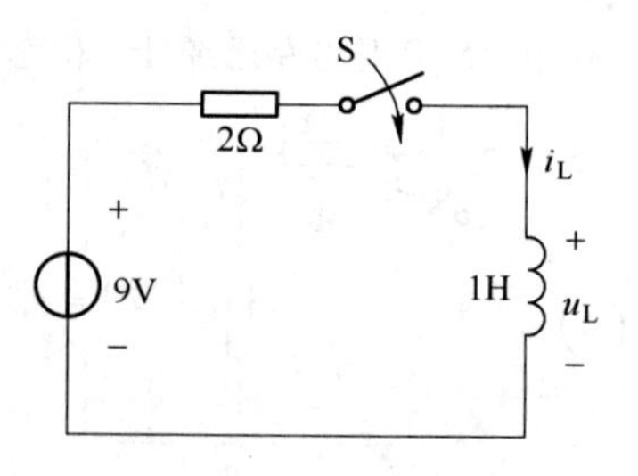

图 3-42　题 3-12 图

3-13 如图 3-43 所示电路，$t<0$ 时电路已经处于稳态，开关 S 在 $t=0$ 时由 1 合向 2，求 $t>0$ 时的 $i_L(t)$。

3-14 如图 3-44 所示电路，$t<0$ 时电路已经处于稳态，开关 S 在 $t=0$ 时由 1 合向 2，求 $t>0$ 时的 $i(t)$，并画出其波形图。

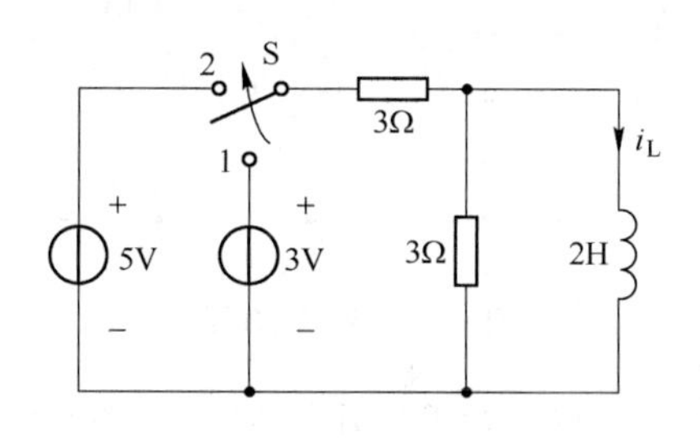

图 3-43 题 3-13 图

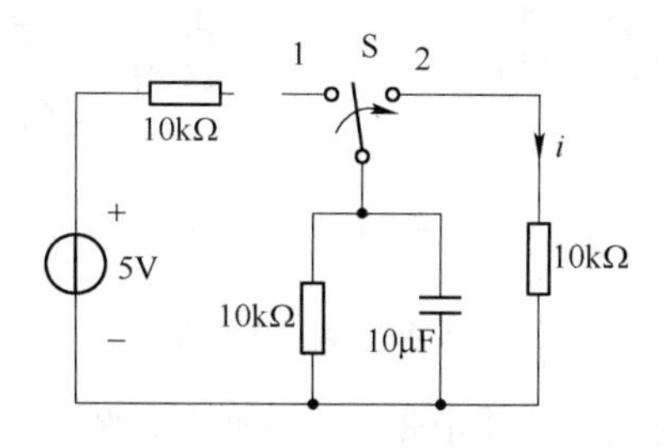

图 3-44 题 3-14 图

3-15 如图 3-45 所示电路，$t=0$ 时开关 S 闭合。(1) $t<0$ 时电容器稳态电压为 0V；(2) $t<0$ 时电容器稳态电压为 50V，求 $t>0$ 时的电流 $i_C(t)$ 和电压 $u_C(t)$，并画出它们的变化波形图。

3-16 如图 3-46 所示电路，$t<0$ 时电路已处于稳态，$t=0$ 时开关 S 打开，求 $t>0$ 时的电流 $i_L(t)$ 和电压 $u_L(t)$，并画出它们的变化波形图。

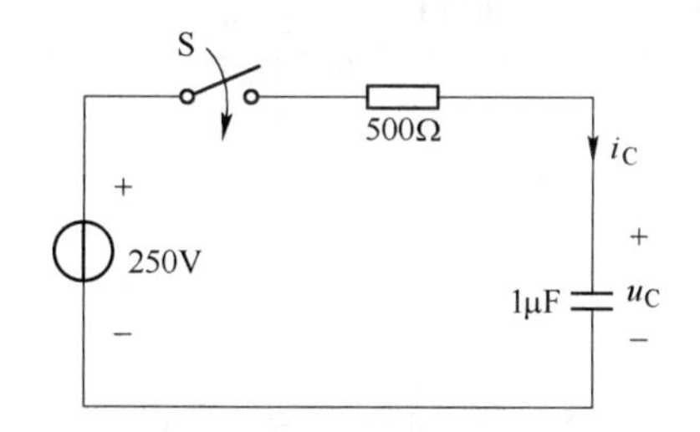

图 3-45 题 3-15 图

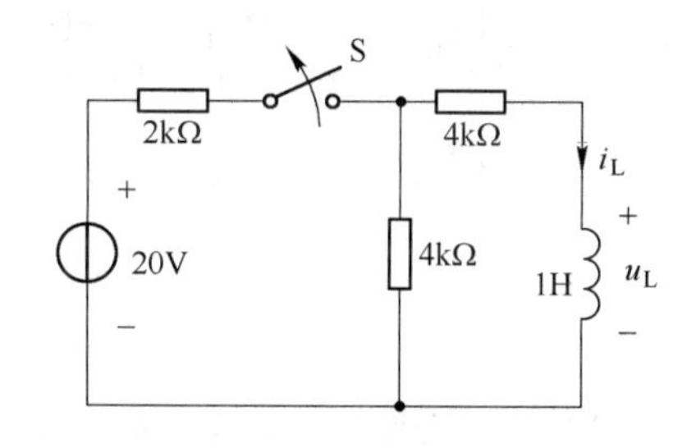

图 3-46 题 3-16 图

3-17 如图 3-47 所示电路，$t<0$ 时电路已处于稳态，$t=0$ 时开关 S 打开，求 $t>0$ 时的电流 $i_L(t)$ 和电压 $u_L(t)$。

3-18 如图 3-48 所示电路，$t<0$ 时电路已经处于稳态，$t=0$ 时开关 S 打开，求 $t>0$ 时的电流 $i_L(t)$ 的零输入响应、零状态响应和全响应。

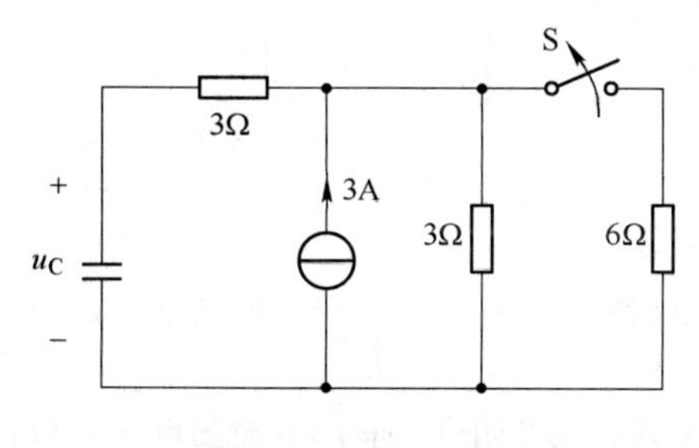

图 3-47 题 3-17 图

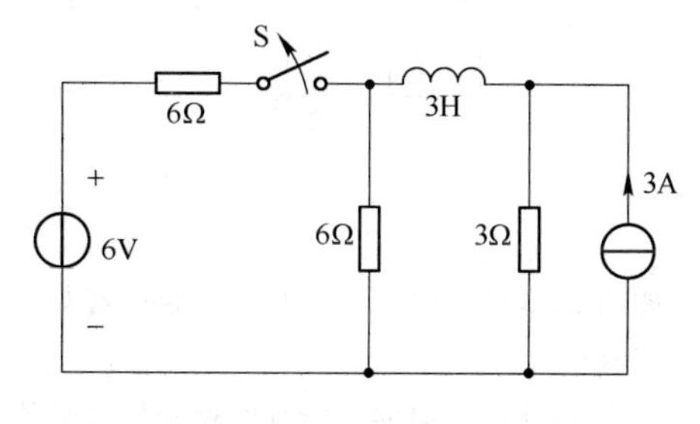

图 3-48 题 3-18 图

3-19 如图 3-49 所示电路，$t<0$ 时电路已经处于稳态，$t=0$ 时开关 S_1 打开，S_2 闭合，求 $t>0$ 时的电容电压 u_C 和电流 i。

3-20 如图 3-50 所示电路，$t<0$ 时电路已经处于稳态，$t=0$ 时开关 S_1 闭合，S_2 打开，求 $t>0$ 时的电感电压 u_L 和电流 i。

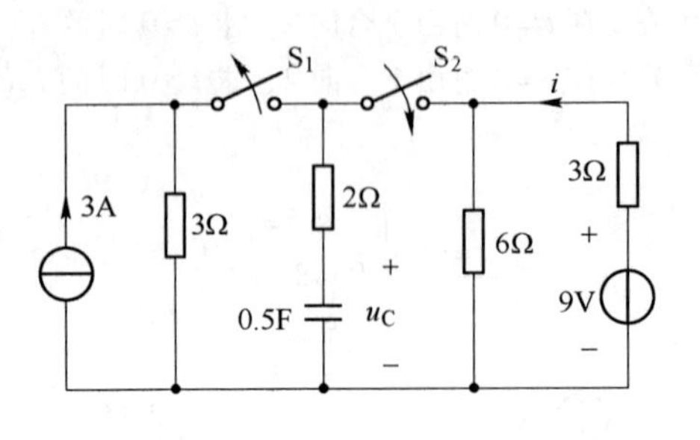

图 3-49　题 3-19 图

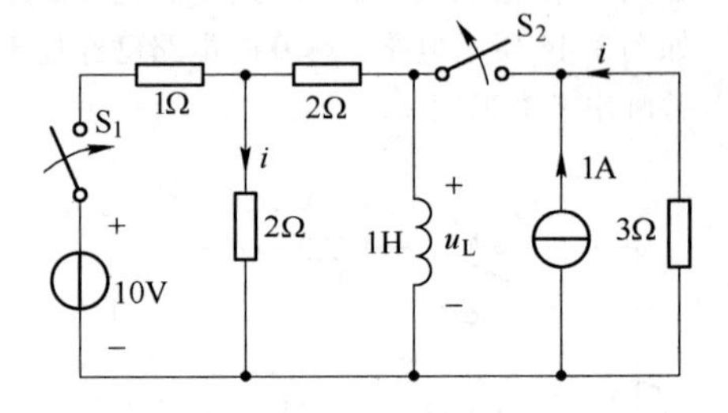

图 3-50　题 3-20 图

3-21　如图 3-51 所示分图 a、b 两个电路，$t<0$ 时电路已经处于稳态，$t=0$ 时开关动作，分图 a S 打开，分图 b S 闭合，分别求出 $t>0$ 时的电压 u_C 和电流 i_C，并说明各是零输入响应还是零状态响应，分别画出波形图。

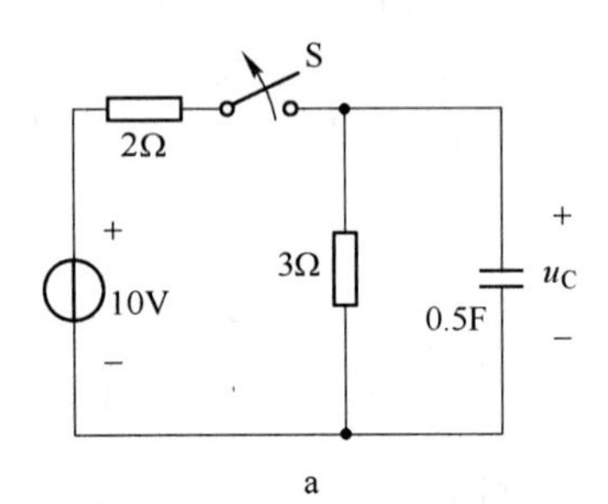

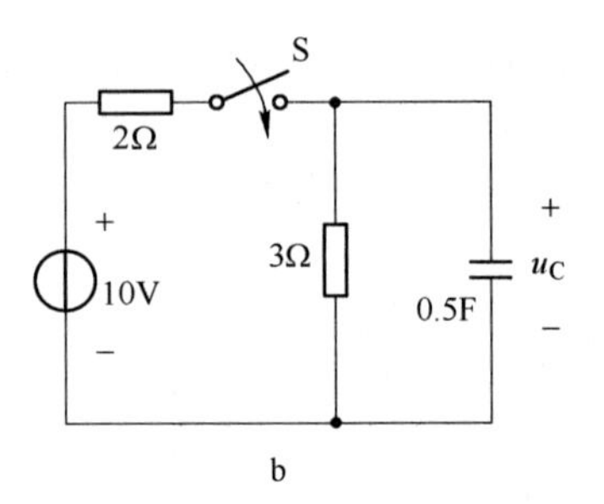

图 3-51　题 3-21 图

3-22　如图 3-52 所示分图 a、b 两个电路，$t<0$ 时电路已经处于稳态，$t=0$ 时开关 S 由 1 合向 2。分别求出 $t>0$ 时的电压 u_L 和电流 i_L，并说明各是零输入响应还是零状态响应，分别画出波形图。

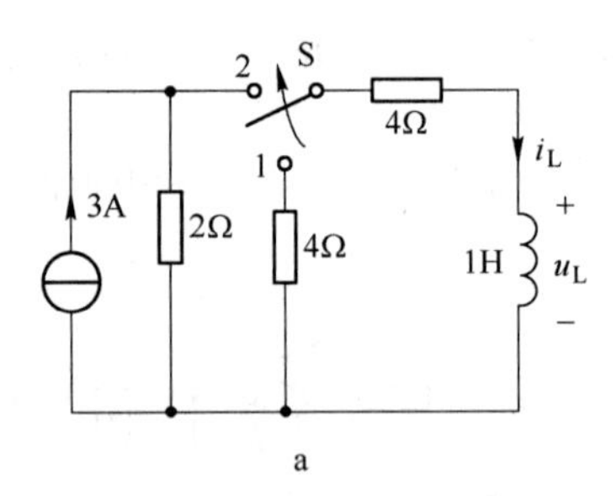

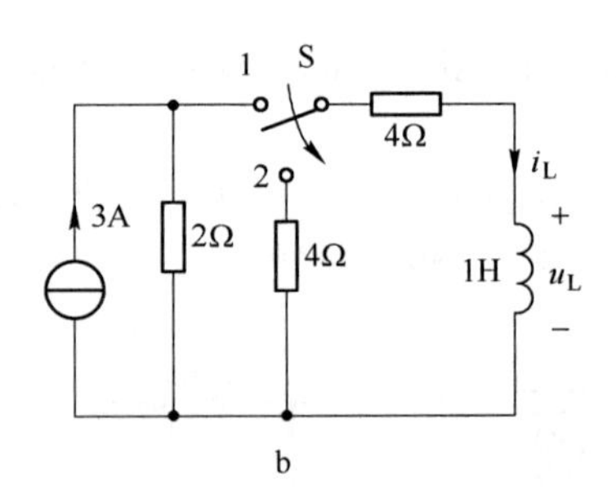

图 3-52　题 3-22 图

3-23　如图 3-53 所示电路，$t<0$ 时电路已经处于稳态，$t=0$ 时开关 S 闭合，求 $t>0$ 时的电压 $u_C(t)$ 和电流 $i(t)$。

3-24　如图 3-54 所示电路，$t<0$ 时电路已经处于稳态，$t=0$ 时开关 S 闭合，求 $t>0$ 时的电压 $u_L(t)$ 和电流 $i(t)$。

3-25　如图 3-55 所示电路，$t<0$ 时电路已经处于稳态，$t=0$ 时开关 S 闭合，求 $t>0$ 时的电流 $i(t)$ 和电压 $u(t)$。

3-26　如图 3-56 所示电路，$t<0$ 时电路已经处于稳态，$t=0$ 时开关 S 由 1 合向 2，求 $t>0$ 时的电压 $u_C(t)$ 和电流 $i_C(t)$。

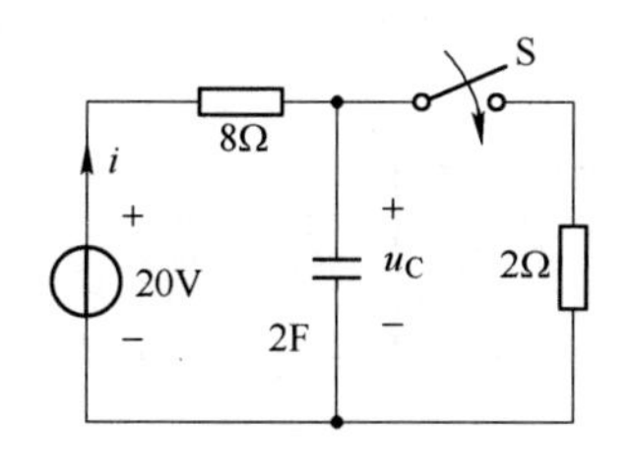

图 3-53　题 3-23 图

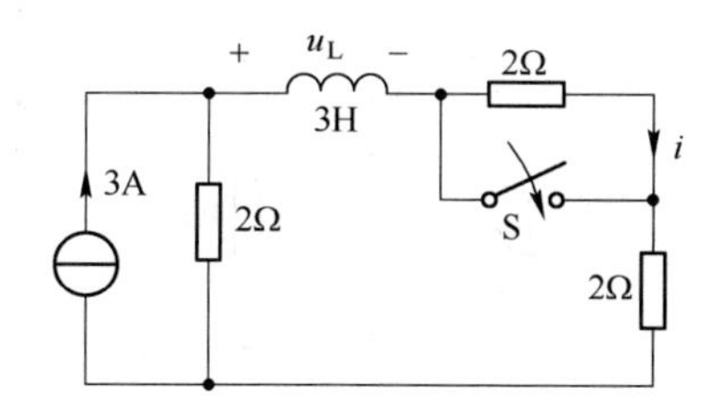

图 3-54　题 3-24 图

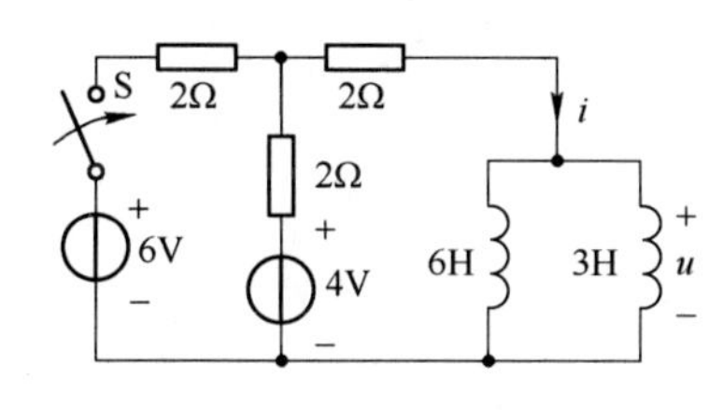

图 3-55　题 3-25 图

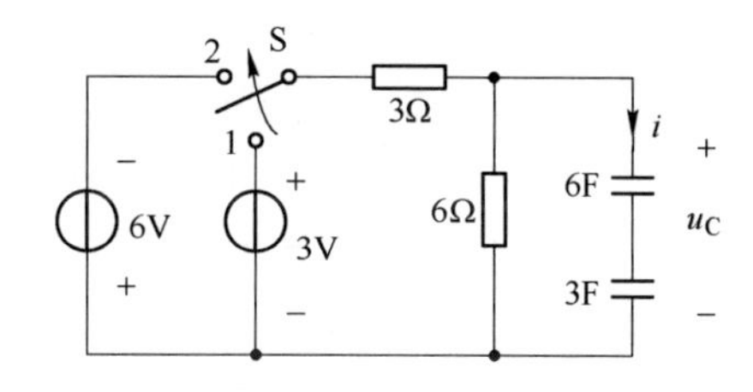

图 3-56　题 3-26 图

3-27　如图 3-57 所示电路，$t<0$ 时电路已经处于稳态，$t=0$ 时开关 S 闭合，求 $t>0$ 时的电压 $u_C(t)$ 和电流 $i_C(t)$。

3-28　如图 3-58 所示电路，$t<0$ 时电路已经处于稳态，$t=0$ 时开关 S 闭合。求（1）使暂态响应为零的电容电压的初始值；（2）若 $u_C(0_+)=-50\text{V}$，为使 $t=10^{-3}\text{s}$ 时的 u_C 等于零，求所需的电容 C 的值。

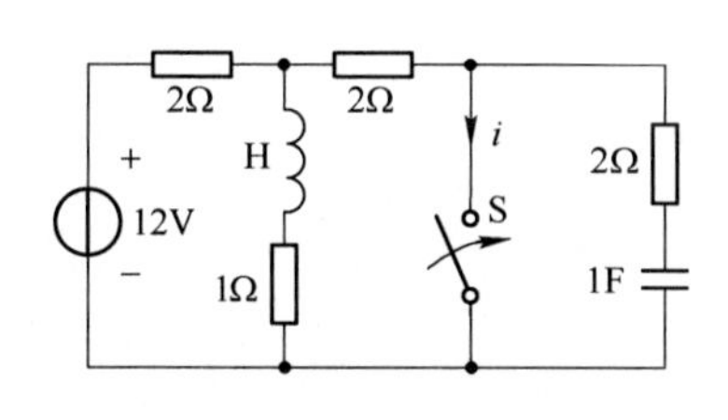

图 3-57　题 3-27 图

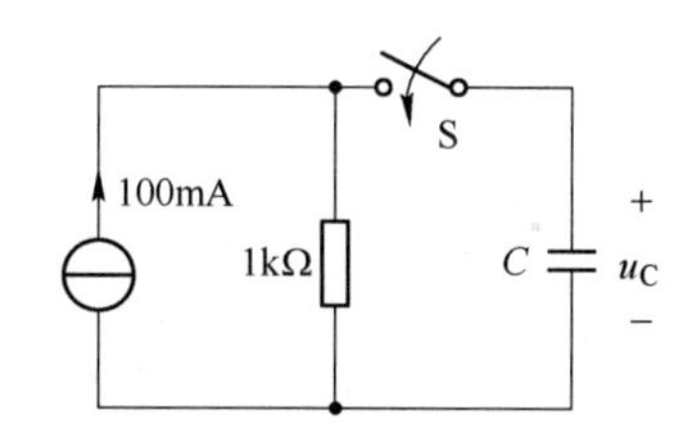

图 3-58　题 3-28 图

3-29　如图 3-59a 所示电路，如果以 u_L 为输出，求（1）u_L 的单位阶跃响应 $g(t)$；（2）若激励 i_S 的波形如图 3-59b 所示，求 u_L 的零状态响应。

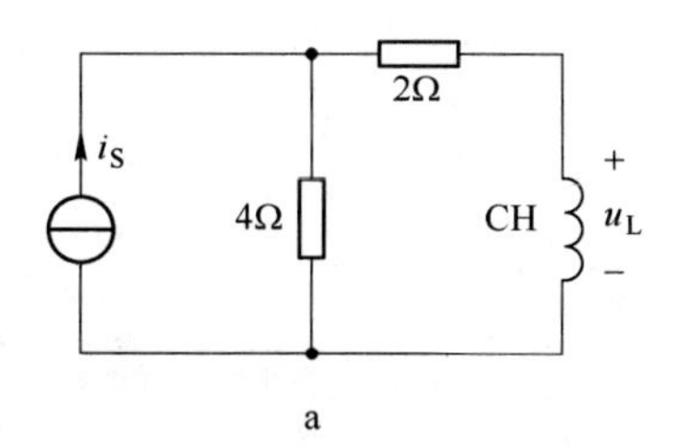

a

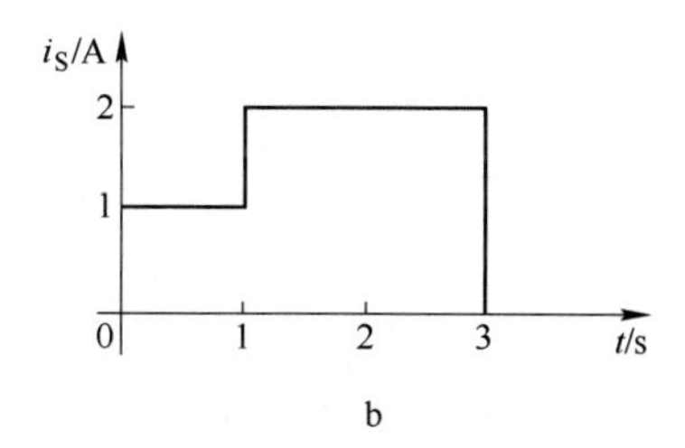

b

图 3-59　题 3-29 图

3-30　如图 3-60a 所示电路，如果以 u_L 为输出：（1）求其单位阶跃响应 $g(t)$；（2）若输入信号 u_S 的波形如图 3-60b 所示，求 i_L 的零状态响应。

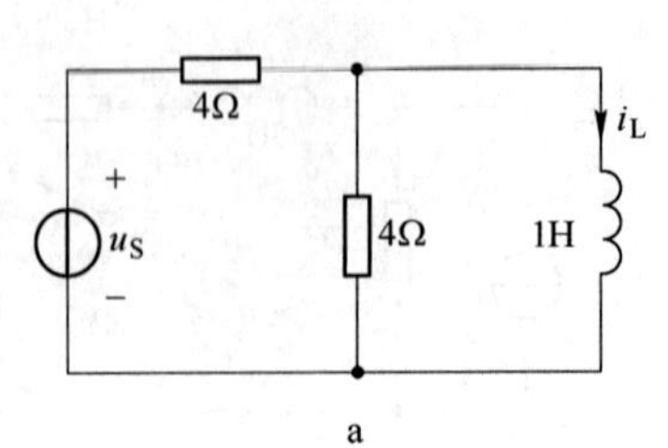

a

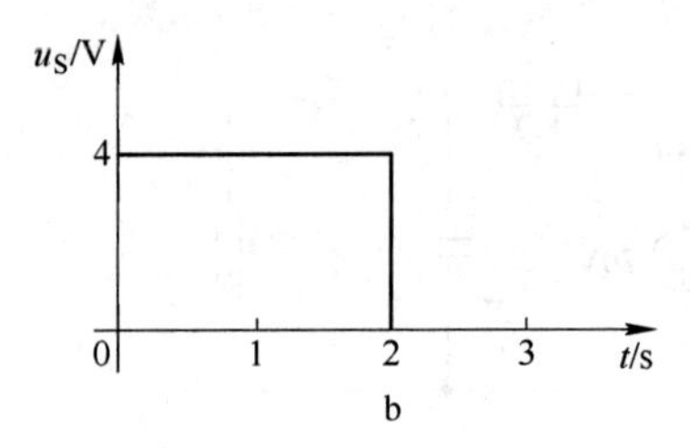

b

图 3-60　题 3-30 图

4 正弦交流电路的稳态分析

知识点

1. 正弦交流电量的三要素。
2. 单一元件的相量形式和绝对值形式。
3. 相量模型图与相量图。
4. 复数阻抗。
5. 正弦电路的功率与功率因数。
6. 正弦串并联电路的分析方法。

学习要求

1. 正确理解正弦量的概念，掌握正弦量的三要素及其相关物理量。
2. 理解和掌握正弦量的相量表示法。
3. 理解和掌握交流电路中单一元件电阻、电容、电感上的电压、电流之间的关系，并能进行相关的计算。
4. 正确理解复数阻抗的概念，能利用复数法或三角形法进行相关串并联电路的计算。
5. 正确区分瞬时功率、平均功率、有功功率、无功功率和视在功率，并会进行计算。
6. 了解非正弦周期性电路，建立高次谐波的概念。

4.1 正弦交流电的基本概念

正弦交流电路是实际中广泛使用的电路，在我国，电力网提供的50Hz正弦交流电源不间断地为各行各业的生产和我们的生活提供能源。正弦稳态电路的相关知识和分析计算方法，在电类专业中占有十分重要的地位，也是本课程的重点内容。

4.1.1 正弦量的三要素

我们所使用的交流电是按照正弦规律在大小和方向上均随时间发生着变化的，全称正弦交流电，换言之，若电压、电流是时间 t 的正弦函数，则称为正弦交流电。

以电流为例，正弦量的一般解析式为：

$$i(t) = I_{\mathrm{m}}\sin(\omega t + \varphi_i) \quad (\mathrm{A}) \tag{4-1}$$

式中，I_{m} 为正弦量的最大值，也叫振幅；角度 $(\omega t + \varphi_i)$ 为正弦量的相位，当 $t = 0$ 时的相位 φ_i 为初相位，简称初相；ω 为正弦量的角频率，正弦电流波形如图4-1所示。认真分析式（4-1）和图4-1的波形可知，最大值、角频率和初始相位这三个参数是决定正弦量有多大，它的变化速度和它的起始位置的要素，只要弄清了这三个要素，一个正弦电流的概况就很清楚了。

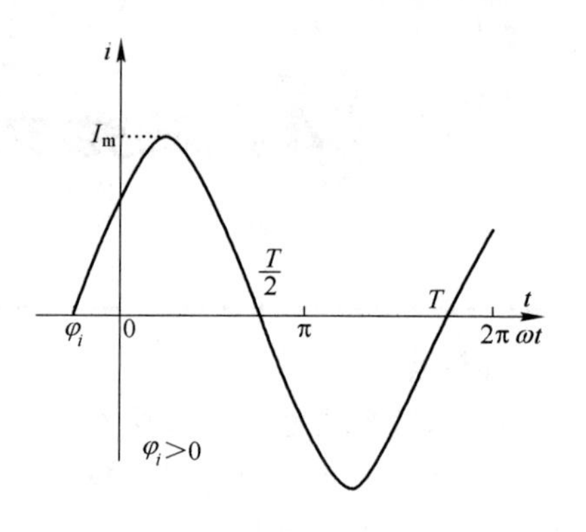

图4-1　正弦电流的波形

（1）**体现正弦量大小的要素：**最大值 I_m 也就是正弦量的振幅。而在实际应用中表示正弦电流大小的最常用的形式是按照做功效果定义的有效值 I。它们之间的关系为

$$I = \frac{I_m}{\sqrt{2}}$$

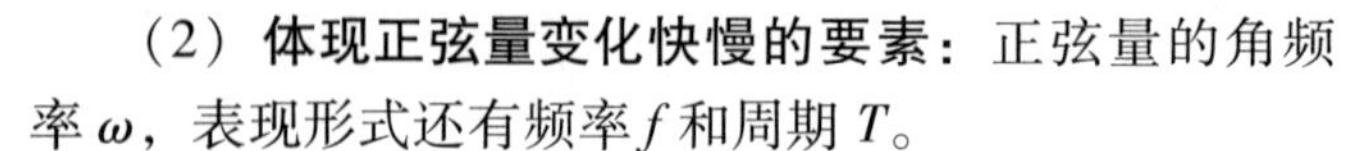

（2）**体现正弦量变化快慢的要素：**正弦量的角频率 ω，表现形式还有频率 f 和周期 T。

因为正弦量每经历一个周期的时间 T，相位增加 2π，则角频率 ω(rad/s)、周期 T 和频率 f 之间关系为：

$$\omega = \frac{2\pi}{T} = 2\pi f \tag{4-2}$$

$$T = \frac{1}{f}\quad (\mathrm{s}) \tag{4-3}$$

角频率的单位是弧度/秒（rad/s），频率的单位是赫兹（Hz）。

ω、T、f 反映的都是正弦量变化的快慢，ω 越大，即 f 越大或 T 越小，正弦量变化越快。

（3）**体现正弦量起始位置的要素：**相位 $\omega t+\varphi$，也可以用初相 φ 的形式体现，φ 在波形图中是正弦量从零向正的最大值变化的起点，而在交流发电机模型中则是观察时刻线圈与磁场中性线之间的夹角。

只有确定了三要素，正弦量才是确定的。在表达式（4-1）中的：I_m、ω、φ 的确定，就唯一地确定了 $i(t)$。

4.1.2　正弦量的相位差

设有两个同频率的正弦电流为

$$i_1(t) = I_{m1}\sin(\omega t + \varphi_{i1})$$
$$i_2(t) = I_{m2}\sin(\omega t + \varphi_{i2})$$

它们的相位分别为 $(\omega t + \varphi_{i1})$、$(\omega t + \varphi_{i2})$，初相分别为 φ_{i1} 和 φ_{i2}，这里把它们的差值：

$$\varphi_{12} = (\omega t + \varphi_{i1}) - (\omega t + \varphi_{i2}) = \varphi_{i1} - \varphi_{i2} \tag{4-4}$$

叫做它们的相位差。

正弦量的相位是随时间变化的，但其初相不变，相位差就是它们的初相之差。显然正弦量之间的相位差也不变。

如果两个正弦量的初相相等，它们的相位差为零 $\varphi_{12}=0$，这样的两个正弦量叫做**同相**。同相的正弦量同时达到零值，同时达到最大值，步调一致。两个正弦量的初相不等，相位差就不为零，达到最大值的时间不同，步调不一致。

如果 $\varphi_{12}>0$，则表示 i_1 **超前** i_2；

如果 $\varphi_{12}<0$，则表示 i_1 **滞后** i_2；

如果 $\varphi_{12}=\pi/2$，则两个正弦量**正交**；

如果 $\varphi_{12}=\pi$，则两个正弦量**反相**。

必须注意：

（1）不同频率的正弦量之间不存在相位差。

（2）对于同频率正弦量之间超前和滞后关系的比较，只在180°范围内，超过180°时，超前和滞后的关系就是相反的了。

图4-2 中的a、b、c、d 四种情况，分别表示两个正弦量同相、超前、正交、反相的相位关系。

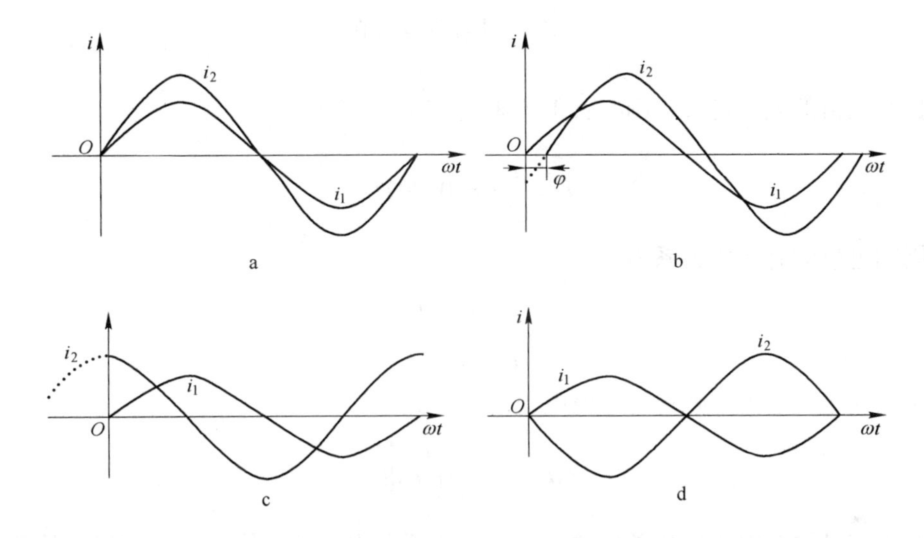

图4-2　i_1 与 i_2 同相、超前、正交、反相

4.1.3　正弦电流、电压的有效值

4.1.3.1　有效值定义

周期电量的有效值定义为：一个周期电量和一个直流量，分别作用于同一电阻，如果经过一个周期的时间产生相等的热量，则这个周期电量的有效值等于这个直流量的大小。电流、电压有效值用大写字母 I、U 表示。

4.1.3.2　正弦量的有效值

在图4-3a 中直流电流 I 通过电阻 R，产生的功率为 $P = I^2R$，在 T 时间内消耗的电能为：

$$W_{\rm I} = I^2RT$$

式中，T 为交流电一周所用时间。在图4-3b 中交流电流 i 通过同一电阻 R，电流为 $i = I_{\rm m}\sin\omega t$，则在一周 T 内消耗的电能为：

$$W_i = \int_0^T i^2 R\mathrm{d}t = \int_0^T (I_m \sin\omega t)^2 R\mathrm{d}t = \frac{1}{2} I_m^2 R \int_0^T (1 - \cos 2\omega t)\,\mathrm{d}t = \frac{1}{2} I_m^2 RT$$

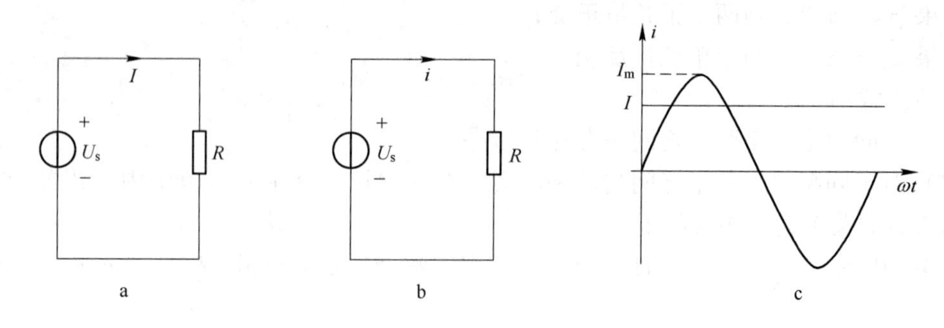

图 4-3　电流的有效值

根据有效值的上述定义，则有：$W_i = W_I$，得 $I^2 = \frac{1}{2} I_m^2$

$$I = \frac{I_m}{\sqrt{2}} = 0.707 I_m \tag{4-5}$$

即周期电量的有效值关系为：

$$\begin{cases} I_m = \sqrt{2} I \\ U_m = \sqrt{2} U \end{cases} \tag{4-6}$$

利用上述定义还可以解得有效值电流的表达式为

$$I = \sqrt{\frac{1}{T}\int_0^T i^2 \mathrm{d}t} \tag{4-7}$$

说明正弦量的有效值是其函数的平方在一个周期内的平均值再取平方根，故此有的资料称有效值为均方根值。

应该指出，日常所说的交流电的大小，指的就是有效值，并且交流电流表和电压表上的测量值也是有效值。例如我们日常使用的标称 220V 的交流电压，其最大值为 $U_m = 220 \times \sqrt{2} = 311\text{V}$。

【例 4-1】 已知某国工业电网的频率为 60Hz，电压为 110V，问该电源的电压最大值、角频率分别是多少？并写出初相为 30°时的瞬时值表达式。

解：

$$U_m = \sqrt{2} U = \sqrt{2} \times 110 = 155.54\text{V}$$

$$\omega = 2\pi f = 2 \times 60\pi = 376.8\text{rad/s}$$

$$u = 110\sqrt{2}\sin(376.8t + 30°)$$

4.2　正弦交流电的相量表示法

4.2.1　相量

在正弦交流电路的分析和计算中，涉及到大小和相位等方面的问题，直接用解析式展开的三角函数式计算是很繁琐的，为分析计算方便，引用复数的方法。用复数法表示的正弦电量叫相量。

4.2.1.1　复数及其运算规律

复数具有多种表达方式，在形式上有指数式，代数式等。如复数 A 就可以表示为：

$$
\begin{aligned}
A &= re^{j\varphi} && \text{指数形式} \\
&= r\angle\varphi && \text{极坐标形式} \\
&= r(\cos\varphi + j\sin\varphi) && \text{三角函数形式} \\
&= a + jb && \text{代数形式}
\end{aligned}
$$

并且，复数可以用称之为复平面的图形表示（如图4-4所示）。

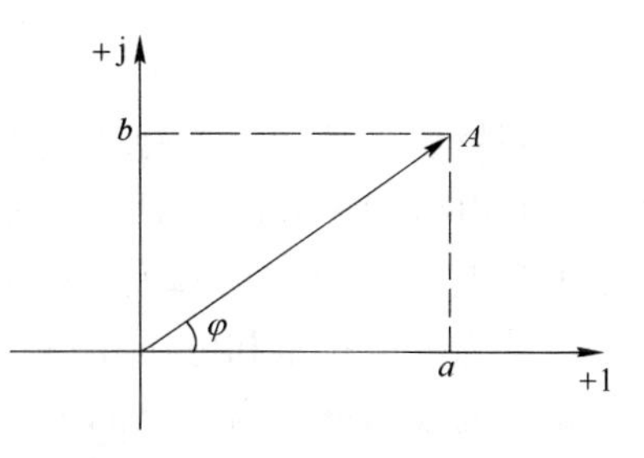

图4-4　复平面图形

复数的加减运算规律。两个复数相加（或相减）时，将实部与实部相加（或相减），虚部与虚部相加（或相减）。如：

$$A_1 = a_1 + jb_1 = r_1\angle\varphi_1$$

$$A_2 = a_2 + jb_2 = r_2\angle\varphi_2$$

相加、减的结果为：

$$A_1 \pm A_2 = (a_1 + jb_1) \pm (a_2 + jb_2) = (a_1 \pm a_2) + j(b_1 \pm b_2) \tag{4-8}$$

复数乘除运算规律：两个复数相乘，将模相乘，幅角相加；两个复数相除，将模相除，幅角相减。如：

$$A_1 = r_1e^{j\varphi_1}$$

$$A_2 = r_2e^{j\varphi_2}$$

相乘的结果为：

$$A_1A_2 = r_1e^{j\varphi_1}r_2e^{j\varphi_2} = r_1r_2\angle(\varphi_1 + \varphi_2) \tag{4-9}$$

相除的结果为：

$$\frac{A_1}{A_2} = \frac{r_1e^{j\varphi_2}}{r_2e^{j\varphi_2}} = \frac{r_1\angle\varphi_1}{r_2\angle\varphi_2} = \frac{r_1}{r_2}\angle(\varphi_1 - \varphi_2) \tag{4-10}$$

由此可见，复数的四则运算只需利用不同的表达式，可以方便地简化计算过程。也就是加减计算时采用代数式，乘除计算时采用指数式或者极坐标式（也称简式）。

4.2.1.2　正弦量的相量表示

复数无论是画在复平面上还是任何的表达式，都可以有大小和方向的明确表示，与之正弦量比较，大小和起始初相角就可以相对应。这就为我们用复数来代表交流电解决了两个要素的问题，而另一个关于变化快慢的要素，我们可以把它想像为一个以一定速度在复平面上旋转的复数。

如有一个正弦电流 $i(t) = \sqrt{2}I\sin(\omega t + \varphi_i)$，假设以它的最大值$\sqrt{2}I$ 为长度的线段在复平面上以角速度 ω 做逆时针方向围绕原点旋转，则旋转线段在虚轴上的投影与上式相符。这就说明正弦电量与复数是有一一对应关系的，见图4-5。

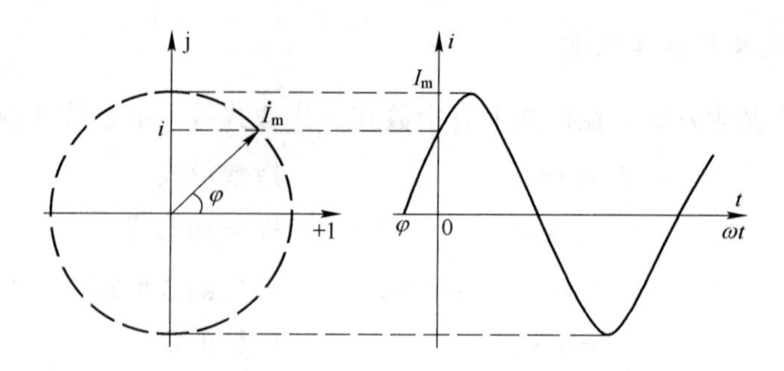

图4-5　正弦电流的相量表示

我们将这一带箭头的旋转线段看做是复数形式的电流时，我们看到图中的复电流的模就是正弦电流的最大值，而复电流的角就是正弦电流的初相角。复电流在虚轴上的投影，就是正弦电流 $t=0$ 时的瞬时值。在后面的分析中，我们不再称其为“复电流、复电压”，而是称其为电流相量和电压相量。

相量的表示符号为带点的大写字母，上述电流的相量式为

$$\dot{I} = I\mathrm{e}^{\mathrm{j}\varphi_i} = I\angle\varphi_i$$

$$\dot{I}_\mathrm{m} = I_\mathrm{m}\mathrm{e}^{\mathrm{j}\varphi_i} = I\angle\varphi_i \tag{4-11}$$

上式分别表示的是电流的有效值相量和最大值相量的两种形式，显然有

$$\dot{I} = I\mathrm{e}^{\mathrm{j}\varphi_i} = I\angle\varphi_i$$

$$\dot{I}_\mathrm{m} = \sqrt{2}\dot{I} = \sqrt{2}I\mathrm{e}^{\mathrm{j}\varphi_i} = \sqrt{2}I\angle\varphi_i \tag{4-12}$$

同理电压的相量形式为

$$\dot{U} = U\mathrm{e}^{\mathrm{j}\varphi_u} = U\angle\varphi_\mathrm{u}$$

$$\dot{U}_\mathrm{m} = U_\mathrm{m}\mathrm{e}^{\mathrm{j}\varphi_u} = U\angle\varphi_\mathrm{u} \tag{4-13}$$

特别应该注意，相量与正弦量之间只具有对应关系，而不是相等的关系。

【例4-2】　已知 $u_1 = 141\sin(\omega t + 60°)\mathrm{V}, u_2 = 70.7\sin(\omega t - 45°)\mathrm{V}$。

求：（1）求两电压的有效值相量式；（2）求两电压之和的瞬时值 $u(t)$；（3）画出相量图。

解：

（1）　$\dot{U}_1 = \dfrac{141}{\sqrt{2}}\angle\dfrac{\pi}{3} = 100\angle 60° = 100\mathrm{e}^{\mathrm{j}60°} = (50 + \mathrm{j}86.6)\mathrm{V}$

$\dot{U}_2 = \dfrac{70.7}{\sqrt{2}}\angle -\dfrac{\pi}{4} = 50\angle -45° = 50\mathrm{e}^{-\mathrm{j}45°} = (35.35 - \mathrm{j}35.35)\mathrm{V}$

（2）　$\dot{U} = \dot{U}_1 + \dot{U}_2 = (50 + \mathrm{j}86.6) + (35.35 - \mathrm{j}35.35)$

$= 99.55\angle 31° = 99.55\mathrm{e}^{\mathrm{j}31°}$

所以有 $u(t)=99.55\sqrt{2}\sin(\omega t+31°)$ V

(3) 有效值相量图如图 4-6 所示。

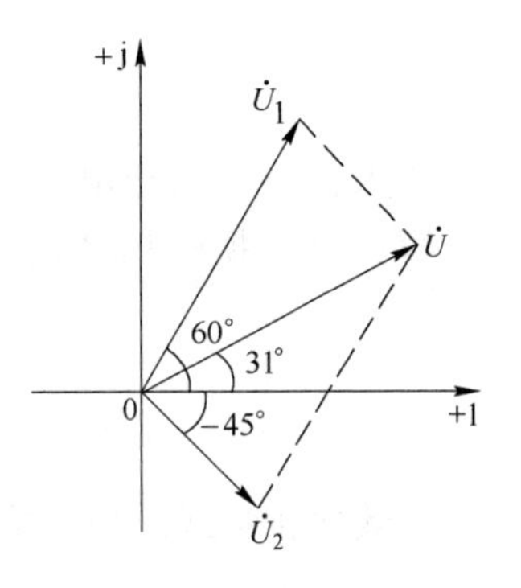

图 4-6 例 4-2 的相量图

4.2.2 正弦交流电相量计算法的两套公式

相量是建立在复数基础上的，因而电压相量和电流相量都可以方便地在四种表达式中反复变换。

$$\dot{I}=Ie^{j\varphi_i}=I\angle\varphi_i=I(\cos\varphi_i+j\sin\varphi_i)=I_1+jI_2$$

$$\dot{U}=\underbrace{Ue^{j\varphi_u}}_{\text{指数式}}=\underbrace{U\angle\varphi_u}_{\text{简式}}=\underbrace{I(\cos\varphi_u+j\sin\varphi_u)}_{\text{三角函数式}}=\underbrace{U_1+jU_2}_{\text{代数式}}$$

有利于我们在分析计算电路时的四则运算。

而电压相量与电流相量相除的结果也一定只会是一个复数，我们把它定义为复阻抗 Z，依照直流电路来理解，它的意义应该是正弦交流电路对于正弦电流的总阻碍。

$$\frac{\dot{U}}{\dot{I}}=\frac{Ue^{j\varphi_u}}{Ie^{j\varphi_i}}=\frac{U}{I}e^{j(\varphi_u-\varphi_i)}=|Z|e^{j(\varphi_u-\varphi_i)}=Z$$

即
$$Z=\frac{\dot{U}}{\dot{I}}=|Z|e^{j(\varphi_u-\varphi_i)}=|Z|e^{j\varphi}=|Z|\angle\varphi=z\angle\varphi \tag{4-14}$$

式中，小写的 z 是阻抗的绝对值，也叫阻抗模，φ 是阻抗角，它是电压与电流的相位差。我们为什么不把 Z 叫做电阻呢？这是因为交流电路中不仅有电阻 R 的作用，还要有电感 L 的作用和电容 C 的作用，它们在交流电路中体现的性质各不相同，Z 是这些不同性质的总代表。

借助阻抗的关系，我们就可以得到相量计算法中欧姆定律的两套公式。即：

第一套相量运算式

$$\left.\begin{aligned}\dot{U}&=Z\dot{I}\\ \dot{U}_m&=Z\dot{I}_m\end{aligned}\right\} \tag{4-15}$$

第二套绝对值运算式

$$\left.\begin{aligned}U&=zI\\ U_m&=zI_m\end{aligned}\right\} \tag{4-16}$$

其中
$$\left.\begin{aligned}Z&=z\angle\varphi\\ \varphi&=\varphi_u-\varphi_i\end{aligned}\right\} \tag{4-17}$$

使用这两套公式时应该注意以下几点：

(1) 一定要配套使用，即使用相量式 (4-15) 时，电压和电流都必须是相量形式，阻抗必须是复数阻抗，且电压用最大值，电流也必须是最大值，用有效值时，电压电流都必须是有效值。

(2) 使用绝对值式 (4-16) 时，电压和电流都是它们的模，故阻抗也只能用它的模。

(3) 两套公式之间的变换桥梁是阻抗式 (4-17)。

【例 4-3】 某正弦交流电路的负载阻抗为 Z，已知

$$u = 220\sqrt{2}\sin(\omega t + 60°)$$
$$i = 5\sqrt{2}\sin(\omega t + 30°)$$

要求：（1）写出电压电流的振幅相量式和有效值相量式简式；（2）求复阻抗 Z。

解：（1）振幅相量式的简式为

$$\dot{U}_{\mathrm{m}} = 220\sqrt{2}\angle 60°$$
$$\dot{I}_{\mathrm{m}} = 5\sqrt{2}\angle 30°$$

有效值相量式的简式为

$$\dot{U} = 220\angle 60°$$
$$\dot{I} = 5\angle 30°$$

（2）求复阻抗 Z。

解法一：运用第一套复数运算式

$$Z = \frac{\dot{U}}{\dot{I}} = \frac{220\angle 60°}{5\angle 30°} = 44\angle 30°$$

解法二：运用第二套绝对值运算式

$$z = \frac{U}{I} = \frac{220}{5} = 44$$
$$\varphi = \varphi_{\mathrm{u}} - \varphi_i = 60° - 30° = 30°$$
$$Z = z\angle\varphi = 44\angle 30°$$

可见，利用第二套公式时，必须同时求取幅模和幅角。

4.3　单一元件 VCR 的相量形式

在交流电路中，电压和电流是变动的时间函数，电路的模型化元件是电阻 R、电感 L 和电容 C，我们知道电阻是即时元件，而电感和电容都是非即时元件，它们在激励电压和电流是时间函数的情况下产生的响应怎样呢？下面我们分别来讨论在这种情况下它们的伏安关系。

4.3.1　电阻元件

图 4-7a 电路就是单一电阻元件电路，设其电流为正弦量，即

$$i = \sqrt{2}I\sin(\omega t + \varphi_i)$$

根据欧姆定律 $u = iR$ 得到：

$$u = \sqrt{2}IR\sin(\omega t + \varphi_i) = \sqrt{2}U\sin(\omega t + \varphi_{\mathrm{u}})$$

上式表明了电阻两端的正弦电压和流过的正弦电流的关系是：

（1）电压与电流的有效值符合欧姆定律，$U = IR$。

（2）电压与电流的相位是相同的，$\varphi_i = \varphi_{\mathrm{u}}$。

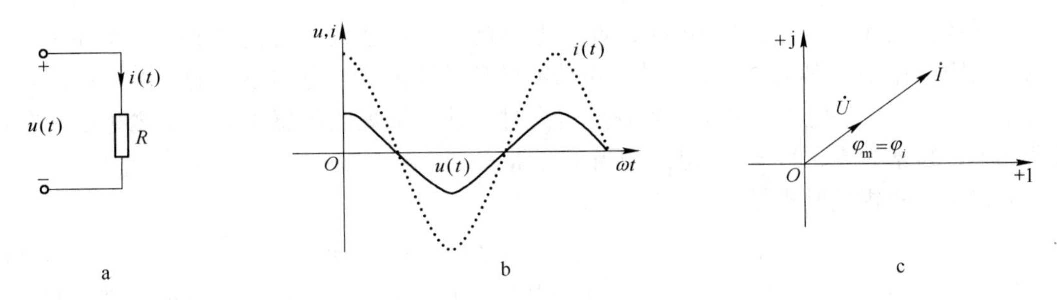

图 4-7　电阻元件的电路图、波形图与相量图

在相量形式下的关系为

$$\dot{I} = I\mathrm{e}^{\mathrm{j}\varphi_i} = I\angle\varphi_i$$

$$\dot{U} = U\mathrm{e}^{\mathrm{j}\varphi_u} = \dot{I}R = IR\angle\varphi_i$$

显见，两种方法的结果是同样的。电流与电压的波形、相量图如图 4-7b、c 所示。

$$\dot{U} = \dot{I}R$$

$$\dot{U}_m = \dot{I}_m R \tag{4-18}$$

4.3.2　电感元件

对于电感元件上电压、电流之间的相量关系式又如何呢，下面我们来找出这一关系。图 4-8a 电路就是单一电感元件电路，在电路中，设定电流为正弦量，即

$$i = \sqrt{2}I\sin(\omega t + \varphi_i)$$

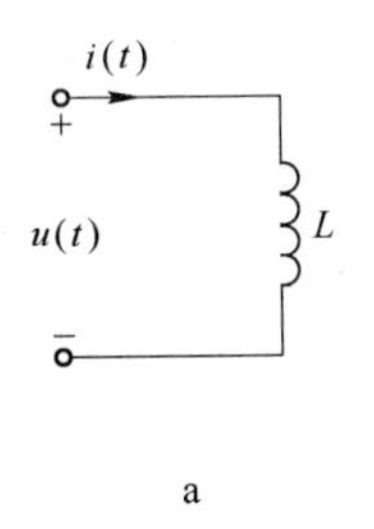

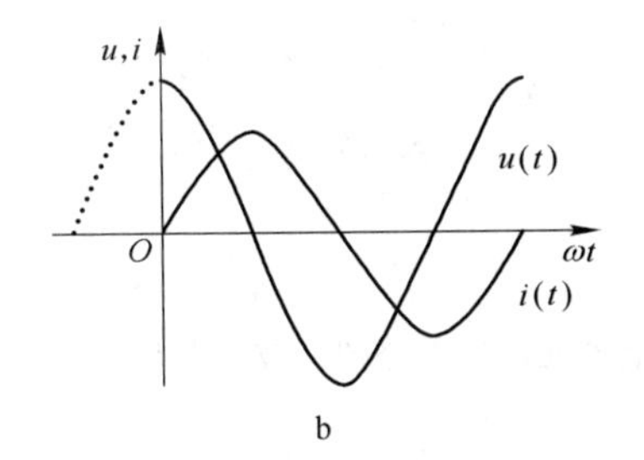

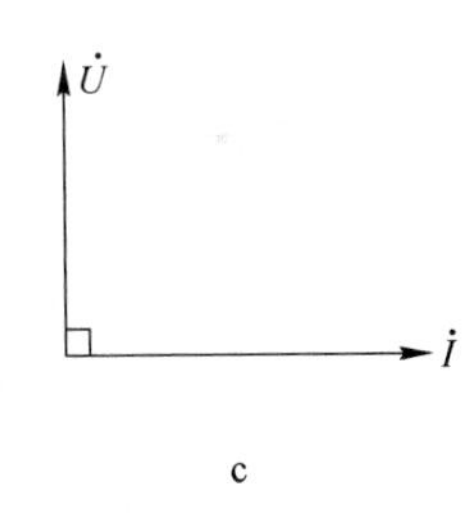

图 4-8　电感元件的电路图、波形图与相量图

根据电感元件的伏安关系 $u_L = L\dfrac{\mathrm{d}i}{\mathrm{d}t}$ 得到：

$$u_L = L\frac{\mathrm{d}i}{\mathrm{d}t} = L[\sqrt{2}I\sin(\omega t + \varphi_i)]' = \sqrt{2}I\omega L\cos(\omega t + \varphi_i)$$

$$= \sqrt{2}U_L\sin(\omega t + \varphi_i + 90°) = \sqrt{2}U_L\sin(\omega t + \varphi_u)$$

由此可得

$$\left.\begin{aligned} U_L &= I\omega L = 2\pi fLI = X_L I \\ \varphi_u &= \varphi_i + 90° \end{aligned}\right\} \tag{4-19}$$

上式表明电感上电流与电压的关系为

（1）电压与电流的有效值符合欧姆定律，但阻碍作用是 X_L，$U = X_L I$。

（2）电压的相位超前于电流的相位 90°，$\varphi_i = \varphi_u - 90°$。

通常我们把 $X_L = \omega L$ 定义为电感元件的电感抗，简称感抗。它代表了电感元件对于交流电流的阻碍作用，它是电压有效值与电流有效值的比值。与电阻不同的是电感抗是和频率成正比的。对于一定的电感 L，当频率越高时，其所呈现的抗感越大，反之越小。在直流情况下，频率为零，$X_L = 0$，电感相当于短路。

上述关系的相量形式是

$$\dot{U}_L = jX_L\dot{I} = j\omega L\dot{I} = \omega LI\angle(\varphi_i + 90°) \tag{4-20}$$

显然，在相量式（4-20）中电感元件的电压与电流之间的大小关系和相量关系都同时体现出来了。式中复数的虚部符号 j，我们也把它叫做旋转因子，$j = \angle 90°$，意味着此相量 $\dot{U}_L$ 要在原相量 $\dot{I}$ 的基础上，向逆时针方向转 90°。

电感电路的波形图、相量图如图 4-8b、c 所示，图中可以明显看出，电感上电流与电压的相位关系是电流滞后电压 90°。

4.3.3　电容元件

通过前面讨论我们已经知道了电阻和电感两种元件伏安关系的相量式是不尽相同的，电容元件的伏安关系相量式也有它自己的特殊性。图 4-9a 电路就是单一电容元件电路，在该电路中，设定端电压为正弦量，即

$$u_C = U_{Cm}\sin(\omega t + \varphi_u)$$

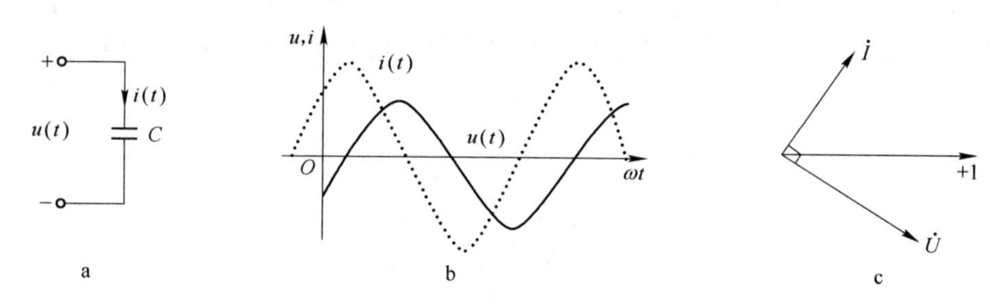

图 4-9　电容元件的电路图、波形图与相量图

我们应用前面同样的分析方法，根据电容元件的伏安关系 $i = C\dfrac{du_C}{dt}$ 得到：

$$\begin{aligned} i &= C[\sqrt{2}U_C\sin(\omega t + \varphi_u)]' = \sqrt{2}U_C\omega C\cos(\omega t + \varphi_u) \\ &= \sqrt{2}I\sin(\omega t + \varphi_u + 90°) = \sqrt{2}I\sin(\omega t + \varphi_i) \end{aligned}$$

由此可得

$$\left.\begin{aligned} I &= U_C\omega C = 2\pi fCU_C = \frac{U_C}{X_C} \\ \varphi_i &= \varphi_u + 90° \end{aligned}\right\} \tag{4-21}$$

式（4-21）表明电容上电流与电压的关系为：

（1）电压与电流的有效值符合欧姆定律，但阻碍作用是 X_C，$U_C = X_C I$。

（2）电压的相位滞后于电流的相位 90°，$\varphi_i = \varphi_u + 90°$。

这里我们也把 $X_C = \dfrac{1}{\omega C}$ 定义为电容元件的电容抗，简称容抗。它代表了电容元件对于

交流电的阻碍作用，它是电压有效值与电流有效值的比值。与电阻及电感都不同的是电容抗是和频率成反比的。对于一定的电感 C，当频率越高时，其所呈现的电容抗越小，反之越大。在直流情况下，频率为零，$X_C=\infty$，电容相当于开路。

将式（4-21）电容元件上电压、电流之间的关系写为相量关系式

$$\dot{I}=j\omega C\dot{U}_C=\frac{\dot{U}_C}{-jX_C} \tag{4-22}$$

$$\dot{U}_C=-jX_C\dot{I} \tag{4-23}$$

在相量式（4-22）和式（4-23）中电容元件的电压与电流之间的大小关系和相量关系也都同时体现出来了。$-j=\angle-90°$，意味着电压相量 $\dot{U}_C$ 要在电流相量 $\dot{I}$ 的基础上，向顺时针方向转 90°。

上述电容电路的波形图、相量图如图 4-9b、c 所示，图中清楚地表明，电容上电流与电压的相位关系是电流超前电容电压 90°。

【例 4-4】 在图 4-10 中，已知 $i_S=10\sqrt{2}\sin\omega t$，$u_S=220\sqrt{2}\sin\omega t$，频率为 50Hz，电感为 318.5mH，电容为 15.923μF，电阻为 100Ω。试求：

（1）图 4-10a 中各元件上的电压与电源电压。

（2）图 4-10b 中各元件上的电流与电源电流。

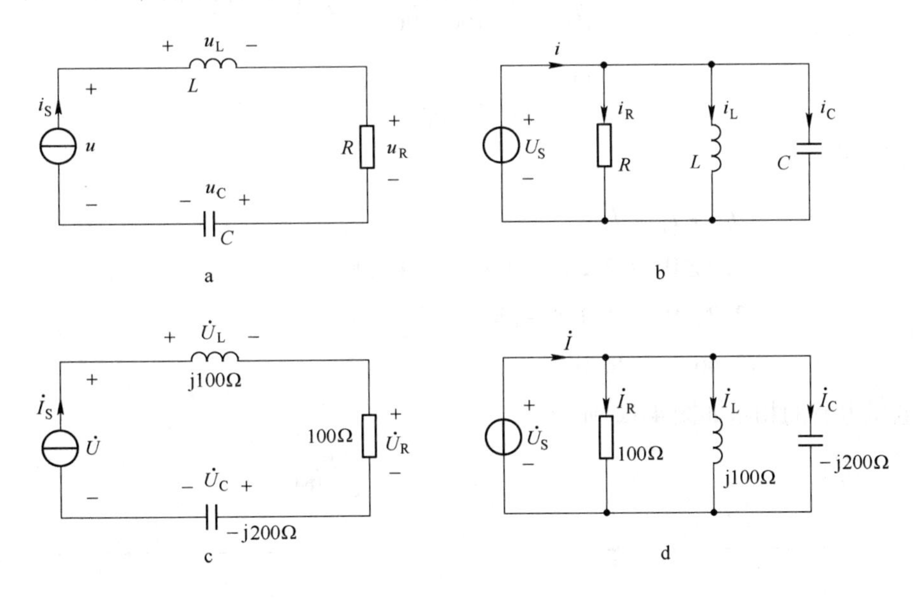

图 4-10　例 4-4 图

解： 由 $f=50$Hz，得 $\omega=314$rad/s，可求得电感抗和电容抗分别是

$$X_L=\omega L=314\times318.5\times10^{-3}=100\Omega$$

$$X_C=\frac{1}{\omega C}=\frac{1}{314\times15.923\times10^{-6}}=200\Omega$$

两电源的相量式为

$$\dot{I}_S=10\angle0°$$

$$\dot{U}_S = 220\angle 0°$$

（1）在图 4-10a 串联电路中

$$\dot{U}_L = jX_L\dot{I}_S = 10\angle 0° \times j100 = 1000\angle 90°V$$

$$\dot{U}_R = R\dot{I}_S = 100 \times 10\angle 0° = 1000\angle 0°V$$

$$\dot{U}_C = -jX_c\dot{I}_S = -j200 \times 10\angle 0° = 2000\angle -90°V$$

由 KVL 得电源端电压

$$\begin{aligned}\dot{U} &= \dot{U}_L + \dot{U}_R + \dot{U}_C \\ &= 1000\angle 90° + 1000\angle 0° + 2000\angle -90° \\ &= 1000\angle 0° + 1000\angle -90° \\ &= 1414\angle -45°\end{aligned}$$

其电压电流的相量如图 4-11 所示。

（2）在图 4-10b 并联电路中

$$\dot{I}_R = \frac{\dot{U}_S}{R} = \frac{220\angle 0°}{100} = 2.2\angle 0°A$$

$$\dot{I}_L = \frac{\dot{U}_S}{jX_L} = \frac{220\angle 0°}{j100} = \frac{220\angle 0°}{100\angle 90°} = 2.2\angle -90°A$$

$$\dot{I}_C = \frac{\dot{U}_S}{-jX_L} = \frac{220\angle 0°}{-j200} = \frac{220\angle 0°}{200\angle -90°} = 1.1\angle 90°A$$

由 KCL 得

$$\begin{aligned}\dot{I} &= \dot{I}_R + \dot{I}_L + \dot{I}_C \\ &= 2.2\angle 0° + 2.2\angle -90° + 1.1\angle 90° \\ &= 2.2\angle 0° + 1.1\angle -90° \\ &= 2.46\angle -26.6°\end{aligned}$$

其电压电流的相量如图 4-12 所示。

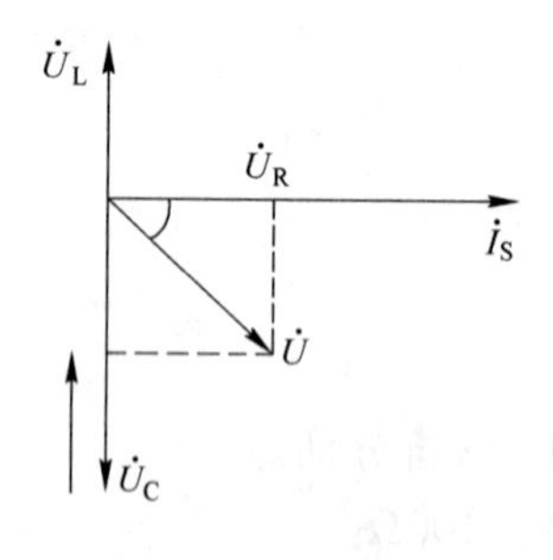

图 4-11　图 4-10a 的相量

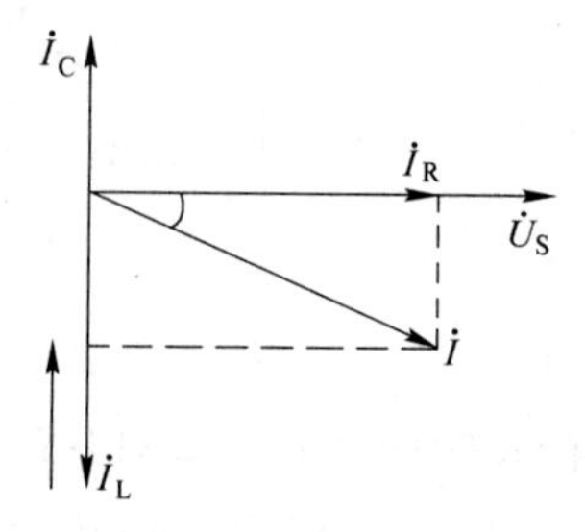

图 4-12　图 4-10b 的相量

4.4　正弦电路的功率形式

正弦电路的功率是电阻、电感和电容这三种基本元件上的功率合成，因而比直流稳态电路的功率要复杂得多，在形式上就有有功功率、无功功率和视在功率三种。本节中我们以单一元件在正弦电路中出现的功率现象入手，来分析正弦电路的各种功率形式。

4.4.1 电阻元件的有功功率

如图4-13a 所示单一电阻电路，设流经电流为正弦量 $i(t) = I_m\sin\omega t$ 时，关联方向下的端电压与电流同相 $u_R(t) = U_{Rm}\sin\omega t$。则交变电流下的瞬时功率为

$$p_R = u_R(t)i(t) = U_{Rm}\sin\omega t I_m\sin\omega t$$

$$p_R = U_{Rm}I_m\sin^2\omega t = \frac{1}{2}U_{Rm}I_m(1 - \cos2\omega t)$$

$$= U_RI - U_RI\cos2\omega t \tag{4-24}$$

可见，电阻上瞬时功率由于各个时刻的电压和电流是变化的，故吸收功率的大小在不同时刻也不相同。上式还说明，电阻上的功率由两部分组成，第一部分是常数项，也就是电阻上的功率在一个周期内的平均值，是恒定的分量 $P = UI$，它代表了电阻上所消耗功率的大小；第二部分是二倍频的变动分量，它代表了电阻上功率的变化情况。由于瞬时功率总是大于零，说明电阻总是在消耗电能。如图 4-13b 所示。

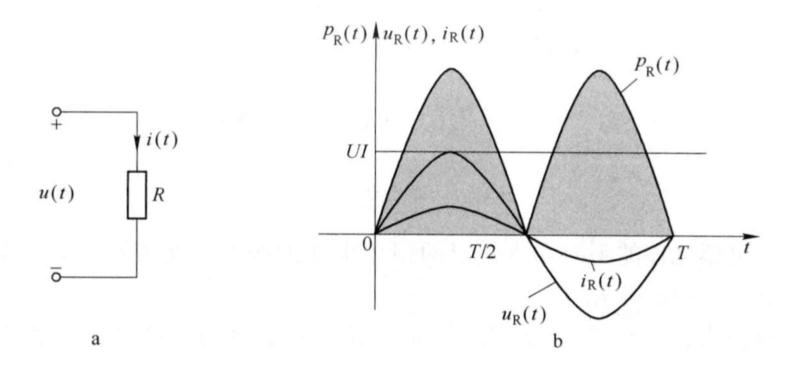

图 4-13 电阻的功率

电阻上的平均功率也叫有功功率，它意味着电阻靠吸取电源的功率做功，并转变为热能或机械能等形式。

电阻元件的平均功率计算关系为

$$P = U_RI = I^2R = \frac{U^2}{R} \tag{4-25}$$

从有功功率关系可以看到，对于电阻元件来说，平均功率的计算公式与直流电路相似。

4.4.2 电感元件的无功功率

如图 4-14a 所示的单一电感电路，设流过电感元件的电流为

$$i_L(t) = \sqrt{2}I_L\sin\omega t \quad \text{A}$$

时，在关联参考方向下，其电感的端电压为超前电流 90°的正弦量。即

$$u_L(t) = \sqrt{2}I_L X_L \sin\left(\omega t + \frac{\pi}{2}\right) \quad \text{V}$$

$$= \sqrt{2}U_L \sin\left(\omega t + \frac{\pi}{2}\right) \quad \text{V}$$

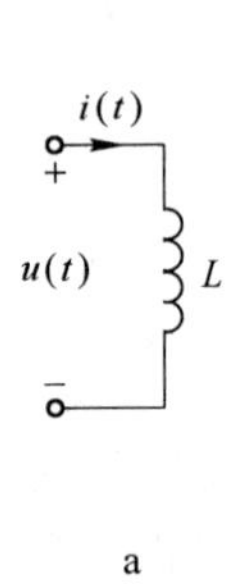

a

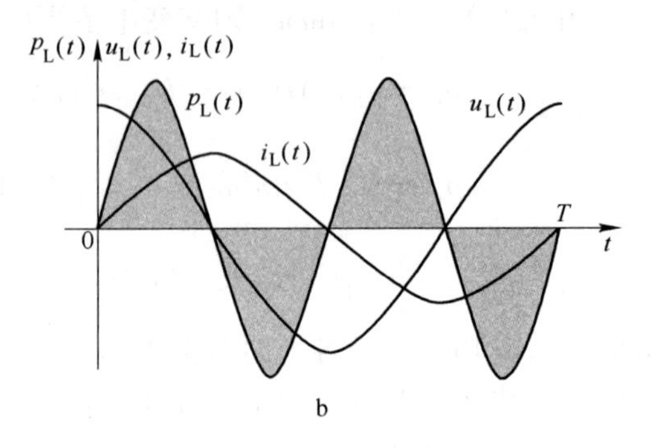

b

图 4-14　电感上的功率

则有交变电流下的瞬时功率为

$$p_L(t) = u_L(t) \times i_L(t)$$

$$= 2U_L I_L \sin\left(\omega t + \frac{\pi}{2}\right)\sin\omega t$$

$$= U_L I_L \sin 2\omega t \tag{4-26}$$

上式表明，电感元件的瞬时功率是以两倍于电压的频率变化的；且 $p_L(t)$的值有正有负，其波形图如图 4-14b 所示。

从图上看出，当 $u_L(t)$、$i_L(t)$ 都为正值时或都为负值时，$p_L(t)$ 为正，说明此时电感吸收电能并转化为磁场能量储存起来；反之，当 $u_L(t)$、$i_L(t)$ 一个正值另一个为负值时，$p_L(t)$ 为负，此时电感元件向外释放能量。$p_L(t)$ 的值正负交替，说明电感元件与外电路不断地进行着能量的交换。

电感消耗的平均功率为：

$$P_L = \frac{1}{T}\int_0^T p_L(t)\,dt = \frac{1}{T}\int_0^T U_L I_L \sin 2\omega t\,dt = 0$$

电感消耗的平均功率为零，说明**电感元件不消耗功率，只是与外界交换能量**。像电感元件这样不消耗电源的能量，而只是**不断地与电源之间交换的功率我们称之为无功功率，**为了和电容的无功功率区别开来，也叫电感无功。

电感无功的计量是电感元件与电源之间交换功率的规模，即 $p_L = U_L I_L \sin 2\omega t$ 中的最大值，通常用大写字母 Q_L 表示，即

$$Q_L = U_L I_L \tag{4-27}$$

无功功率的单位为 Var，称为“乏尔”。

4.4.3 电容元件的无功功率

设流过图 4-15a 所示电容元件的电流为初相为零的正弦量

$$i_C(t) = \sqrt{2}I_C\sin\omega t \text{ A}$$

在关联参考方向下的电压为滞后电流 90°的正弦量

$$u_C(t) = \sqrt{2}I_C X_C\sin\left(\omega t - \frac{\pi}{2}\right) \text{ V}$$
$$= \sqrt{2}U_C\sin\left(\omega t - \frac{\pi}{2}\right) \text{ V}$$

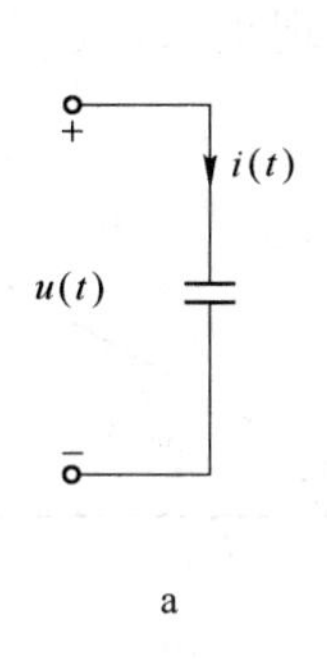

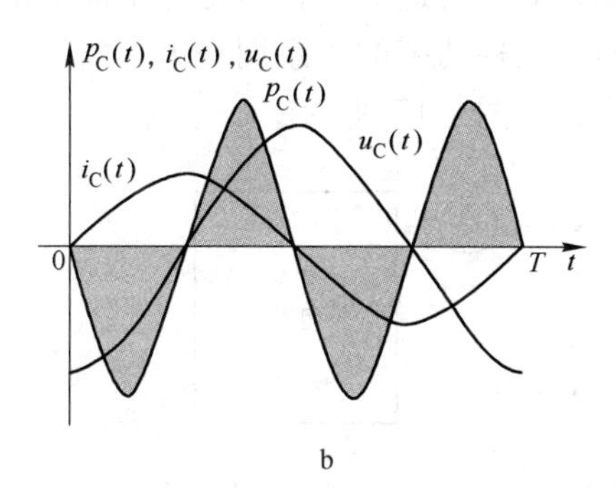

图 4-15 电容上的功率

电容元件上的瞬时功率为

$$p_C(t) = u_C(t)i_C(t) = 2U_C I_C\sin\left(\omega t - \frac{\pi}{2}\right)\sin\omega t$$
$$= -U_C I_C\sin 2\omega t \tag{4-28}$$

电压、电流和功率的波形如图 4-15b 所示。

从式（4-17）和波形图上均可以明显看出，电容元件的瞬时功率仍是以两倍于电压的频率变化的，且 $p_C(t)$ 的值同样有正有负，$p_C(t)$ 值的正负交替，说明电容元件与外电路在不断地进行着能量的交换。

电容消耗的平均功率为：

$$P_C = \frac{1}{T}\int_0^T p_C(t)\mathrm{d}t = \frac{1}{T}\int_0^T(-U_C I_C\sin 2\omega t)\mathrm{d}t = 0$$

电容消耗的平均功率为零，说明电容元件像电感元件一样也不消耗功率，只是与外界交换能量。**电容上的功率是在电容器存储的电场能量与电源之间不断地交换的无功功率，**为了和电感无功功率区别开来，也叫电容无功。

电容无功的计量是电容与电源之间交换功率的规模，即

$$Q_C = U_C I_C \tag{4-29}$$

细心的读者通过表达式和波形图会发现，同样是无功功率，电感无功和电容无功出现正负值的时间恰好是相反的，这就意味着如果电感元件和电容元件同时存在于电路中时，二者之间的无功功率可以互补，从而减少占用电源的功率。

4.4.4　正弦电路的视在功率与功率因数

任意正弦交流电路中，**电流有效值和端电压有效值的乘积叫做视在功率**，在图 4-16 所示的电路中，交流电压表和交流电流表上实际测量得到的数值的乘积就是视在功率，即

$$S = UI \tag{4-30}$$

视在功率通常用大写字母 S 表示，其单位为 VA，称为“伏安”。

视在功率是交流电路中有功功率与无功功率的“复数和”，故此有人也称为“复功率”，有功功率是其实部，无功功率是其虚部。“视在”的意思是，交流电路中的总占用功率，好像看起来应该有这么大，但是并不能全部用来做功，有相当一部分无功功率是我们所使用不到的。三种功率的关系用一个三角形可以很好地体现出来，这个三角形我们称之为功率三角形，如图 4-17 所示。

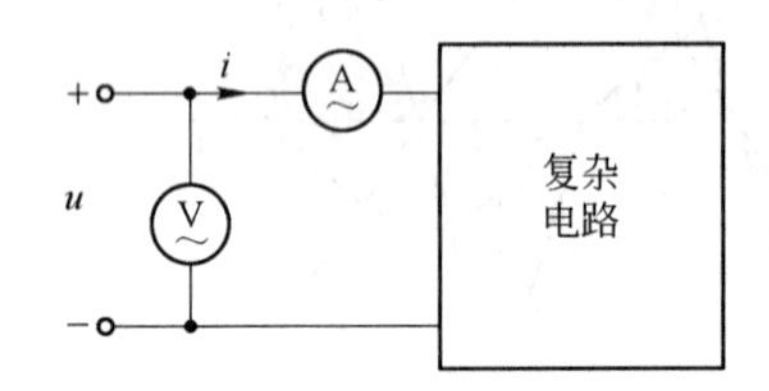

图 4-16　正弦电路的视在功率

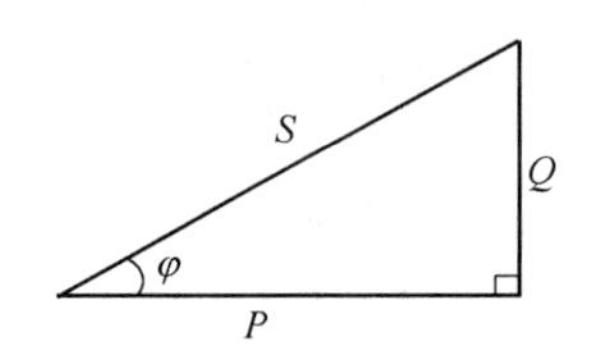

图 4-17　功率三角形

用复数关系表示，有

$$S = P + \mathrm{j}Q = P + \mathrm{j}(Q_{\mathrm{L}} - Q_{\mathrm{C}}) \tag{4-31}$$

利用三角函数关系，有

$$P = S\cos\varphi = UI\cos\varphi \tag{4-32}$$

$$Q = S\sin\varphi = UI\sin\varphi \tag{4-33}$$

$$\cos\varphi = \frac{P}{S} \tag{4-34}$$

对于 $\cos\varphi$，我们称其为功率因数，显然它代表着电路所有占用功率 S 中，能够用来做功的有功功率 P 的比例。功率因数越大（接近 1）越好，$\cos\varphi = 1$ 时，电网不会去做无功功率，而功率因数小时，无功功率就大，在输送同样的有功功率条件下电网的供电电流会很大，无功功率虽不消耗电网的能量，但影响着电网供电电流的大小，使电源的设备利用不充分，并增加了实际输电线路的损耗，浪费了电能。

实际工作中无论是生产用电或家庭用电，大多数的设备都是呈电感性质的，功率因数较低，往往采用并联电容器的办法来提高电路的功率因数。

【例 4-5】 在图 4-18 所示电路中，N 为无源二端网络，已知 $u(t) = 20\sin(\omega t + 45°)$ V，$i(t) = 2\sin(\omega t - 15°)$ A。求网络 N 的平均功率 P_{N}、无功功率 Q_{N} 和视在功率 S_{N}。

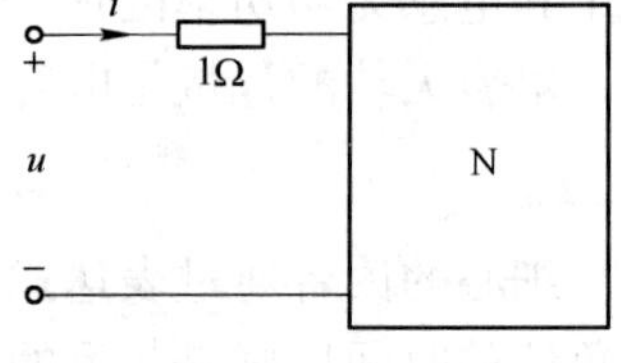

图 4-18　例 4-5 图

解：写出已知电压和电流的相量形式为

$$\dot{U} = 10\sqrt{2}\angle 45°$$

$$\dot{I} = \sqrt{2}\angle -15°$$

相位差 $\varphi = 45° - (-15°) = 60°$

则电路端口功率为

$$S = UI = 10\sqrt{2} \times \sqrt{2} = 20\text{VA}$$

$$P = S\cos\varphi = 20 \times 0.5 = 10\text{W}$$

网络功率就是端口功率减去网外电阻的功率。

$$P_R = I^2R = 2 \times 1 = 2\text{W}$$

$$P_N = P - P_R = 10 - 2 = 8\text{W}$$

$$Q_N = Q = S\sin\varphi = 20 \times 0.866 = 17.3\text{Var}$$

$$S_N = \sqrt{P_N^2 + Q_N^2} = \sqrt{8^2 + 17.3^2} = 19\text{VA}$$

4.5 正弦稳态串联与并联电路

分析正弦串联与并联电路时，只有采用相量法才简便。

我们已经知道了单一元件的相量形式，将它们的相量模型串联起来，就构成串联电路的相量模型，同样将它们并联起来，就构成了并联电路的相量模型。相量同时体现了正弦量的大小和初相两个要素，并且在同一个电路中的频率是相同的，虽然各个正弦量随着时间不断地变化，但是它们的相对关系是不会变化的，也就是说 KCL 和 KVL 在相量模型中完全适用，并且建立在 KCL、KVL 基础上得出的直流电路的各种定律和方法在正弦电路的相量模型上也是完全适用的。

4.5.1 正弦串联电路与复阻抗

4.5.1.1 电流电压关系

如图 4-19 所示的电路，R、L、C 三种元件构成了典型的正弦串联电路。流过各元件的电流都为 $i(t)$，各元件上电压分别为 $u_R(t)$、$u_L(t)$、$u_C(t)$，端口电压为 $u(t)$。

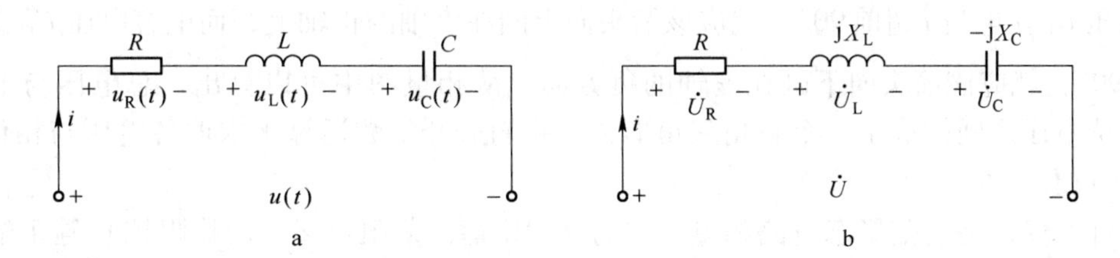

图 4-19 正弦串联电路

由 KVL 关系可知：

$$u = u_R + u_L + u_C$$

将各元件用相量模型替代，可得如图 4-19b 所示的相量模型电路图，上述关系的相量形式为

$$\dot{U} = \dot{U}_R + \dot{U}_L + \dot{U}_C$$

$$= \dot{I}R + \mathrm{j}\dot{I}X_L - \mathrm{j}\dot{I}X_C$$

$$= \dot{I}(R + \mathrm{j}X_L - \mathrm{j}X_C) \tag{4-35}$$

令

$$Z = R + \mathrm{j}(X_L - X_C) \tag{4-36}$$

Z 为复数阻抗，意为正弦电路对于电流的总阻碍。

由此可得

$$\dot{U} = \dot{I}Z \tag{4-37}$$

于是图 4-19b 所示的相量模型电路图等效于图 4-20a 所示的相量模型电路图，公式（4-35）的电压关系相量图如图 4-20b 所示。

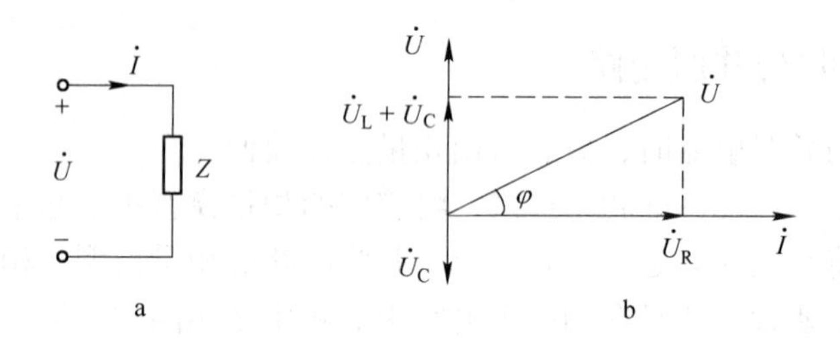

图 4-20　串联阻抗与电压相量

相量图对于帮助我们求解正弦电路有直观形象的作用，特别是对于复数运算能力较差的读者可以借助相量图中边与角的关系利用三角函数来进行求解。如何正确地画出相量图是关键。

在画相量图时首先要选择一个参考相量，串联电路电流处处相等，电流相量 $\dot{I}$ 就应该作为参考相量，当参考相量的相角为零时，相量 $\dot{I} = I\angle 0°$ 画在水平线上，就是要与复平面的实轴 x 相重，电阻上的电压 $\dot{U}_R$ 的相角与电流 $\dot{I}$ 相同，也应该画在水平 x 轴上，而电感上的电压 $\dot{U}_L$ 比电流 $\dot{I}$ 超前 90°，就应该箭头向上画在虚轴的正轴上，而电容电压 $\dot{U}_C$ 比电流 $\dot{I}$ 滞后 90°，就应该箭头向下画在虚轴的负方向。从相量图中可以算出，总电压与电阻电压、电抗电压之间构成了一个直角三角形，为我们避开复数运算来求取各电压与相位角 φ 提供了方便。

式（4-37）是正弦稳态电路相量形式的欧姆定律。复阻抗 Z（简称阻抗）等于端口电压相量与端口电流相量之比，也等于网络中电阻与电抗的复数和，由于电感抗和电容抗都是与频率相关的，故此复阻抗也与频率相关，当我们所分析电路的频率一定时，阻抗 Z 是一个复常数，可表示为指数形式或代数形式，即：

$$Z = \frac{\dot{U}}{\dot{I}} = z \cdot \mathrm{e}^{\mathrm{j}\varphi} = R + \mathrm{j}(X_L - X_C)$$

$$|Z| = \frac{U}{I} = \sqrt{R^2 + X^2} \tag{4-38}$$

式中，$|Z|$ 称为阻抗的模，其中 $X = X_L - X_C$ 称为电抗，电抗和阻抗的单位都是欧姆。φ 称

为阻抗角，也是上节中讲到的功率因数角，它是电压与电流的相位差，即

$$\varphi = \varphi_u - \varphi_i = \arctan\frac{X}{R} = \arctan\frac{X_L - X_C}{R} \tag{4-39}$$

把图4-20电压相量图构成三角形的各边除以电流就得到了阻抗三角形，复数阻抗的相关运算关系式（4-38）和式（4-39）都在这个三角形中很好地体现出来了，如图4-21所示。

记住阻抗三角形的图形关系，也就记住了阻抗意义和电阻、电抗、阻抗角等参数之间的运算关系，不必去背阻抗公式，为分析计算正弦电路的问题打好基础。

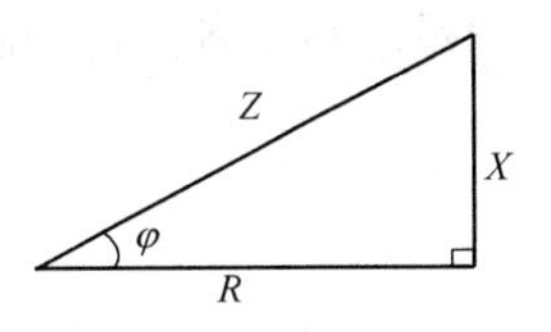

图4-21　阻抗三角形

【例4-6】　在图4-19电路中，若 $R=990\Omega$，$L=100\text{mH}$，$C=10\mu\text{F}$ 时，（1）分别求取当角频率 $\omega=10^2\text{rad/s}$，$\omega=10^4\text{rad/s}$ 时电路两端的等效阻抗，并说明各种情况的阻抗性质；（2）当端电压 $u(t)=140\sqrt{2}\sin(100t+75°)\text{V}$ 时，分别求取各元件两端的电压解析式。

解：（1）由于阻抗与频率有关 $Z = R + \text{j}(X_L - X_C) = R + \text{j}\omega L - \text{j}\dfrac{1}{\omega C}$

当 $\omega=10^2\text{rad/s}$ 时，

$$Z = 990 + \text{j}10^2\times100\times10^{-3} - \text{j}\frac{1}{10^2\times10\times10^{-6}}$$

$$= 990 - \text{j}990 = 990\sqrt{2}\angle -45°\Omega$$

此时阻抗呈容性。

当 $\omega=10^3\text{rad/s}$ 时，

$$Z = 990 + \text{j}10^3\times100\times10^{-3} - \text{j}\frac{1}{10^3\times10\times10^{-6}}$$

$$= 990\Omega$$

此时阻抗呈阻性，电路进入谐振状态。

当 $\omega=10^4\text{rad/s}$ 时，

$$Z = 990 + \text{j}10^4\times100\times10^{-3} - \text{j}\frac{1}{10^4\times10\times10^{-6}}$$

$$= 990 + \text{j}990 = 990\sqrt{2}\angle 45°\Omega$$

此时阻抗呈感性。

（2）写出端电压的相量式为 $\dot{U} = 140\angle75°\ \text{V}$

而 $\omega=100\text{rad/s}$ 时已经求出 $Z = 990\sqrt{2}\angle -45°$，故可得

$$\dot{I} = \frac{\dot{U}}{Z} = \frac{140\angle75°}{990\sqrt{2}\angle -45°} = 0.1\angle120°\ \text{A}$$

于是有

$$\dot{U}_R = R\dot{I} = 990\times0.1\angle120° = 99\angle120°\ \text{V}$$

$$\dot{U}_{\mathrm{L}} = \mathrm{j}\omega L\dot{I} = \mathrm{j}100 \times 100 \times 10^{-3} \times 0.1\angle 120^\circ = 1\angle -150^\circ \mathrm{~V}$$

$$\dot{U}_{\mathrm{C}} = -\mathrm{j}\frac{1}{\omega C}\dot{I} = \frac{-\mathrm{j}}{100 \times 10 \times 10^{-6}} \times 0.1\angle 120^\circ = 100\angle 30^\circ \mathrm{~V}$$

对应写出各元件的解析式为

$$u_{\mathrm{R}}(t) = 99\sqrt{2}\sin(100t + 120^\circ) \mathrm{~V}$$

$$u_{\mathrm{L}}(t) = \sqrt{2}\sin(100t - 150^\circ) \mathrm{~V}$$

$$u_{\mathrm{C}}(t) = 100\sqrt{2}\sin(100t + 30^\circ) \mathrm{~V}$$

4.5.1.2　功率关系

正弦电路的绝大多数情况是电感性质的，电路呈现感性时，电压超前于电流 φ 角，如图 4-20 所示，电流、电压的瞬时值为

$$i(t) = \sqrt{2}I\sin\omega t \mathrm{~A}$$

$$u(t) = \sqrt{2}U\sin(\omega t + \varphi) \mathrm{~V}$$

则二端电路的瞬时功率为：

$$\begin{aligned} p(t) &= u(t)i(t) = \sqrt{2}U\sin(\omega t + \varphi) \times \sqrt{2}I\sin\omega t \\ &= UI[\cos\varphi_{\mathrm{u}} - \cos(2\omega t + \varphi)] \\ &= UI\cos\varphi_{\mathrm{u}} - UI\cos(2\omega t + \varphi) \end{aligned}$$

上式表明，二端电路的瞬时功率由两部分组成，第一项为常量，第二项是两倍于电压角频率而变化的正弦量。瞬时功率如图 4-22 所示。

从图 4-22 看出，$u(t)$ 或 $i(t)$ 为零时，$p(t)$ 为零；当二者同号时，$p(t)$ 为正，电路吸收功率；二者异号时，$p(t)$ 为负，电路放出功率，图上阴影面积说明，一个周期内电路吸收的能量比释放的能量多，说明电路有能量的消耗。

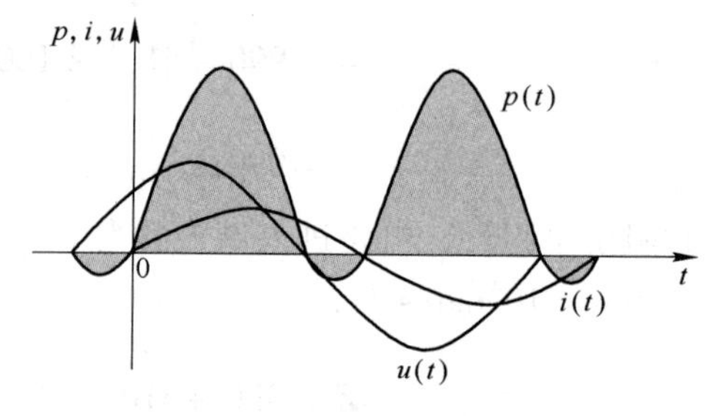

图 4-22　一般正弦电路的电流、电压与瞬时功率波形

在相量模型电路中的关系为

$$\dot{U} = U\angle\varphi$$

$$\dot{I} = I\angle 0^\circ$$

功率与功率因数的计算应用 4.4 节的知识，即

$$\left.\begin{aligned} P &= UI\cos\varphi \\ Q &= UI\sin\varphi \\ S &= UI \end{aligned}\right\}$$

而

$$\cos\varphi = \frac{P}{S} = \frac{R}{Z}$$

显然，功率关系只要记住前面所讲的功率三角形，问题也就迎刃而解了。

4.5.1.3 串联谐振概念

在信号处理电路中许多时候要求电路工作于谐振状态，以获取最强的信号，而在电力传输电路中，一旦发生串联谐振时，往往会使电感元件或电容元件上出现危险的高压，造成电器设备的损坏。我们有必要了解什么是谐振？谐振时有些什么现象发生？

我们把同时含有 R、L、C 三种元件的电路，当出现总电压与总电流同相位，电路呈现纯电阻性质的现象时，称为电路发生了谐振。如例 4-6 中，当 $\omega = 10^3$ rad/s 时电路就发生谐振。谐振分为串联谐振和并联谐振两种，这里介绍串联谐振的主要性质与特点。

（1）串联谐振的条件：在 R、L、C 串联电路中，当 $X_L = X_C$ 时，两种储能元件的作用相互抵消，即电路呈现为纯电阻性质，电路中的电压与电流同相位，电路进入谐振状态。故此谐振条件为：

$$X_L = X_C$$

（2）谐振频率：由谐振条件知 $X_L = X_C \Rightarrow \omega L = \dfrac{1}{\omega C} \Rightarrow \omega^2 = \dfrac{1}{LC}$ 故此发生谐振的频率为

$$f_0 = \frac{1}{2\pi\sqrt{LC}} \tag{4-40}$$

式中，f_0 也称为特征频率，显然它只与电路自身的参数 L、C 有关。

（3）电路发生谐振有两种可能的途径：一是电路参数 L、C 不变，调节信号源的频率产生谐振，如手机接收信号；二是改变电路参数 L、C，使特征频率与信号源频率相等产生谐振，如收音机接收信号。

（4）串联谐振的特点：

1）串联谐振时电流与总电压同相位；

2）串联谐振时电路的总阻抗最小且呈阻性；

3）串联谐振时电流最大；

4）串联谐振时电感上电压与电容上电压大小相等，相位相反，且等于总电压的 Q 倍。

$$Q = \frac{X_L}{R} = \frac{X_C}{R} \tag{4-41}$$

$$U_{L0} = U_{C0} = QU \tag{4-42}$$

Q 称为谐振电路的品质因数，在信号处理电路中，Q 反映了接收信号的质量。其大小一般设置为数十到数百。

并联电路发生谐振的频率条件与串联电路基本相同，不同的是并联谐振时总阻抗最大而总电流最小，但电感电流与电容电流最大，是总电流的 Q 倍。

4.5.2 正弦并联电路

并联电路的分析也应该在相量模型下进行，对于由 R、L、C 三元件构成的并联电路，其相量模型图如图 4-23a 所示，如前所述，直流电路各种分析方法在相量模型的并联电路中是完全可行的。

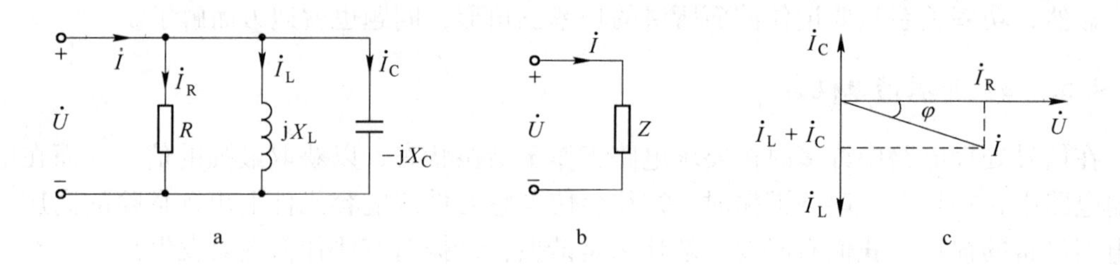

图 4-23　正弦并联电路

根据 KCL，得到：

$$\dot{I}=\dot{I}_R+\dot{I}_L+\dot{I}_C \tag{4-43}$$

而各支路电流可由并联电路电压相等的关系得到

$$\dot{I}_R=\frac{\dot{U}}{R}\qquad \dot{I}_L=\frac{\dot{U}}{jX_L}\qquad \dot{I}_C=\frac{\dot{U}}{-jX_C}$$

由总电流和端电压可得电路的等效阻抗

$$Z=\frac{\dot{U}}{\dot{I}}$$

这里必须注意的是，不能像串联电路求取阻抗那样直接由电阻和电抗的值利用勾股定律来求出阻抗值，而只能按照并联阻抗的倒数等于各支路阻抗的倒数和的关系来求取，这样显然会遇到较繁的复数运算。常用的方法是先求各支路电流，按式（4-43）求出总电流后再求阻抗 Z。

并联电路的相量图画法是：并联电路电压处处相等，电压相量 $\dot{U}$ 就应该作为参考相量，当参考相量的相角为零时，画在水平线上与复平面的实轴 x 相重，电阻上的电流 $\dot{I}_R$ 的相角与电压相同，也应该画在水平 x 轴上，而电感上的电流 $\dot{I}_L$ 比电压 $\dot{U}$ 滞后 90°，就应该箭头向下画在虚轴的负轴上，而电容电流 $\dot{I}_C$ 比电压 $\dot{U}$ 超前 90°，就应该箭头向上画在虚轴的正方向。在相量图上的相量求和关系可以看出，总电流与电阻电流，电抗电流的关系也成为一个直角三角形。

图 4-23c 为正弦并联电路电感性质时的相量图

【例 4-7】 在图 4-23a 所示电路中，$R=100\Omega$，$C=31.83\mu F$，$L=0.637H$，电压有效值为 100V，频率 50Hz，试分别用相量法和有效值法求取：（1）电容电流 i_C；（2）总电流 i；（3）总阻抗 Z 并说明是呈容性还是感性；（4）平均功率 P。

解：

由已知条件可先求出电感抗和电容抗。

$$X_L=\omega L=2\pi fL=2\pi\times 50\times 0.637=200\Omega$$

$$X_C=\frac{1}{\omega C}=\frac{1}{2\pi fC}=\frac{1}{2\pi\times 5031.83\times 10^{-6}}=100\Omega$$

方法一：相量法。

写出电压相量为： $\dot{U} = 100\angle 0°\ \text{V}$

各支路电流： $\dot{I}_{\text{R}} = \dfrac{\dot{U}}{R} = \dfrac{100\angle 0°}{100} = 1\angle 0°\ \text{A}$

$$\dot{I}_{\text{L}} = \frac{\dot{U}}{\text{j}X_{\text{L}}} = \frac{100\angle 0°}{200\angle 90°} = 0.5\angle -90°\ \text{A}$$

$$\dot{I}_{\text{C}} = \frac{\dot{U}}{-\text{j}X_{\text{C}}} = \frac{100\angle 0°}{100\angle -90°} = 1\angle 90°\ \text{A}$$

由此画出相量图如图 4-24 所示。

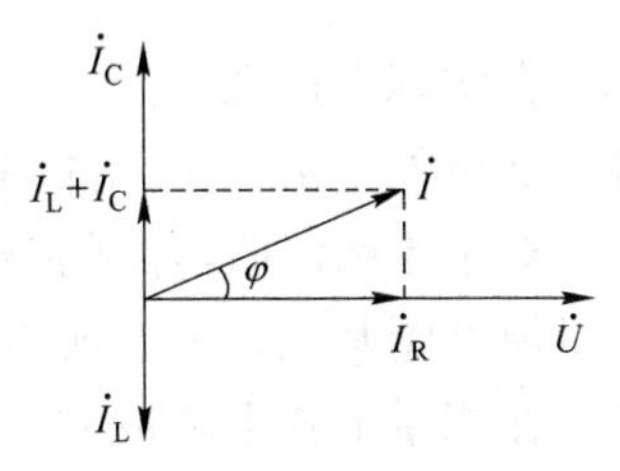

图 4-24 例 4-7 的相量图

(1) 写出电容电流的解析式为

$$i_{\text{C}}(t) = \sqrt{2}\sin(\omega t + 90°)\ \text{A}$$

(2) 总电流的有效值为 $I = \sqrt{(1-0.5)^2 + 1^2} = 1.12\ \text{A}$

总电流超前电压的相位角也就是总电流的初相为

$$\varphi_i = \arctan\frac{0.5}{1} = 26.6°$$

由此可得电流相量式为 $\dot{I} = 1.12\angle 0°\ \text{A}$

总电流的解析式为 $i(t) = 1.12\sqrt{2}\sin(\omega t + 26.6°)\ \text{A}$

(3) 总阻抗为 $Z = \dfrac{\dot{U}}{\dot{I}} = \dfrac{100\angle 0°}{1.12\angle 26.6°} = 89.29\angle -26.6°\ \Omega$

电流超前电压，总阻抗呈现容性。

(4) 求平均功率 $P = UI\cos\varphi = 100 \times 1.12 \times \cos(-26.6°) = 100\text{W}$

方法二：有效值法。

先求取各支路电流的有效值

$$I_{\text{R}} = \frac{U}{R} = \frac{100}{100} = 1\text{A}$$

$$I_{\text{L}} = \frac{U}{X_{\text{L}}} = \frac{100}{200} = 0.5\text{A}$$

$$I_{\text{C}} = \frac{U}{X_{\text{C}}} = \frac{100}{100} = 1\text{A}$$

必须注意各电流与端电压的相位关系，也就是相量图要同时画出。

(1) 按照电容电流超前电压 90°的关系写出解析式为

$$i_{\text{C}}(t) = \sqrt{2}\sin(\omega t + 90°)\ \text{A}$$

(2) 从相量图的三角形关系得

$$I = \sqrt{(1-0.5)^2 + 1^2} = 1.12\text{A}$$

$$\varphi_i = \arctan\frac{0.5}{1} = 26.6°$$

由此可得总电流的解析式为

$$i(t) = 1.12\sqrt{2}\sin(\omega t + 26.6°)\ \mathrm{A}$$

（3）
$$|Z| = \frac{U}{I} = \frac{100}{1.12} = 89.29$$

注意到电流是超前于电压的事实，总阻抗呈现容性，故此阻抗角是负值。

$$Z = |z|\angle\varphi = 89.29\angle -26.6°$$

（4）平均功率 $P = UI\cos\varphi = 100 \times 1.12 \times \cos(-26.6°) = 100\mathrm{W}$

4.6 正弦混联电路的分析

在实际生产和生活中，电器都是并联在交流电源上工作的，而就某个具体的电器来说，又可能是由几个元件串联而成的，所以说正弦混联电路具有实际运用意义。

对于正弦混联电路的分析，仍可以沿用直流电路的分析方法，但是也同样必须建立在相量模型图基础之上，所有的电流电压关系和阻抗关系都只有在相量形式上才成立。故此应该首先画出相量模型图后，运用分流法、分压法、节点电位法、网孔法等进行分析。

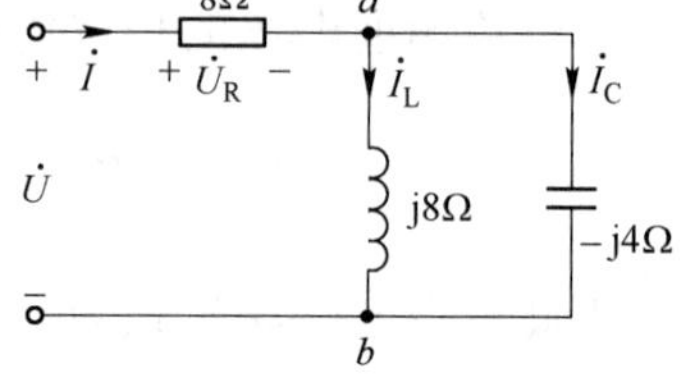

图 4-25 例 4-8 电路图

【例 4-8】 已知图 4-25 电路中 $\dot{I}_C = 2\sqrt{2}\angle 45°\mathrm{A}$，求端电压 $\dot{U}$。

解： 由电容元件的 VCR 得

$$\dot{U}_{ab} = (-j4)\dot{I}_C = -j4 \times 2\sqrt{2}\angle 45° = 8\sqrt{2}\angle -45°$$

于是电感上电流

$$\dot{I}_L = \frac{\dot{U}_{ab}}{j8} = \frac{8\sqrt{2}\angle -45°}{j8} = \sqrt{2}\angle -135°\mathrm{A}$$

由 KCL 得总电流

$$\dot{I} = \dot{I}_L + \dot{I}_C = \sqrt{2}\angle -135° + 2\sqrt{2}\angle 45°$$
$$= -1 - j1 + 2 + j2 = \sqrt{2}\angle 45°\mathrm{A}$$

电阻电压

$$\dot{U}_R = R\dot{I} = 8\sqrt{2}\angle 45°$$

得端电压

$$\dot{U} = \dot{U}_R + \dot{U}_{ab} = 8\sqrt{2}\angle 45° + 8\sqrt{2}\angle -45° = 16\angle 0°$$

【例 4-9】 如图 4-26 所示正弦稳态电路中，已知 $i = 5\sqrt{2}\cos 10^3 t\mathrm{A}$，求电路的消耗功率 P。

解： 由 $i = 5\sqrt{2}\cos 10^3 t$ 可知 $\omega = 10^3\mathrm{rad/s}$，于是有

$$X_1 = \omega L = 10^3 \times 0.05 = 50\Omega$$

$$X_C = \frac{1}{\omega C} = \frac{1}{10^3 \times 100 \times 10^{-6}} = 10\Omega$$

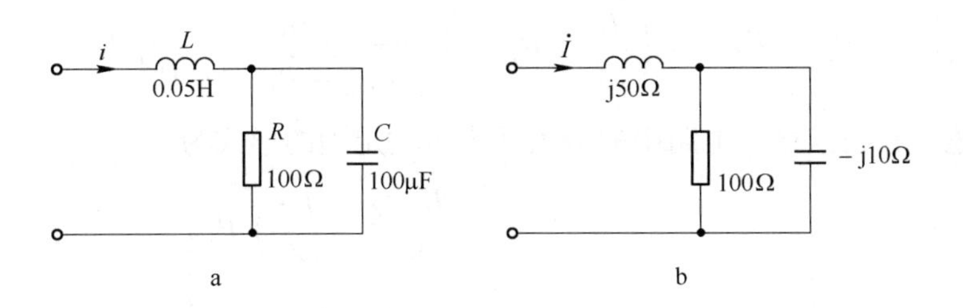

图 4-26　例 4-9 电路图与相量模型图

由此画出相量模型如图 4-26b 所示。

由图 4-26 可知，电路的总阻抗关系为：

$$Z = \mathrm{j}X_1 + R /\!/ -\mathrm{j}X_C = \mathrm{j}50 + \frac{100 \times (-\mathrm{j}10)}{100 + (-\mathrm{j}10)}$$

显然求出此阻抗是较繁的复数运算，而本题要求电路消耗功率即有功功率，而有功功率只在电阻元件上产生，故求出电阻上流经的电流，算出电阻上消耗的功率也就是整个电路消耗的功率。

由分流公式可得

$$\dot{I}_R = \frac{-\mathrm{j}10}{100 + (-\mathrm{j}10)} \times \dot{I} = \frac{-\mathrm{j}1}{10 - \mathrm{j}1} \times 5\angle 0^\circ$$

$$= \frac{1\angle -90^\circ}{\sqrt{101}\angle\left(-\arctan\frac{1}{10}\right)} \times 5\angle 0^\circ$$

$$= \frac{5}{\sqrt{101}}\angle -84.3^\circ$$

电路消耗的平均功率为

$$P = I_R^2 R = \left(\frac{5}{\sqrt{101}}\right)^2 \times 100 = 24.75\mathrm{W}$$

交流电路中也存在负载上获得最大功率的条件，和求取电路最大功率的问题，这一类问题的求解过程是：

首先断开负载阻抗 Z_L，然后求取二端网络的开路电压和等效内阻抗 Z_0。

（1）若 $Z_0 = R_0 + \mathrm{j}X_0$，则当负载 $Z_L = R_L + \mathrm{j}X_L = R_0 - \mathrm{j}X_0$ 时，Z_L 与 Z_0 的虚部之和为零，变成了与直流电路完全相同的情况，$R_L = R_0$ 时，电路实现共轭匹配，负载上获得最大功率。

$$P_{\mathrm{Lmax}} = \frac{U_0^2}{4R_0}$$

（2）若纯电阻负载，$Z_L = R_L$ 时，R_L 与戴维南等效内阻 $Z_0 = R_0 + \mathrm{j}X_0$ 是串联关系，则电路中的总阻抗为：

$$Z = R_0 + \mathrm{j}X_L + R_L$$

$$Z = \sqrt{(R_0 + R_L)^2 + X_0^2}\angle\varphi = |Z|\angle\varphi$$

于是负载上的功率为：

$$P_L = I^2 R_L = \left(\frac{U_0}{|Z|}\right)^2 R_L = \left[\frac{U_0}{\sqrt{(R_0 + R_L)^2 + X_0^0}}\right]^2 R_L$$

综上所述，在正弦稳态电路中的最大功率传输定理的形式为

$$\left.\begin{array}{ll} Z_L = Z_0^* \text{ 时，} & P_{Lmax} = \dfrac{U_0^2}{4R_0} = \left(\dfrac{U_0}{|Z|}\right)^2 R_L \\ Z_L = R_L = \sqrt{R_0^2 + X_0^2} \text{ 时，} & P_{Lmax} = I_L^2 R_L \end{array}\right\} \tag{4-44}$$

【例 4-10】 电路的相量模型如图 4-27a 所示，已知 $\dot{I}_S = \sqrt{2}\angle 0°\text{A}$。问负载阻抗为何值时，能获得最大功率，最大功率是多少？

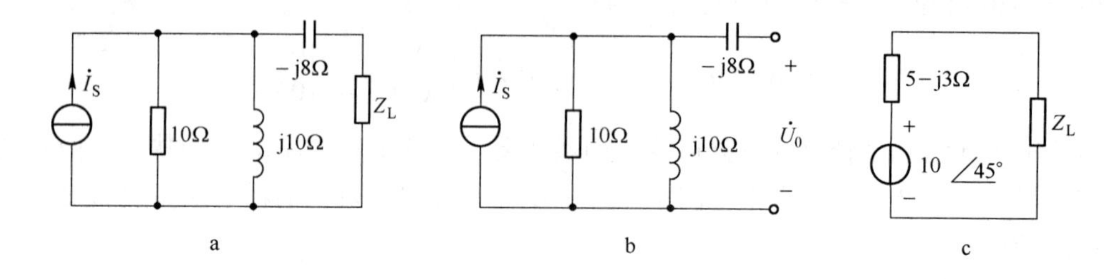

图 4-27　例 4-10 图

解： 正弦电路的最大功率问题与直流电路一样，要用戴维南等效法求取，必须先断开负载阻抗后，求出开路电压和等效内阻抗，如图 4-27b 所示。

$$\dot{U}_0 = \sqrt{2}\angle 0° \times (10 \,/\!/\, \text{j}10) = \frac{10\sqrt{2}\angle 90°}{\sqrt{2}\angle 45°} = 10\angle 45°$$

$$Z = -\text{j}8 + 10 \,/\!/\, \text{j}10 = -\text{j}8 + \frac{10 \times \text{j}10}{10 + \text{j}10}$$

$$= -\text{j}8 + \frac{10\angle 90°}{\sqrt{2}\angle 45°} = -\text{j}8 + 5\sqrt{2}\angle 45°$$

$$= -\text{j}8 + 5\sqrt{2}(\cos 45° + \text{j}\sin 45°) = 5 - \text{j}3\Omega$$

故此得戴维南等效电路如图 4-27c 所示。

当共轭匹配 $Z_L = Z_0^* = (5 - \text{j}3)^* = 5 + \text{j}3$ 时负载可以获得最大功率

$$P_{Lmax} = \frac{U_0^2}{4R_0} = \frac{10^2}{4 \times 5} = 5\text{W}$$

当负载为纯电阻时

$$Z_L = R_L = \sqrt{R_0^2 + X_0^2} = \sqrt{5^2 + 3^2} = 5.83\Omega$$

则回路中的总阻抗

$$|Z| = \sqrt{(5 + 5.83)^2 + 3^2} = 11.24\Omega$$

回路电流也就是负载电流

$$\dot{I}_L = \frac{10}{|Z|} = \frac{10}{11.24} = 0.89\text{A}$$

此时最大功率为

$$P_{\mathrm{Lmax}} = I_{\mathrm{L}}^2 R_{\mathrm{L}} = 0.89^2 \times 5.83 = 4.62\mathrm{W}$$

4.7 正弦电路分析方法举例

概括地讲，分析正弦稳态电路的基本依据就是“两套公式、两个图”。两套公式指正弦电路欧姆定律的两种形式，如式（4-15）和式（4-16），两个图指相量模型图和相量图。表4-1列出了两套公式的比较，提供我们应用时加以注意。

表4-1 两套公式比较

形 式	相 量 形 式	绝对值形式
欧姆定律	$\dot{U} = Z\dot{I}$	$U = zI$
串联电路阻抗	$Z = z\angle\varphi = R + \mathrm{j}(X_{\mathrm{L}} - X_{\mathrm{C}})$	$z = \sqrt{R^2 + (X_{\mathrm{L}} - X_{\mathrm{C}})^2}$
阻抗角	$\varphi = \varphi_{\mathrm{u}} - \varphi_i = \arctan\dfrac{X_{\mathrm{L}} - X_{\mathrm{C}}}{R}$	$\varphi = \varphi_{\mathrm{u}} - \varphi_i = \arctan\dfrac{X_{\mathrm{L}} - X_{\mathrm{C}}}{R}$
使用特点	复数运算，可以同时得到相量的大小和相位角	绝对值运算简单，但必须单另求取相位角

具体解题时应该采用哪一套公式呢？基本思路是：

（1）首选绝对值式，以避免烦琐的复数运算。但是初学者最容易犯的错误是只求出有效值就不再求取相位角，忘了正弦量是要同时存在三个要素的，在同一电路中频率不变而不必计较，但是相位角是不能丢的。故此应该同时画出相量图，以提供相位角的形象依据，求出相位角的数值，同时利用相量图的三角关系可以方便地求出阻抗关系和功率关系；

（2）在绝对值法不能解决时必须采用相量法了。相量法首先要画出相量模型图，用 $\mathrm{j}X_{\mathrm{L}} = \mathrm{j}\omega L$ 和 $-\mathrm{j}X_{\mathrm{C}} = -\mathrm{j}\dfrac{1}{\omega C}$ 来代替电感和电容，电压和电流标注为相量形式 $\dot{U}$ 和 $\dot{I}$。

在图4-28中画出了常见感性负载串联电路和并联电路的两种不同相量图模式。对于串联电路来说，电流是相同的，$\dot{I}$ 就应该是参考相量，由此画出各个电压相量；对于并联电路来说，电压是相同的，又应以 $\dot{U}$ 为参考相量来画出各个电流相量。

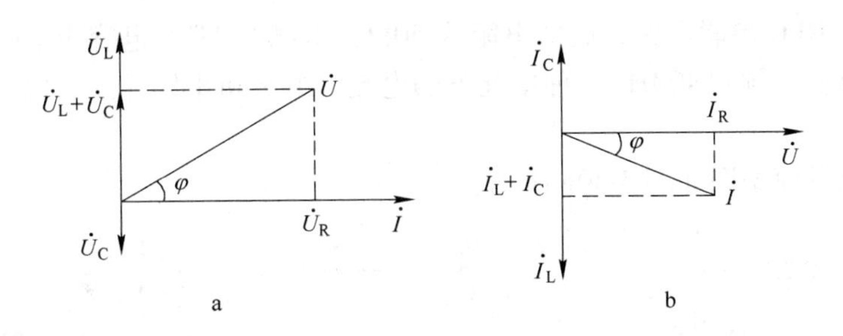

图4-28 串联电路的电压相量与并联电路的电流相量

在相量模型图上求解电路的思路与直流电路一样，应该是就简不烦的原则，按照下列次序选择解题方法：

（1）首先考虑采用欧姆定律、串并联分压、分流方法。

（2）节点电位法，用弥尔曼定理求出节点电位。如果有三个节点时，采用电压源与电流源互换减少节点后再用弥尔曼定理求解，或用戴维南定理，先断开一条支路将原电路变为两个独立的两节点电路，求出戴维南等效后，再接入被断开的支路，就知道该支路的电压和电流了，由此解出其他支路电压和电流。

（3）弄清电路各个节点的电流关系，争取只列一个回路方程或者一个节点方程就可求解。

（4）前面方法均无法解题时，只有用网孔法或回路法来联立方程求解了。

【例 4-11】 如图 4-29a 所示电路，已知电源电压的有效值 10V，电路有功功率 16W，功率因数 0.8，求电阻 R 和电容抗 X_C。

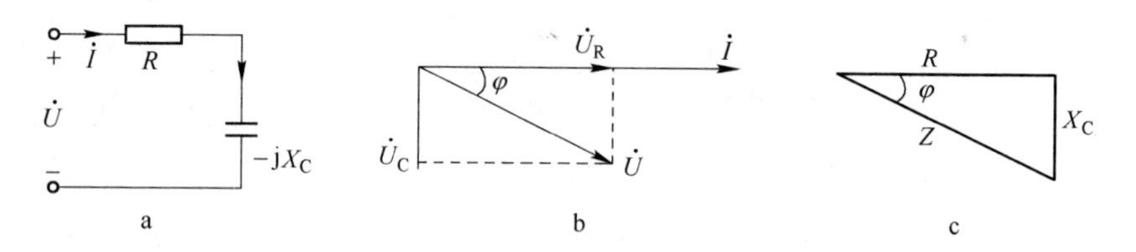

图 4-29　例 4-11 图

解： 从本题已知条件来说，可选绝对值法用欧姆定律就可求解

由
$$P = UI\cos\varphi$$

得
$$I = \frac{p}{U\cos\varphi} = \frac{16}{10 \times 0.8} = 2\text{A}$$

阻抗模
$$z = \frac{U}{I} = \frac{10}{2} = 5\Omega$$

有功功率只在电阻上消耗，故从消耗功率可以求出电阻值

$$P = I^2R \Longrightarrow R = \frac{P}{I^2} = \frac{16}{4} = 4\Omega$$

画出电路的相量如图 4-29b 所示，并由此得到电路阻抗三角形如图 4-29c 所示，可得

$$X_C = \sqrt{Z^2 - R^2} = \sqrt{5^2 - 4^2} = 3\Omega$$

【例 4-12】 RLC 串联电路，已知电阻为 50Ω，电感 0.1H，电容 10μF，接到 220V 交流电源上，试求在工频和 400Hz 两种情况下的电流，并分析电路性质，画出两种情况下的相量图。

解： 电路相量模型图如图 4-30a 所示。

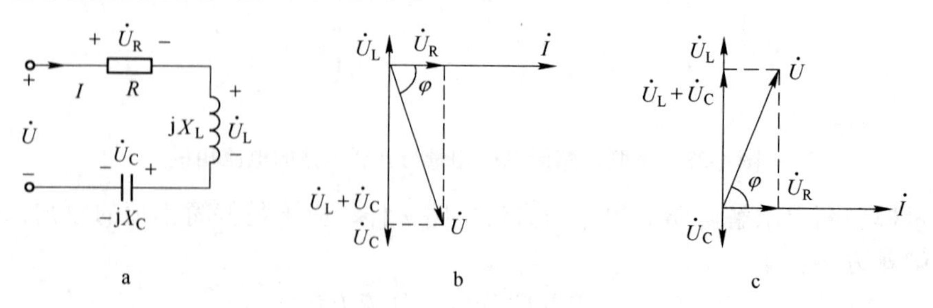

图 4-30　例 4-12 图

本题条件可用绝对值法。

（1）$f=50\text{Hz}$ 时：

$$X_{L1}=2\pi fL=2\pi\times50\times0.1=31.4\Omega$$

$$X_{C1}=\frac{1}{2\pi fC}=\frac{1}{2\pi\times50\times10\times10^{-6}}=318.5\Omega$$

电路阻抗

$$z_1=\sqrt{R^2+(X_L-X_C)^2}=\sqrt{50^2+(31.4-318.5)^2}=291\Omega$$

由于 $X_{L1}<X_{C1}$，此时电路呈容性

$$\varphi_1=\arctan\frac{X_L-X_C}{R}=\arctan\frac{31.4-318.5}{50}=-80.1°$$

故此电路中的电流是超前于电压 80.1°，其大小为

$$I_1=\frac{U}{Z_1}=\frac{220}{291}=0.756\text{A}$$

相量图如图 4-30b 所示。

（2）$f=400\text{Hz}$ 时：

$$X_{L2}=2\pi fL=2\pi\times400\times0.1=251.2\Omega$$

$$X_{C2}=\frac{1}{2\pi fC}=\frac{1}{2\pi\times400\times10\times10^{-6}}=39.8\Omega$$

$$z_2=\sqrt{R^2+(X_L-X_C)^2}=\sqrt{50^2+211.4^2}=217\Omega$$

由于 $X_{L2}>X_{C2}$，此时电路呈感性

$$\varphi_2=\arctan\frac{X_L-X_C}{R}=\arctan\frac{251.2-39.8}{50}=76.7°$$

电流滞后于电压 76.7°，其大小为

$$I_1=\frac{U}{Z_1}=\frac{220}{217}=1.014\text{A}$$

相量图如图 4-30c 所示。

【例 4-13】 如图 4-31a 所示相量模型电路中，已知 $U=24\text{V}$，$I=5\text{A}$，求电阻 R。

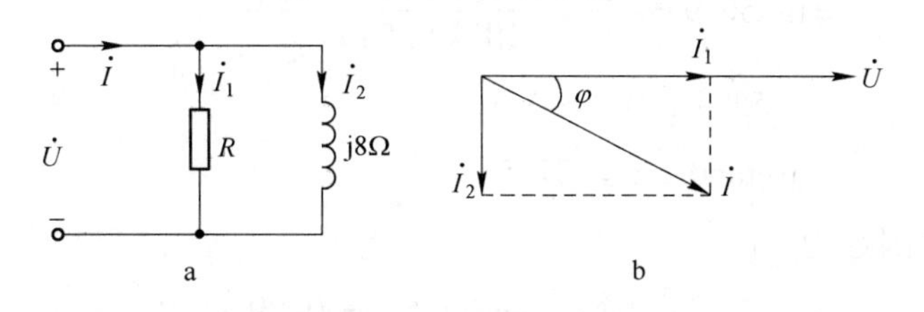

图 4-31 例 4-13 图

解： 本电路仍采用绝对值法解题。

$$I_2=\frac{U}{X_L}=\frac{24}{8}=3\text{A}$$

注意到电感电流是滞后于电压90°的，于是画出相量图如图4-31b所示，总电流与分电流之间符合直角三角形关系。

故此
$$I_1=\sqrt{I^2-I_2^2}=\sqrt{5^2-3^2}=4\text{A}$$
$$R=\frac{24}{6}=4\Omega$$

【例4-14】 一台电动机的功率为1.2kW，接到220V的工频电源上其工作电流为10A，求（1）电动机的功率因数；（2）若在电动机上并联一只80μF的电容器，功率因数又如何？

解：（1）由题意得
$$S=UI=220\times10=2200\text{W}$$
$$\cos\varphi_1=\frac{P}{S}=\frac{1200}{2200}=0.545$$
$$\varphi_1=\arccos0.545=56.9°$$

（2）电动机并联上电容器后，等效电路如图4-32a所示，电容补偿作用势必使功率因数得到提高，电流下降，相量图如图4-32b所示。

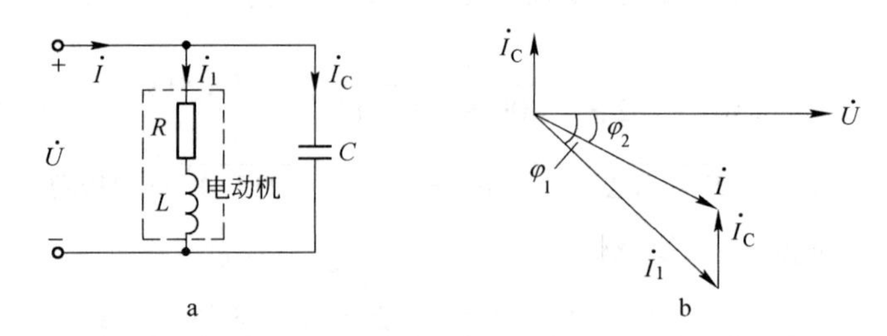

图4-32　例4-14图

由相量图得
$$\tan\varphi_2=\frac{I_1\sin\varphi_1-I_C}{I_1\cos\varphi_1}=\frac{I_1\sin\varphi_1}{I_1\cos\varphi_1}-\frac{I_C}{I_1\cos\varphi}=\tan\varphi_1-\frac{U\omega C}{I_1\cos\varphi}$$
$$=\tan56.9°-\frac{220\times314\times80\times10^{-6}}{10\times0.545}$$
$$=1.53-1.01=0.52$$
$$\varphi_2=\arctan0.52=27.5°$$

改善后的功率因数为
$$\cos\varphi_2=\cos27.5°=0.89$$

上例说明，在电感性电路中并联电容器可以提高电路的功率因数，减小供电电流，从而提高电源的利用率。

【例4-15】 在图4-33中已知 $u_S=120\sqrt{2}\sin10^3t$ V，求电流 i。

解：本题只能用相量法求解

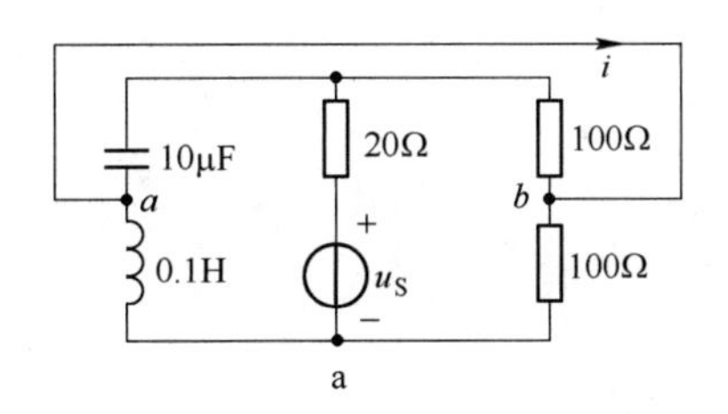

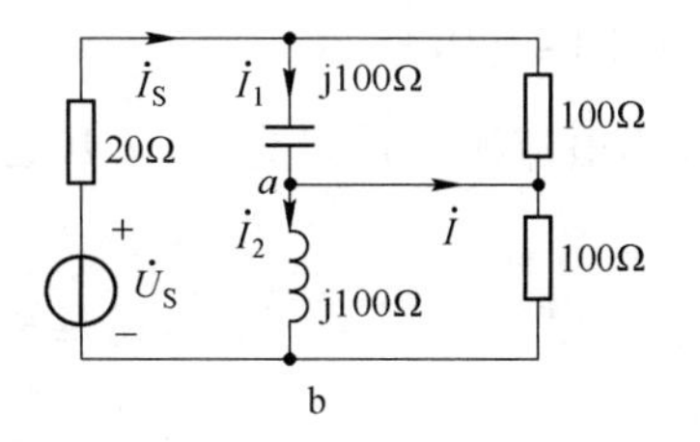

图 4-33 例 4-15 图

$$\mathrm{j}X_L = \mathrm{j}\omega L = \mathrm{j}10^3 \times 0.1 = \mathrm{j}100\Omega$$

$$-\mathrm{j}X_C = \frac{-\mathrm{j}}{\omega C} = \frac{-\mathrm{j}}{10^3 \times 10 \times 10^{-6}} = -\mathrm{j}100\Omega$$

电压源有效值相量为 $\dot{U}_S = 120\angle 0°$

于是可画出相量模型图如图 4-33b 所示。由图中可以看出只要求出电源电流 I_S 的相量，利用分流公式和 KCL 关系，不难得出所求电流。

$$\dot{I}_S = \frac{\dot{U}_S}{Z} = \frac{120\angle 0°}{20 + [(-\mathrm{j}100 /\!/ 100) + (\mathrm{j}100 /\!/ 100)]} = \frac{120\angle 0°}{120\angle 0°} = 1\angle 0° \text{ A}$$

利用分流公式

$$\dot{I}_1 = \frac{100}{-\mathrm{j}100 + 100} \times 1\angle 0° = \frac{1}{1 - \mathrm{j}1} 1\angle 0° = \frac{1\angle 0°}{\sqrt{2}\angle -45°} = \frac{1}{\sqrt{2}}\angle 45°$$

$$= 0.5 + \mathrm{j}0.5 \text{ A}$$

$$\dot{I}_2 = \frac{100}{\mathrm{j}100 + 100} \times 1\angle 0° = \frac{1}{1 + \mathrm{j}1} \times 1\angle 0° = \frac{1}{\sqrt{2}}\angle -45°$$

$$= 0.5 - \mathrm{j}0.5 \text{ A}$$

由 KCL 得

$$\dot{I} = \dot{I}_1 - \dot{I}_2 = (0.5 + \mathrm{j}0.5) - (0.5 - \mathrm{j}0.5) = \mathrm{j}1 = 1\angle 90°$$

所以有 $i = \sqrt{2}\sin(10^3 t + 90°)$ A

【例 4-16】 在图 4-34 中，已知 $i_S = 10\sqrt{2}\sin(5t - 45°)$ A，(1) 用弥尔曼定理求电容电流 i_C；(2) 用列一个网孔方程的方法求解电感电压 u_L。

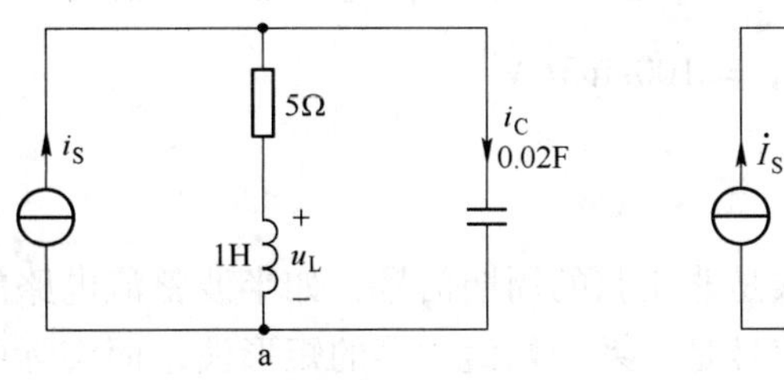

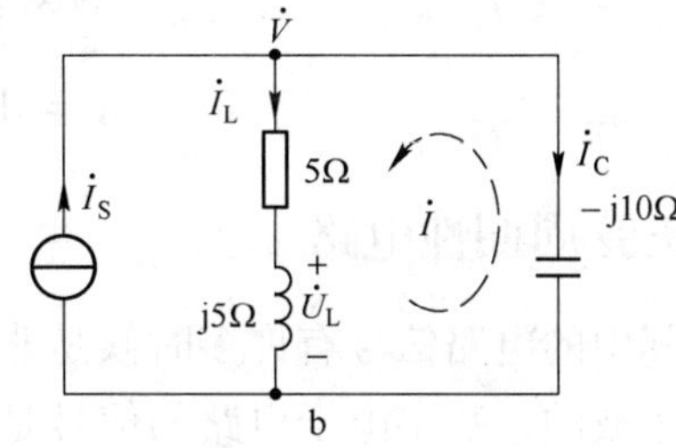

图 4-34 例 4-16 图

解： 本题可以用分流法求解，但是题目中有要求，只能按题目要求来做。画出电路的相量模型图如图 4-34b 所示。

（1）写出电流源相量式为 $\dot{I}_S = 10\angle -45°$

且知

$$\omega = 5\text{rad/s}$$

$$\mathrm{j}\omega L = \mathrm{j}5\times 1 = \mathrm{j}5\Omega$$

$$-\mathrm{j}\frac{1}{\omega C} = -\mathrm{j}\frac{5}{5\times 0.02} = -\mathrm{j}10\Omega$$

故有

$$\dot{V} = \frac{10\angle -45°}{\frac{1}{5+\mathrm{j}5}+\frac{1}{-\mathrm{j}10}} = \frac{10\angle -45°}{\frac{1}{5\sqrt{2}\angle 450°}+\frac{1}{10\angle -90°}} = \frac{10\angle -45°}{0.1\sqrt{2}\angle -45° + 0.1\angle 90°}$$

$$= \frac{10\angle -45°}{0.1-\mathrm{j}0.1+\mathrm{j}0.1} = 100\angle -45°\ \mathrm{V}$$

电容电流

$$\dot{I}_C = \frac{\dot{V}}{-\mathrm{j}X_C} = \frac{100\angle -45°}{-\mathrm{j}10} = \frac{100\angle -45°}{10\angle -90°} = 10\angle 45°$$

所求

$$i_C = 10\sqrt{2}\sin(5t+45°)\ \mathrm{A}$$

（2）左网孔电流为已知电流源，故以右网孔电流来列 KVL 方程。

$$(-\mathrm{j}10+5+\mathrm{j}5)\dot{I} + (5-\mathrm{j}5)\times 10\angle -45° = 0$$

解出

$$\dot{I} = \frac{-(5+\mathrm{j}5)\times 10\angle -45°}{-\mathrm{j}10+5+\mathrm{j}5} = \frac{-5\sqrt{2}\angle 45°\times 10\angle -45°}{5\sqrt{2}\angle -45°} = -10\angle 45°$$

电感上的电流

$$\dot{I}_L = \dot{I}_S + \dot{I} = 10\angle -45° - 10\angle 45° = 10\sqrt{2}\angle -90°$$

于是

$$\dot{U}_L = \mathrm{j}X_L\dot{I}_L = \mathrm{j}5\times 10\sqrt{2}\angle -90° = 5\angle 90°\times 10\sqrt{2}\angle -90° = 50\sqrt{2}\angle 0°$$

所求

$$u_L = 100\sin 5t\ \mathrm{V}$$

*4.8　非正弦周期性电路

生产实际中的电路信号有许多时候是非正弦的周期信号，如半波整流电路的电压和电流是没有负半波的，数字电子电路的信号是一系列幅值相等的矩形波，而实际中的发电机产生的电压和电流由于多种原因也是难以做到完整的正弦波的。这种信号作用的电路称为非正弦周期性电路，有的资料也叫做多频率周期性电路。对于这类电路的分析有着它们自己的特殊性，本节介绍高次谐波的概念，并讨论这类电路的基本分析方法。

4.8.1 非正弦周期性电流的概念

在现代电子技术、自动控制、计算机技术、电讯传输技术等方面由于某种需要，电压和电流都是周期性的非正弦波，实验室的信号发生器，也能产生多种非正弦周期性电压波形，在图 4-35 中列举了部分常见的非正弦信号波形。

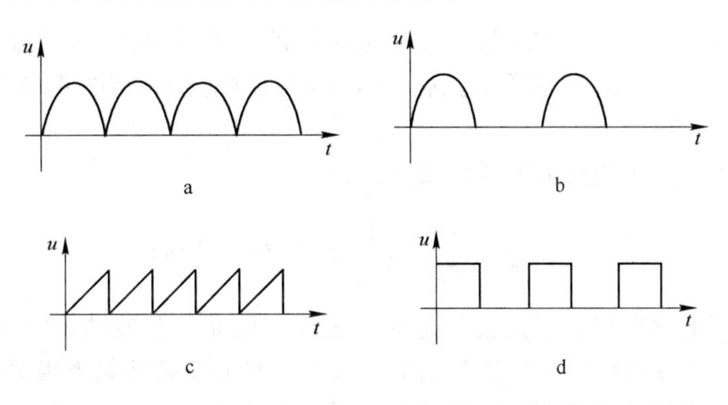

图 4-35 几种常见的非正弦波形

图 4-35a 是全波整流的波形，这种波形显然是将正弦波的负半周取其相反的极性后与正半周叠加而得的，现代生产和生活中所需的直流电大都是整流和滤波后得到的，在后续电子技术一课中，将会学到这一技术的相关知识；而图 4-35b 是半波整流的波形；图4-35c 是成周期性变化的锯齿波，这种波形的电流值与时间是成正比的，故可以用电压的大小来表示时间，在示波器中的时间轴（水平扫描）就是利用了这一波形；图 4-35d 是矩形波，在数字电子技术中的时钟脉冲、计数脉冲等就是这种形式，此外还有尖顶波，梯形波等都是常见的波形。

应用下面方法，可以证明，把一系列的频率成整数倍的正弦函数叠加起来，就可以得到一个非正弦周期函数。

图 4-36 是一个矩形波电压，它在一个周期内的表达式为

$$u = \begin{cases} -U_{\mathrm{m}} & -\dfrac{T}{2} \leqslant t \leqslant 0 \\ -U_{\mathrm{m}} & 0 \leqslant t\dfrac{T}{2} \end{cases}$$

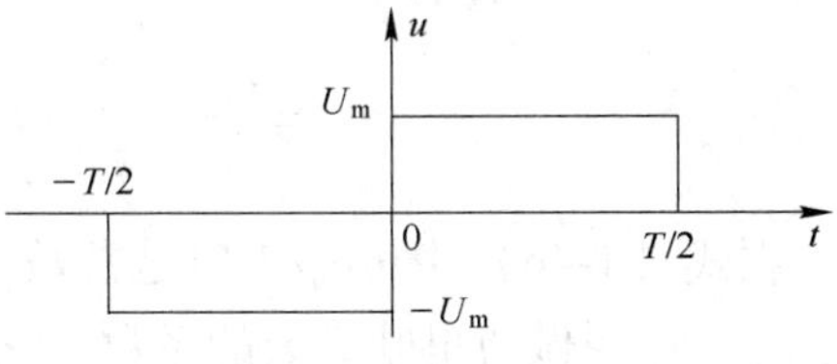

图 4-36 矩形波电压

第一步，先作一个角频率相图，而振幅为 U_{m} 的正弦电压 u_1，这个波形显然与正弦波会存在较大差距，在 $T/4$ 的地方它的值比矩形波大，在其两边的值又比矩形波小，但我们完成下列步骤后，情况就会大大改变了。

第二步，在 u_1 的基础上叠加上第二个波形 u_3，其角频率为 $\omega_3 = 3\omega_1$，振幅为 u_1 的 1/3。

$$u_1 + u_3 = \frac{4}{\pi} U_{\mathrm{m}} \left(\sin\omega t + \frac{1}{3} \sin 3\omega t \right)$$

这一叠加的结果，我们会看到，$T/4$ 的地方它的值变小了，在其两边的值增大了，较

接近矩形波了。

第三步，在前面的基础上，再叠加上第三个波形 u_5，其角频率 $\omega_5=5\omega_1$，振幅为 u_1 的 1/5。

$$u_1+u_3+u_5=\frac{4}{\pi}U_m\left(\sin\omega t+\frac{1}{3}\sin3\omega t+\frac{1}{5}\sin5\omega t\right)$$

我们将会看到，三者叠加的结果更加接近正弦波，可以想像，如果我们再叠加上 u_7、u_9、…这样有无限多个不同频率的正弦叠加起来时，就能得到与图 4-36 完全一致的矩形波了。

利用上述关系，一个矩形波的数学表达式为

$$u=\frac{4}{\pi}U_m\sum_{K=1}^{\infty}\frac{1}{2K-1}\sin(2K-1)\omega t \tag{4-45}$$

习惯上我们把能够组成非正弦波的这些正弦波叫做非正弦波的谐波分量，简称谐波。谐波的频率是与非正弦波的频率成整数倍的，其中，**与非正弦波频率相等的成分叫做基波或者一次谐波，频率是基波频率 2 倍的成分就叫二次谐波……，频率是基波频率 *K* 次倍的就叫 *K* 次谐波，**并且将两次以上的谐波分量统称为高次谐波。

不同频率的谐波可以合成为一个周期性的非正弦波，而反过来说，一个周期性的非正弦波，能否分解成为无限多个不同频率的正弦波呢？工程数学上的傅里叶级数说明了**一个非正弦的周期函数可以分解为无限个不同频率的正弦函数。**

即任何一个周期为 T 的周期函数 $f(t)$ 若满足“狄里赫利条件”（详见工程数学）时，它就可以展开成傅里叶级数：

$$\begin{aligned}f(t)&=\frac{a_0}{2}+a_1\cos\omega t+a_2\cos2\omega t+a_3\cos3\omega t+\cdots+\\&\quad b_1\sin\omega t+b_2\sin2\omega t+b_3\sin3\omega t+\cdots\\&=\frac{a_0}{2}+\sum_{k=1}^{\infty}(a_k\cos k\omega t+b_k\sin k\omega t)\end{aligned} \tag{4-46}$$

在式（4-46）中，$a_0/2$ 项是常数项，电信号中的意义就是非周期性的直流分量，而 a_0、a_k、b_k 叫做傅里叶级数的系数。它们的求取在工程数学中已有说明，这里不再介绍。

4.8.2　非正弦周期性电路的计算方法

对于非正弦性电路的计算，首先要弄清其有效值、平均值和功率的关系。

4.8.2.1　有效值

对于周期性非正弦电流的有效值定义与正弦电流的定义相同，其均方根值仍然是

$$I=\sqrt{\frac{1}{T}\int_0^T i^2\mathrm{d}t}$$

按照这一定义推得的有效值公式为

$$I = \sqrt{I_0^2 + \sum_{k=1}^{n} I_k^2} = \sqrt{I_0^2 + I_1^2 + I_2^2 + I_3^2 + \cdots} \tag{4-47}$$

同理，非正弦周期电压的有效值为

$$U = \sqrt{U_0^2 + U_1^2 + U_2^2 + U_3^2 + \cdots} \tag{4-48}$$

即**非正弦周期电流和电压的有效值，等于各次谐波电流和电压的有效值平方和的开平方。**

4.8.2.2　平均值

非正弦电流的平均值就是指它在一个周期内绝对值的平均值，也就是它的直流分量或称恒定分量、零次谐波，其定义为

$$I_d = \frac{1}{T}\int_0^T |i| \mathrm{d}t \tag{4-49}$$

当一个非正弦电量的波形对称于横轴时，它的平均值为零，如图 4-36 的矩形波就是没有平均值的，而图 4-35 中的四个波形都存在平均值。

4.8.2.3　功率

非正弦电流通过负载时，负载要消耗功率，也就是平均功率。非正弦电路的平均功率与各次谐波电压和电流的分量大小有关，理论计算和实验都可以证明：只有同频率的电压与电流之间才会产生平均功率，而在不同频率的电压与电流之间是不会产生平均功率的，我们把各次谐波电压和电流产生的功率叫做谐波功率，**非正弦电路中产生的平均功率就等于各次谐波功率的总和。**

$$P = U_0 I_0 + \sum_{k=1}^{n} U_k I_k \cos(\varphi_{uk} - \varphi_{ik}) \tag{4-50}$$

这里需要说明的是：只有在不同频率分量作用的非正弦电路中能够用叠加的办法来求总功率，而对于同频率的多电源作用于同一电路时，是不能用叠加的办法求总功率的。

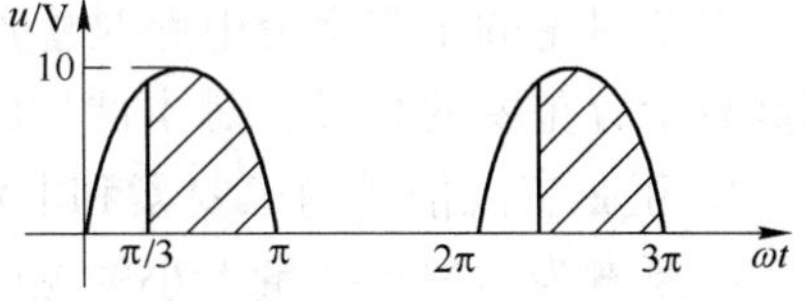

图 4-37　半波整流电压波形

【例 4-17】 图 4-37 是一个可控的半波整流电路电压波形，**在 $\pi/3 \sim \pi$ 期间的波形是正弦波，求其平均值和有效值。**

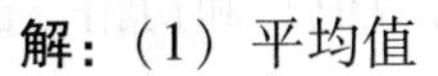

解：（1）平均值

$$U_d = \frac{1}{T}\int_0^T |u| \mathrm{d}t = \frac{1}{2\pi}\int_{\frac{\pi}{3}}^{\pi} u\mathrm{d}(\omega t)$$

$$= \frac{1}{2\pi}\int_{\frac{\pi}{3}}^{\pi} 10\sin\omega t\mathrm{d}(\omega t) = 2.39\mathrm{V}$$

（2）有效值

$$U = \sqrt{\frac{1}{T}\int_0^T u^2 \mathrm{d}t} = \sqrt{\frac{1}{2\pi}\int_{\frac{\pi}{3}}^{\pi} 10^2 \sin^2\omega t\mathrm{d}(\omega t)} = 4.49\mathrm{V}$$

【例 4-18】 有一只处于非正弦电路中的电阻 $R=10\Omega$，若其端电压为

$$u = u_0 + u_2 + u_3 = 10 + 20\cos(2t) + 30\cos(3t + 30^\circ)\ \mathrm{V}$$

试求端电压的有效值和电阻上吸收的功率。

解：（1）求端电压有效值。从已知电压可知，电阻上的端电压由三个谐波分量组成，分别是直流分量 u_0，二次谐波分量 u_2 和三次谐波分量 u_3，根据式（4-46），其有效值应该为

$$U = \sqrt{U_0^2 + U_2^2 + U_3^2} = \sqrt{10^2 + \frac{1}{2}20^2 + \frac{1}{2}30^2} = 27.4\mathrm{V}$$

（2）求功率。电阻上吸收的功率为各次谐波作用功率的叠加。

直流分量作用时的功率为

$$P_0 = \frac{U_0^2}{R} = \frac{10^2}{10} = 10\mathrm{W}$$

二次谐波分量作用的平均功率为

$$P_2 = \frac{U_2^2}{R} = \frac{20^2}{2\times 10} = 20\mathrm{W}$$

三次谐波分量作用的平均功率为

$$P_3 = \frac{U_3^2}{R} = \frac{30^2}{2\times 10} = 45\mathrm{W}$$

电阻上吸收的平均功率为

$$P = P_0 + P_2 + P_3 = 10 + 20 + 45 = 75\mathrm{W}$$

本章小结

本章讨论的正弦交流电路是生产和生活电路的主要形式，对于指导后续课程和实际工作都有十分重要的意义，是本课程的重点章节之一，要求重点掌握以下内容。

1. 正弦交流信号的三要素和电流电压的相量表示法

三要素为体现正弦量大小的振幅（或有效值）、体现变化快慢的角频率（频率）和体现起始位置的初相。用相量表示正弦量时，能够同时体现振幅（或有效值）和初相，在求解电路中也必须同时求出这两个要素。

相量是建立在复数基础上的正弦量形式，故此复数的几种表示方法和四则运算规律在相量法中都适用。

2. 阻抗

阻抗是交流电路对于电流总阻碍的体现，是一个复数。电路中电感元件 L 体现的阻碍叫电感抗，$X_L = \omega L = 2\pi fL$；而电容元件 C 体现的阻碍叫电容抗，$X_C = \frac{1}{\omega C} = \frac{1}{2\pi C}$；电路中的阻抗是它们与电阻的复数和：$Z = z\angle\varphi = R + \mathrm{j}(X_L - X_C)$。对于复数运算有困难的读者，

可以借助阻抗三角形来理解和计算电阻、电抗与阻抗角等关系，此时

$$\left.\begin{aligned} z &= \sqrt{R^2 + (X_L - X_C)^2} \\ \varphi &= \arctan\frac{X_L - X_C}{R} \end{aligned}\right\}\text{两个公式是并存的}$$

3. 电路定律的相量形式和相量分析法

欧姆定律、KCL、KVL 在正弦电路中都只能以相量形式存在，R、L、C 三种元件各自产生的响应也不尽相同，掌握单一元件的响应是分析正弦电路的基础，表 4-2 列出了各种元件响应的两套公式对比。

表 4-2　单一元件在正弦电路中的响应

形式			R	L	C
U 与 i 关系	相量式		$\dot{I} = \frac{\dot{U}_R}{R} = \frac{U_R}{R}\angle\varphi_u$	$\dot{I} = \frac{\dot{U}_L}{jX_L} = \frac{U_L}{X_L}\angle\left(\varphi_u - \frac{\pi}{2}\right)$	$\dot{I} = \frac{\dot{U}_C}{-jX_C} = \frac{U_C}{X_C}\angle\left(\varphi_u + \frac{\pi}{2}\right)$
	绝对值式	大小	$I = \frac{U_R}{R}$	$I = \frac{U_L}{X_L} = \frac{U_L}{\omega L}$	$I = \frac{U_C}{X_C} = U_C\omega C$
		相位	$\varphi_i = \varphi_u$	$\varphi_i = \varphi_u - \frac{\pi}{2}$	$\varphi_i = \varphi_u + \frac{\pi}{2}$
功率关系			消耗功率做功 P	交换功率（磁场能量）Q_L	交换功率（电场能量）Q_C

4. 功率与功率因数

正弦电路的功率是一个由有功功率 P、无功功率合成的系统 Q，其复数和称之为视在功率 S，$S = P + jQ$ 三者构成的功率三角形为理解和计算功率之间关系提供方便。在功率三角形中

$$\left.\begin{aligned} S &= \sqrt{P^2 + Q^2} \\ \cos\varphi &= \frac{P}{S} \end{aligned}\right\}$$

功率因数是电网供电质量的一个重要指标，并联电容器可以提高电路的功率因数。

习题与思考题

4-1　已知电压 $u = 311\sin314t$ V，求其有效值 U，频率 f 和 $t = 1$s 时的瞬时电压。

4-2　已知电流 $i_1 = \sin(100\pi t + 45°)$ A，$i_2 = 7\cos(100\pi t + 30°)$ A，求各电流的有效值、频率、初相和它们之间的相位差。

4-3　画出下列正弦电流和电压的波形图和相量图，并指出其振幅、频率和初相。

(1) $u_1 = 10\sin(10^3 t + 15°)$ V

（2）$u_2 = 20\sqrt{2}\sin(314t - 45°)$ V

（3）$i_1 = 5\sin(100\pi t + 75°)$ A

（4）$i_2 = 200\sqrt{2}\sin(4t - 120°)$ A

4-4　在图 4-38 中，已知 $i = 20\sin10^3 t$ A，试写出图中三个元件各自的阻抗，并求各自消耗的有功功率。

4-5　在图 4-39 中，已知 $u = 100\sqrt{2}\sin10^3 t$ V，试写出图中三个元件各自的阻抗，并求各自的电流的相量式和解析式。

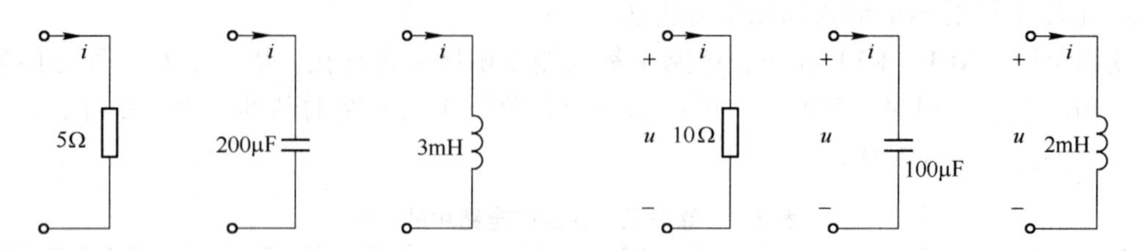

图 4-38　题 4-4 图　　　　图 4-39　题 4-5 图

4-6　在图 4-40 中，已知 $i_S = 10\sin400\pi t$ A，试写出图中三个元件各自的阻抗，并求各元件上电压的相量式和解析式。

4-7　在图 4-41 中，已知 $u_R = \sqrt{2}\sin10^6 t$ V，试电压 u_S，并画出相量图。

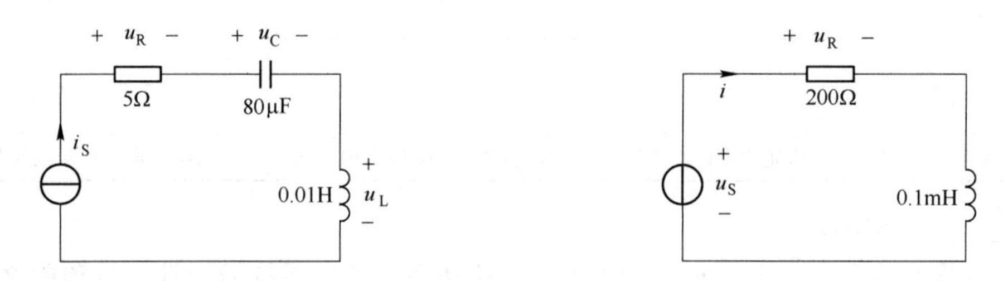

图 4-40　题 4-6 图　　　　图 4-41　题 4-7 图

4-8　如图 4-42 所示正弦稳态电路中，试由所给数字求出各自的端电压 U。

4-9　如图 4-43 所示正弦稳态电路中，试由所给数字求出各自的总电流 I。

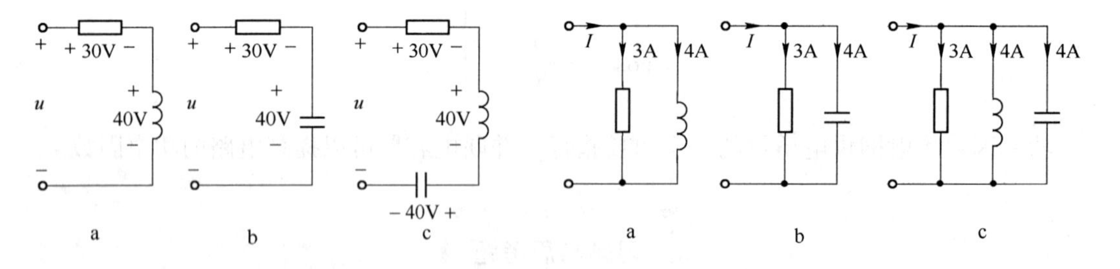

图 4-42　题 4-8 图　　　　图 4-43　题 4-9 图

4-10　如图 4-44 所示正弦稳态二端网络，其端电压和电流分别如下：

（1）$u = 10\sin(10t + 30°)$　　　$i = 2\sin(10t + 45°)$

（2）$u = 10\sin100t$　　　$i = 2\cos(100t - 135°)$

（3）$u = -10\sin100t$　　　$i = -2\cos100t$

试求各种情况下的网络复数阻抗，并说明阻抗的性质。

4-11　如图4-45所示正弦稳态电路中，已知电源电压，其端电压为$u = 10\sqrt{2}\sin 10^4 t$ V，试求出各元件电流与总电流的相量式。

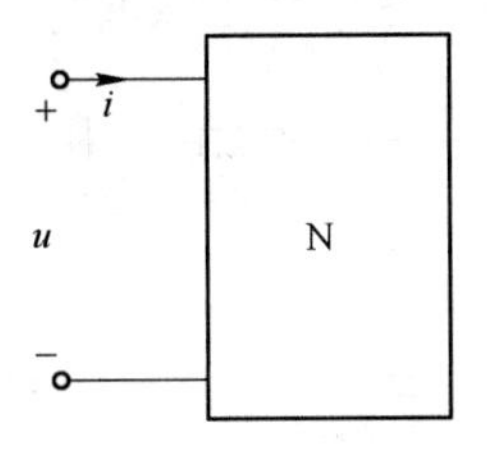

图4-44　题4-10图

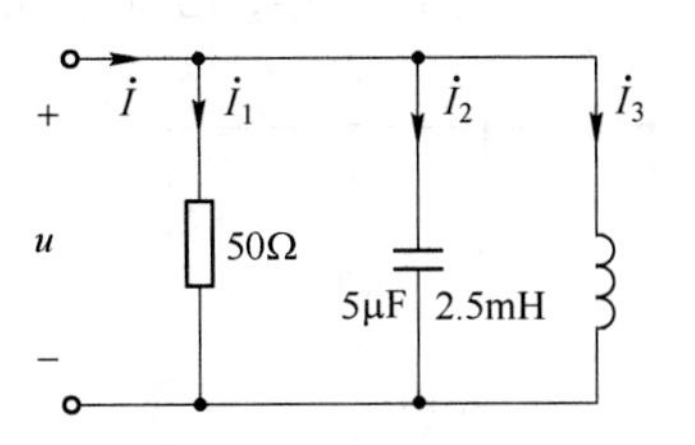

图4-45　题4-11图

4-12　如图4-46所示RL串联电路中，已知$f=50$Hz，$U=20$V，$P=16$W，$\cos\varphi=0.8$，试求R、L的值。

4-13　如图4-47所示RC并联电路中，已知$\omega=1000$rad/s，$U_S=100$V，$P=16$W，$\cos\varphi=0.8$，试求电流I的相量式与等效阻抗Z。

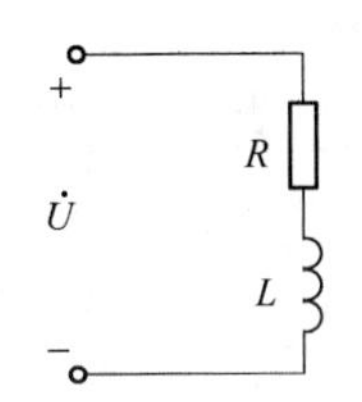

图4-46　题4-12图

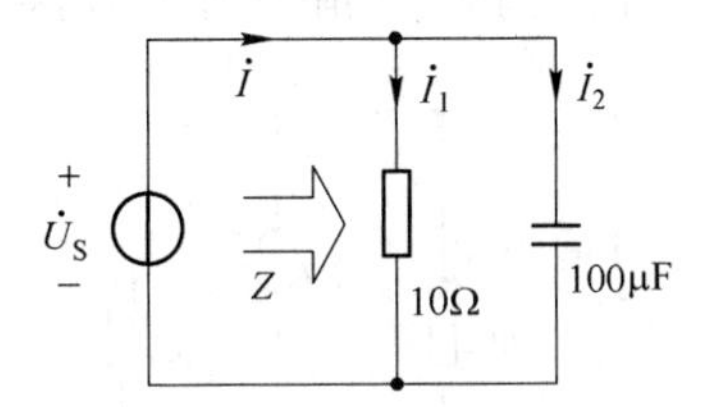

图4-47　题4-13图

4-14　在图4-48所示电路中，已知$U_S=100$V，试求电路的有功功率P、无功功率Q和视在功率S。

4-15　在图4-49所示电路中，已知$u_S = 10\sqrt{2}\sin 10^3 t$ V，试求u_L的解析式。

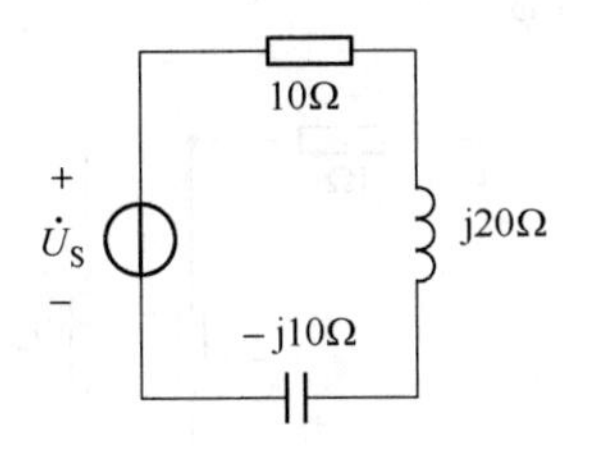

图4-48　题4-14图

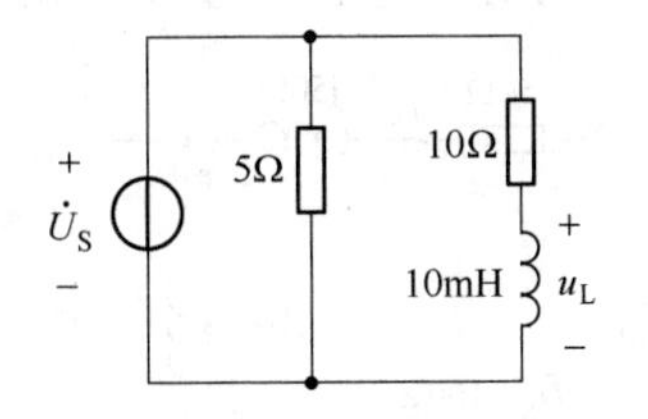

图4-49　题4-15图

4-16　在图4-50所示电路中，已知电压有效值$U_S=100$V，试求I、U_1、U_2的有效值。

4-17　如图4-51所示电路参数，设电源u_S的角频率为ω，试求u_S的解析式。

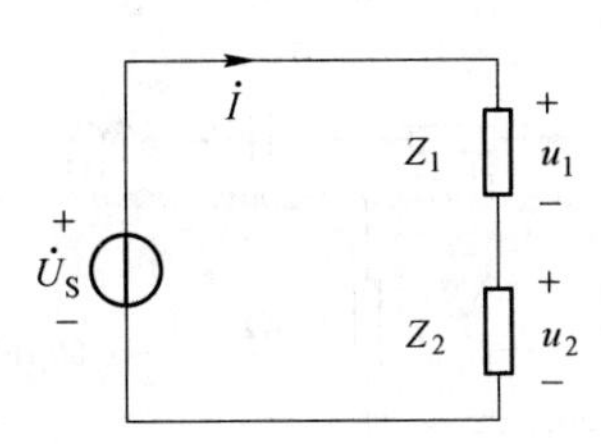

图4-50　题4-16图

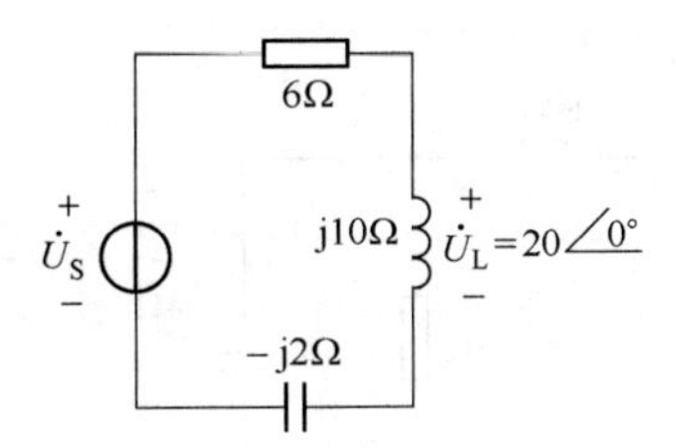

图4-51　题4-17图

4-18　如图4-52所示相量模型电路中，已知 $X_C=50\Omega$，$X_L=100\Omega$，$R=100\Omega$，电流有效值 $I=2A$，求有效值 I_R 和 U。

4-19　如图4-53所示电路参数中，已知电感电压 $u_l=30\sqrt{2}\sin(10^6t+45°)$ V，试求电流 i_C。

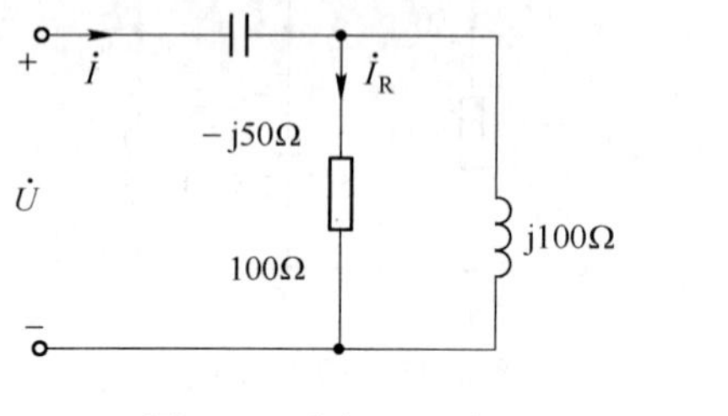

图4-52　题4-18图

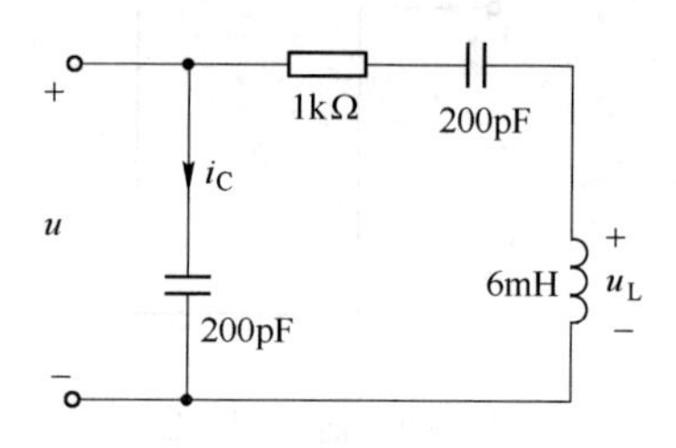

图4-53　题4-19图

4-20　如图4-54所示电路中，电流源 $i_S=3.75\sin t$ A，3Ω电阻上的功率为6W，试求电路的功率因数。

4-21　在图4-55所示电路中，N为无源二端网络，端电压 $u=20\sin(10^3t+75°)$ V，电流 $i=2\sqrt{2}\sin(10^3t+75°)$，试求网络N的阻抗与网络消耗的有功功率。

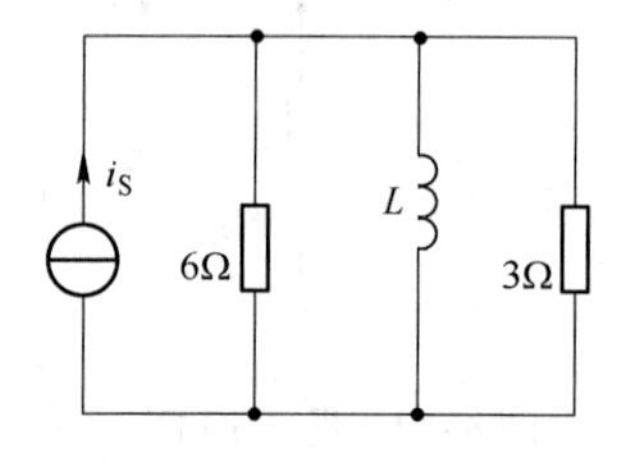

图4-54　题4-20图

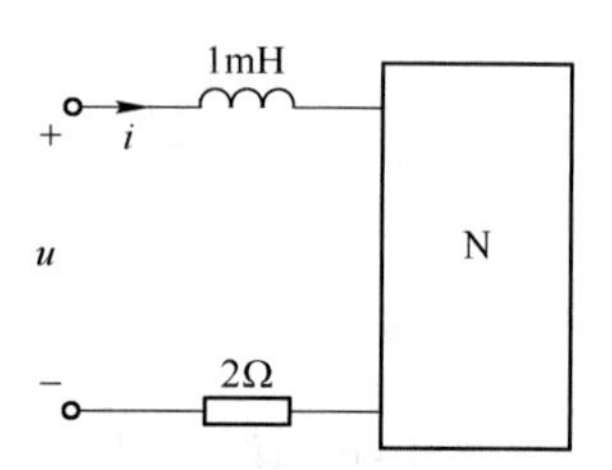

图4-55　题4-21图

4-22　在图4-56所示电路中，求电流 I 的相量式与电路消耗的有功功率。

4-23　如图4-57所示的电路及参数中，求阻抗 Z_{ab} 及其功率因数 $\cos\varphi$。

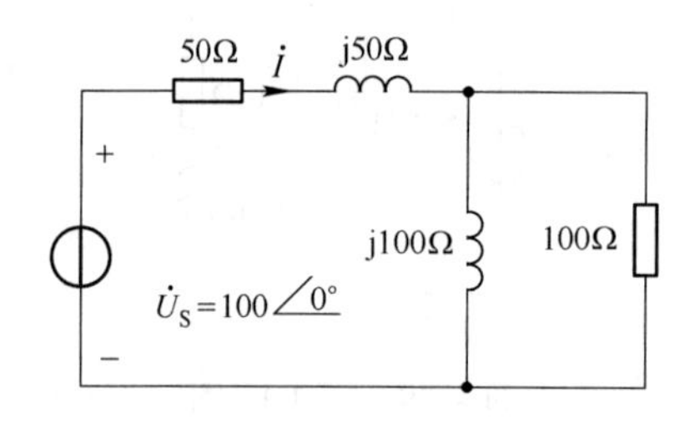

图4-56　题4-22图

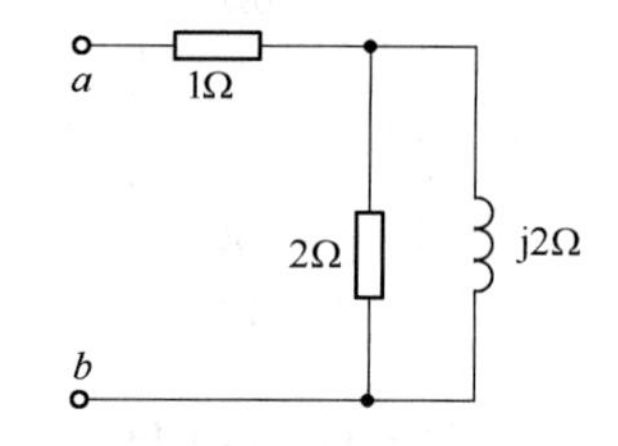

图4-57　题4-23图

4-24　如图4-58所示的电路及参数中，求阻抗 Z_{ab} 及其功率因数 $\cos\varphi$。

4-25　如图4-59所示电路和参数中，已知角频率 $\omega=250$rad/s，求电路的输入端阻抗 Z 及其输入电流的有效值 I。

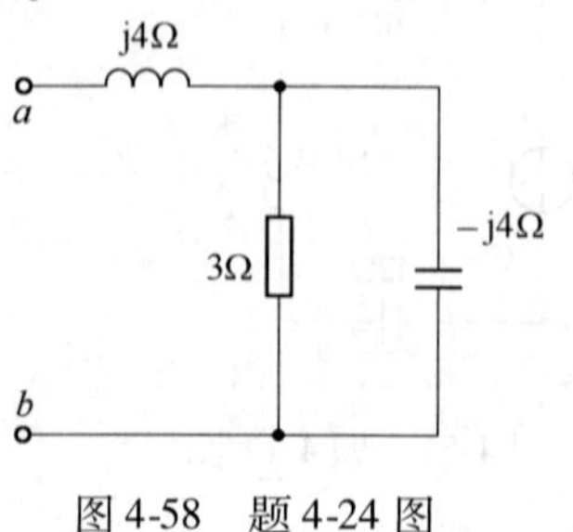

图4-58　题4-24图

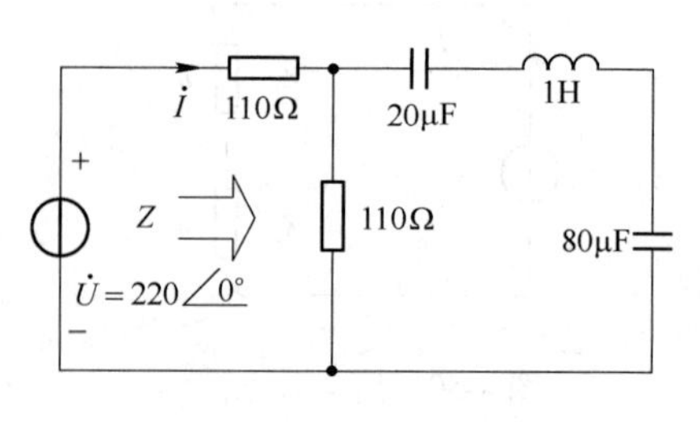

图4-59　题4-25图

4-26 如图4-60所示电路中，已知角频率 $\omega=1000\text{rad/s}$。当调节电容使电路谐振时，测得电流 $I=1\text{A}$，端电压 $U=50\text{V}$，电容电压 $U_C=200\text{V}$，求电路此时的参数 R、L、C。

4-27 如图4-61所示相量模型电路中，求：

（1）电流源两端电压 $\dot{U}$ 与 $\dot{U}_{ab}$。

（2）将 ab 短路，求 $\dot{I}_{ab}$ 与电流源的端电压 $\dot{U}$。

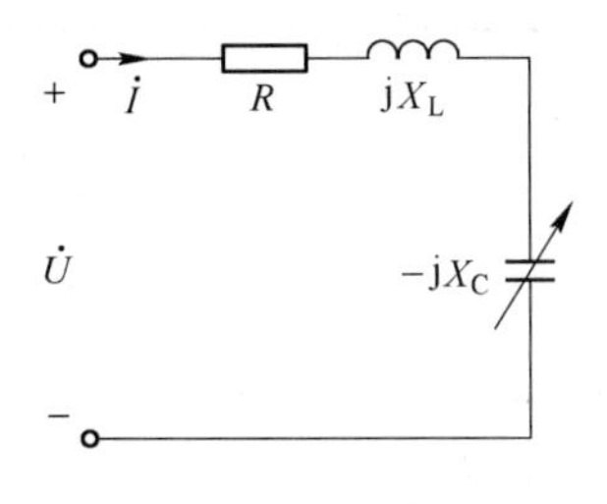

图4-60 题4-26图

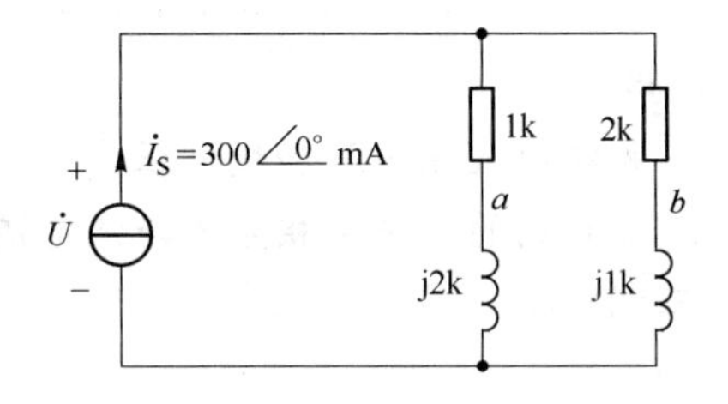

图4-61 题4-27图

4-28 如图4-62所示相量模型电路中，求电路的 P、Q、S 和 $\cos\varphi$。

4-29 在图4-63所示相量模型电路中，已知 $U=20\text{V}$，R_1 与 $\text{j}X_L$ 串联支路消耗功率 $P_1=16\text{W}$，$\cos\varphi_1=0.8$，R_2 与 $-\text{j}X_C$ 串联支路消耗功率 $P_2=24\text{W}$，$\cos\varphi_2=0.6$。试求：

（1）电流相量 $\dot{I}$，视在功率和总电路功率因数。

（2）电压相量 $\dot{U}_{ab}$。

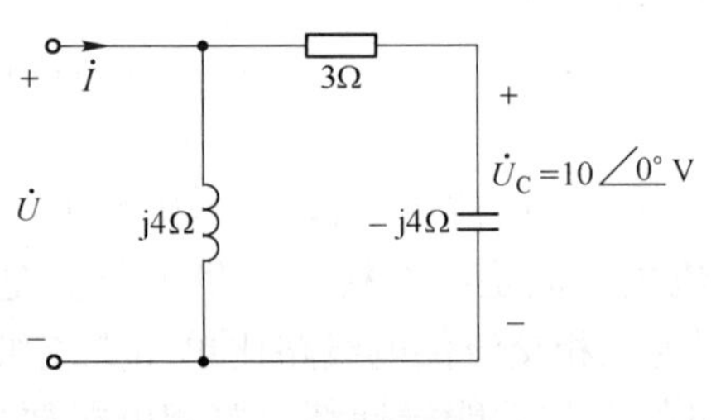

图4-62 题4-28图

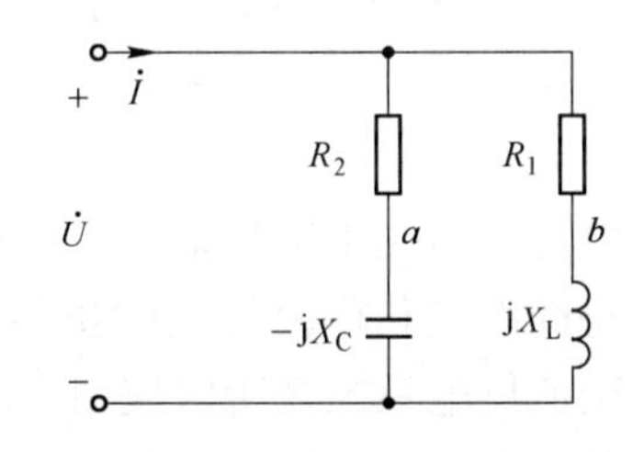

图4-63 题4-29图

4-30 在图4-64所示电路中，求电压相量 $\dot{U}$。

4-31 在图4-65所示电路中，已知 Z_1 和 Z_2 支路的电流分别为 $I_1=10\text{A}$、$I_2=20\text{A}$，功率因数分别为 $\cos\varphi_1=0.8$、$\cos\varphi_2=0.5$。试求两阻抗的实部，并计算电路的有功功率。

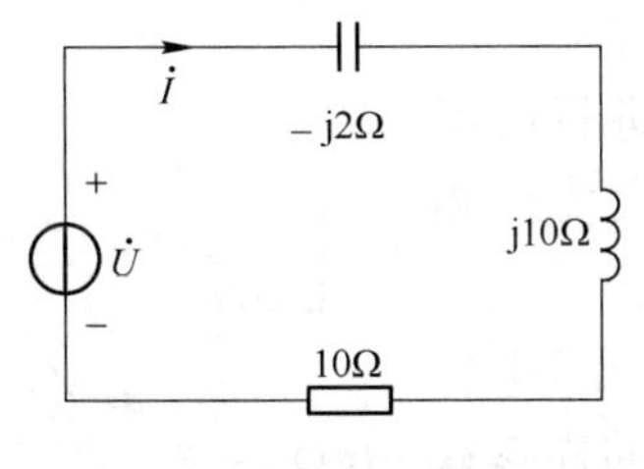

图4-64 题4-30图

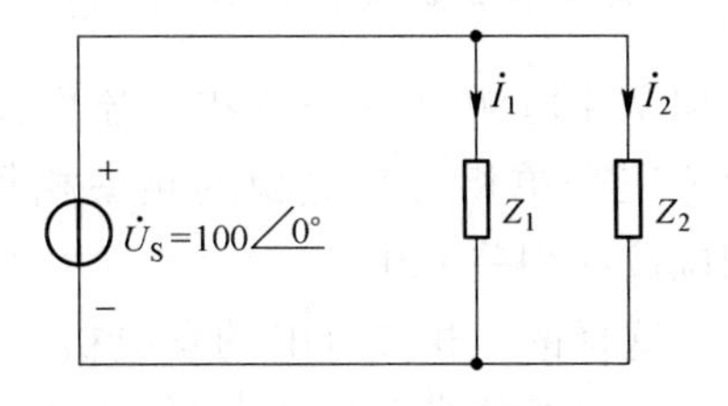

图4-65 题4-31图

4-32 已知某非正弦电路中的电阻 $R=10\Omega$，求下列两种端电压情况下电阻上流过的电流有效值和电阻上产生的功率。

（1）$u=10+20\cos(2t)$ V

（2）$u=10\cos t+6\cos(2t)+2\cos 3t$ V

5 三相交流电路

知识点

1. 三相电源及相电压和线电压。
2. 三相负载的连接及相电流与线电流。
3. 三相功率。

学习要求

1. 了解三相电源的产生，掌握对称三相电源的基本性质。
2. 理解三相电源的接线方式，掌握相电压和线电压的计算关系。
3. 掌握三相对称负载的星形接线方式，以及对应电压和电流关系计算。
4. 掌握三相对称负载的三角形接线方式，以及对应线电流与相电流的计算。
5. 掌握三相功率的关系，并会计算各种情况下的三相功率。
6. 了解三相不对称电路的特殊性质，理解中性线的作用。

现代电力网络几乎都是采用三相供电制，工业生产所使用的也是三相电源，教学楼、宿舍楼中每间教室和宿舍得到的虽然是单相交流电，但是整个楼房的供电仍然是三相制的。三相交流供电系统之所以应用广泛，一是因为三相交流供电线路比单相交流供电线路节省材料和经费；二是因为三相发电机和电动机的多数性能指标都比单相电机要好得多，经济效益更高。

5.1 三相电源

5.1.1 对称三相交流电的产生

三相交流电源是三个单相交流电源按一定方式进行的组合，即这三个单相交流电源的频率相等，幅值（最大值）相等，相位彼此相差120°。

生产这样的三相交流电的发电机叫三相发电机，图5-1表示了三相发电机的模型与基本原理。图中表示，三个同样参数的线圈UU′、VV′、WW′，其中U、V、W为各自的首端，另三端为各自的尾端。在磁场中的分布是各自互差120°角的相对位置。在原动机带动下，以同样的速度 n 做旋转运动，各个线圈上因切割磁感应线而产生交流电压，由于各个线圈的尺寸和匝数相等，空间位置上互差120°角，就使得各个线圈上产生的感

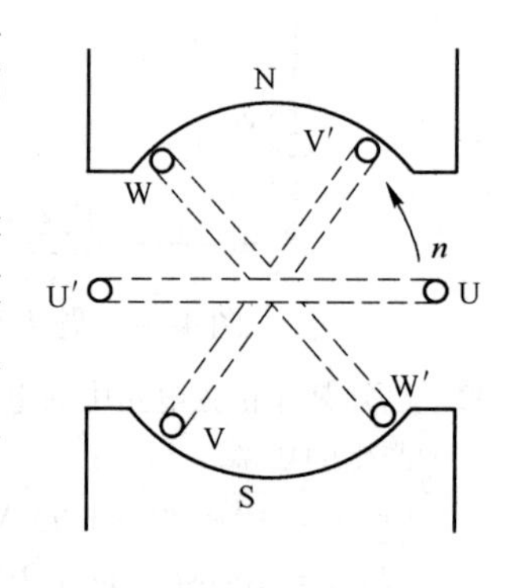

图5-1 三相发电机模型

应电压的最大值相等，角频率相同，相位上互差 120°。以图 5-1 所示起始位置，第一相 U 的初相为 0°，第二相 V 的初相为 −120°，第三相 W 的初相为 120°，三个线圈上产生的感应电压解析式为：

$$\left.\begin{aligned} u_U &= U_m \sin\omega t \\ u_V &= U_m \sin(\omega t - 120°) \\ u_W &= U_m \sin(\omega t + 120°) \end{aligned}\right\} \tag{5-1}$$

这样的电压叫做对称三相交流电压。其波形图和相量图见图 5-2。

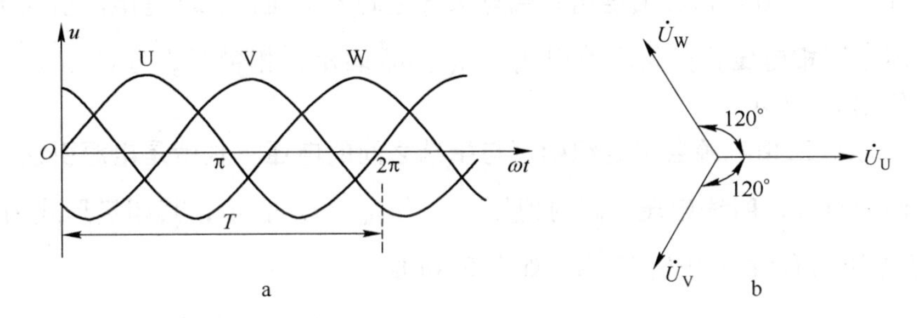

图 5-2　三相电压波形图和相量图

由图 5-2 可知，三相对称电压任一瞬间的代数和为零，

即
$$u_U + u_V + u_W = 0 \tag{5-2}$$

相量和也恒等于零，

即
$$\dot{U}_U + \dot{U}_V + \dot{U}_W = 0 \tag{5-3}$$

三相交流电在相位的先后次序，也就是三相电压达到最大值的先后顺序称为相序。实际应用中常采用 U→V→W 的顺序作为三相交流电的正序，反之为负序。生产上把三相电源的引出端或母线用黄、绿、红三色标示 U、V、W 三相。

5.1.2　三相电源的星形连接

5.1.2.1　三相电源星形接线

三相电源的三个绕组只有按一定方式连接之后，再向负载供电。我们首先讨论星形连接方式，所谓星形连接，即将三相电源绕组的尾端 U′、V′、W′并接成为一个星点 N，再将绕组的三个首端 U、V、W 分别引出电源线的接法，如图 5-3a 所示。图 5-3b 是三相电源

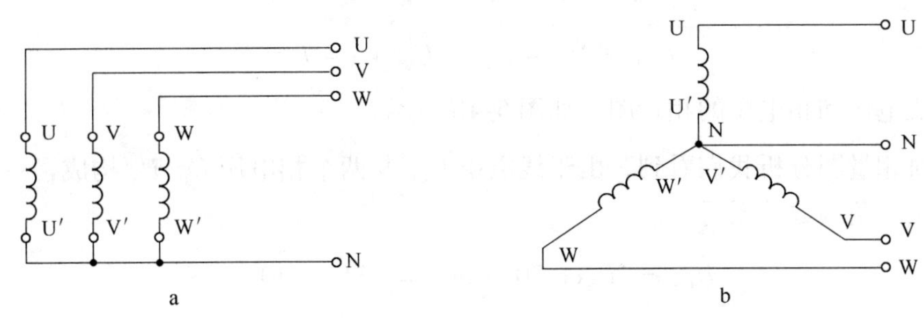

图 5-3　三相电源星形连接

星形连接的展开图。

由图 5-3 中我们看到，三相电源的星形连接，可以引出四根电源线，U、V、W 三根线称为电源的相线（俗称火线），N 线称为电源的零线（也叫中性线）。这样就构成了常见的低压三相四线制系统。低压配电系统中，采用三根相线和一根中线输电，称为三相四线制；而在高压输电系统中，只由三根相线组成输电线路，称为三相三线制。

5.1.2.2　星形连接电源的电压

（1）相电压。**三相电源每相绕组始端与末端之间的电压，也就是电源引线上相线和中线之间的电压，叫相电压**，其瞬时值用 u_U、u_V、u_W 表示，相量形式为 $\dot{U}_U$、$\dot{U}_V$、$\dot{U}_W$。通常相电压的有效值用 U_P 表示。

（2）线电压。**三相电源各相绕组始端与始端之间的电压，也就是电源引线上任意两相线与相线之间的电压，叫线电压**，瞬时值用 u_{UV}、u_{VW}、u_{WU} 表示，其相量形式为 $\dot{U}_{UV}$、$\dot{U}_{VW}$、$\dot{U}_{WU}$。通常线电压的有效值用 U_L 表示。如图 5-4a 所示。

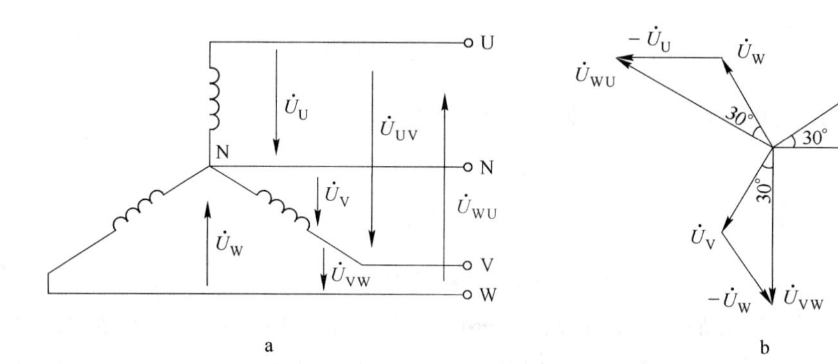

图 5-4　相电压与线电压

三相电路是正弦交流电路中的复杂情况，第 4 章所讨论的正弦电路也可以叫做单相交流电路，故此我们在第 4 章中所应用的相量分析方法在三相电路中仍然是适用的。

在图 5-4a 中，由 KVL 得

$$\dot{U}_{UV} = \dot{U}_U - \dot{U}_V = \dot{U}_U + (-\dot{U}_V)$$

$$\dot{U}_{VW} = \dot{U}_V - \dot{U}_W = \dot{U}_V + (-\dot{U}_W)$$

$$\dot{U}_{WU} = \dot{U}_W - \dot{U}_U = \dot{U}_W + (-\dot{U}_U)$$

画出线电压和相电压的相量图，如图 5-4b 所示。

通过对相量图分析我们看到，由于线电压 $\dot{U}_{UV}$ 与两个相电压 $\dot{U}_U$,$\dot{U}_V$ 构成了一个等腰三角形，利用三角函数关系得

$$\dot{U}_{UV} = 2\dot{U}_U\cos30°\angle30° = \sqrt{3}\dot{U}_U\angle30°$$

$$\dot{U}_{VW} = 2\dot{U}_V\cos30°\angle30° = \sqrt{3}\dot{U}_V\angle-90°$$

$$\dot{U}_{WU}=2\dot{U}_{W}\cos30°\angle30°=\sqrt{3}\dot{U}_{W}\angle150°$$

所以线电压与相电压之间的关系式为

$$\dot{U}_{l}=\sqrt{3}\dot{U}_{p}\angle30° \tag{5-4}$$

式（5-4）说明，三相电源作星形连接时，三个相电压和三个线电压均为三相对称电压，各线电压的有效值为相电压有效值的 $\sqrt{3}$ 倍，且线电压相位比对应相的相电压超前30°。

只考虑有效值时线电压与相电压之间的关系为

$$U_{l}=\sqrt{3}U_{p} \tag{5-5}$$

在我国低压供电系统中，采用的线电压为380V，对应的相电压为220V，生活用电，家用电器和办公设备用电一般均为220V，因此应该连接在相线与零线之间，这就是我们常说的单相电源，所谓单相电源实际上是引自于三相电源的某相相线与零线之间的电源。要注意的是通常所标示的三相电源与三相电路的额定电压均指线电压。

5.1.3 三相电源的三角形连接

三相电源绕组的三角形连接，即将三相电源绕组的首尾端U′与V、V′与W、W′与U依次连接成为一个闭合回路，再将三个连接点分别引出电源线的接法。如图5-5a所示，图5-5b是三相电源三角形连接的展开图。

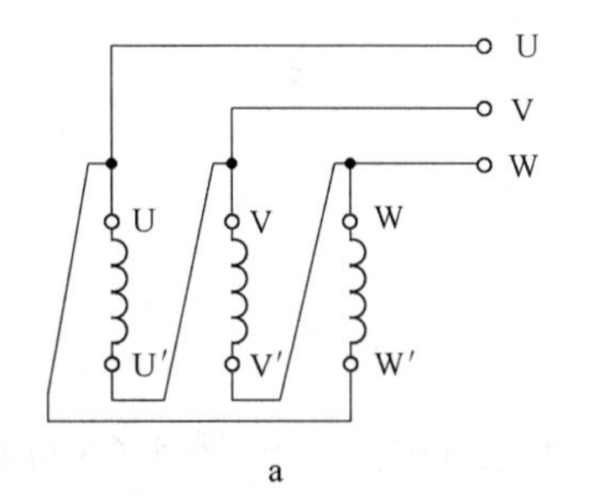

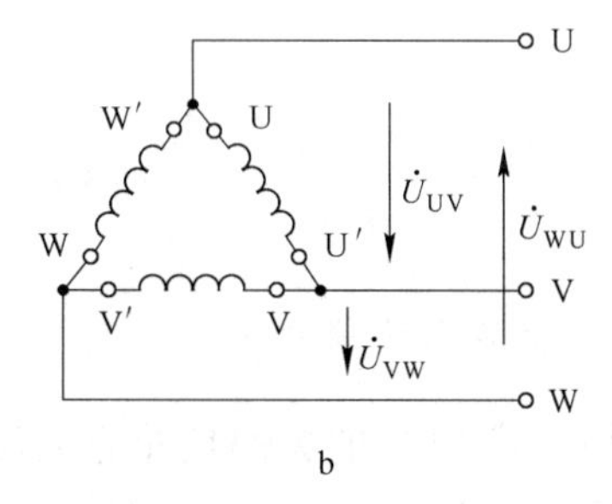

图5-5 三相电源三角形连接

由图5-5可见，三相电源的三角形连接，可以引出三根电源线，U、V、W三根线均为电源的相线，构成了三相三线制系统。

图5-5b上还可看出，电源作三角形连接时，只能向负载提供一组电压，即线电压 $\dot{U}_{UV}$、$\dot{U}_{VW}$、$\dot{U}_{WU}$，它们在数值上与各相绕组上产生的相电压相等，且在数值上仅为星形连接时的 $\frac{1}{\sqrt{3}}$。

$$\left.\begin{aligned}\dot{U}_{UV}&=\dot{U}_{U}\\\dot{U}_{VW}&=\dot{U}_{V}\\\dot{U}_{WU}&=\dot{U}_{W}\end{aligned}\right\} \tag{5-6}$$

对于非发电厂用户来说，三相电源实际就是电源变压器的输出端，变压器的输出端三相绕组首尾连接正确，才能向负载正常供电，否则将会发生事故。如三角形连接中首尾连接错误时，将在三相绕组的闭合回路中产生很大的环流而烧毁电源。

5.2 三相负载

连接到三相电源上工作的负载叫三相负载，三相电源与负载构成的电路叫三相电路。常见三相负载的接线有星形连接和三角形连接两种方式。

5.2.1 负载的星形连接

三相负载的星形连接是将三个负载的一端并接起来成为一个星点，而将另外的端分别接到三相电源的三根相线上的接线方式。星点也叫中性点（或零点），与电源的零线相连接，如图 5-6a 所示。

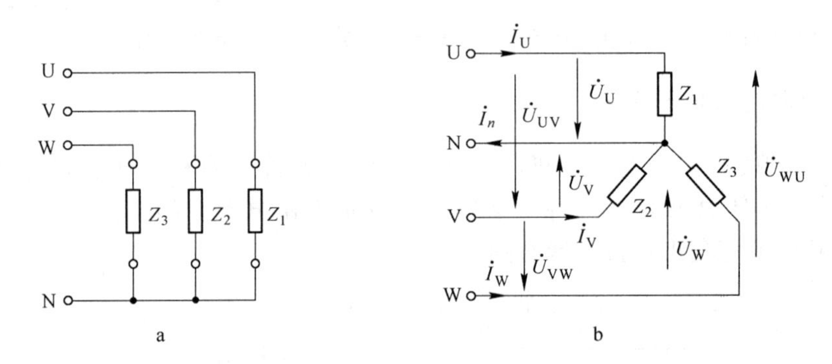

图 5-6 负载的星形连接

5.2.1.1 负载上的端电压

分析三相负载 VCR 的关键是弄清楚各相负载上承受的电压。从图 5-6b 可见，作用在 Z_1 上的电压是相电压 U_U，作用在 Z_2 上的电压是相电压 U_V，作用在 Z_3 上的电压是相电压 U_W，也就是说各相负载上承受均为电源的相电压 U_P，各相负载通过该相的相线和零线与电源之间构成了独立的回路，而零线是各独立回路的共用线。

故此负载作星形接线时的电压关系为

$$U_{py} = \frac{1}{\sqrt{3}}U_{ly} \tag{5-7}$$

5.2.1.2 负载相电流和电源线电流

我们把**相线上通过的电流叫做线电流**，用 I_l 表示，方向规定为由电源流向负载；把**负载上通过的电流叫做相电流**，用 I_p 表示。显然，在星形接法的三相电路中，线电流等于相电流

$$I_{yl} = I_{yp} \tag{5-8}$$

应用相量分析方法得各相电流为

$$\dot{I}_U = \frac{\dot{U}_U}{Z_1} \qquad \dot{I}_V = \frac{\dot{U}_V}{Z_2} \qquad \dot{I}_W = \frac{\dot{U}_W}{Z_3}$$

在三相负载对称也就是各相阻抗相等时，各相电流的有效值是相等的，而相位差互为120°，即

$$I_U = I_V = I_W = \frac{U_p}{|Z_p|}$$

由 KCL 得中性线电流为

$$\dot{I}_n = \dot{I}_U + \dot{I}_V + \dot{I}_W \tag{5-9}$$

也就是说，三相电路负载成星形连接时，中性线上的电流等于各相电流之相量和。

下面讨论中性线电流的可能情况。

（1）若三相负载对称，即

$$Z_U = Z_V = Z_W = Z = |Z|\angle\varphi$$

此时，三个相电流的大小相等，相位差互为120°，则三相电流的相量之和为零，即

$$\dot{I}_U + \dot{I}_V + \dot{I}_W = 0 \quad 或 \quad i_U + i_V + i_W = 0$$

也就是中性线上电流为零，中线上没有电流，中线不起任何作用，可以不要中线。工程实际中的三相电动机就是对称负载，只用三根电源相线与之连接，高压输电系统也是对称负载，也只用三根相线，这样可以节约大量的有色金属，降低施工费用。

（2）如果三相负载不对称，各相电流大小就不相等，相位差也不一定是120°，中线电流不为零，此时就不能省去中线。否则会影响电路正常工作，甚至造成事故。所以三相四线制中除尽量使负载平衡运行之外，还规定：中线上不准安装熔断器和开关。

【例 5-1】 在对称星形系统中已知线电压为380V，每相负载的阻抗为 $Z = 10\angle 53.1°$，试计算线电流。

解：

$$U_{py} = \frac{1}{\sqrt{3}}U_{ly} = \frac{380}{\sqrt{3}} = 220\text{V}$$

$$I_{ly} = I_{py} = \frac{U_p}{|Z_p|} = \frac{220}{10} = 22\text{A}$$

【例 5-2】 某三相四线制电路，线电压380V，各相接有220V，40W 灯泡50个，成星形接线。

（1）求全部灯泡使用时的各相电流与中线电流。

（2）求 V 相断电，U 相全开，W 相只开25个灯泡时各相负载上承受的电压与线电流。

（3）求中线断开，同时 V 相断电，U 相全开，W 相只开25个时各相负载上承受的电压与线电流。

解：（1）

$$U_p = \frac{1}{\sqrt{3}}U_l = \frac{380}{\sqrt{3}} = 220\text{V}$$

$$R_p = \frac{U_p^2}{50 \times P} = \frac{220^2}{50 \times 40} = 24.2\Omega$$

各相电流
$$I_1 = I_p = \frac{U_p}{R_p} = \frac{220}{24.2} = 9.09\text{A}$$

各相电流对称中线电流为零。

$$\dot{I}_N = \dot{I}_U + \dot{I}_V + \dot{I}_W = 0$$

（2）各相负载不同时，对应电阻分别为

$$R_U = 24.2\Omega \qquad R_V = \infty \qquad R_W = 48.4\Omega$$

由于中性线的作用，负载中性点的电位仍为零，因而各相负载承受的仍然是电源的相电压 220V，各相的线电流分别为

$$I_U = \frac{U_p}{R_U} = \frac{220}{24.2} = 9.09\text{A}$$

$$I_V = 0$$

$$I_W = \frac{U_p}{R_W} = \frac{220}{48.4} = 4.545\text{A}$$

（3）当中性线断开后，电路形成了 U、W 两相的负载串联在线电压 U_{UW} 下工作的情况，有

$$I_U = I_W = \frac{U_l}{R_U + R_W} = \frac{380}{24.2 + 48.4} = 5.23\text{A}$$

各自承受的电压与电阻成正比。

$$U_{Up} = 5.23 \times 24.2 = 127\text{V}$$

$$U_{Wp} = 5.23 \times 48.4 = 253\text{V}$$

也可以直接用串联分压公式求得同样的结果。

通过此例分析，我们看到了中性线在不对称负载中的作用就是流经负载的不平衡电流，从而保证各相负载电压的平衡。在星形接线不对称的电路中，如果中性线一旦断开，就会造成各相负载端电压的严重不平衡，低于额定电压的负载不能正常工作，高于额定电压的负载会因过电压而烧坏。

在电力输电线路中，为了保证中性线不断开，要求采用机械强度较高的导线，并且要求连接要良好，还规定有中性线上不准安装开关和熔断器。

5.2.2　负载的三角形连接

将三相负载的首尾依次串联起来，使其成为一个闭合的回路，再将三个连接点分别接在三相电源 U、V、W 三根相线上的连接方式称为三相负载的三角形连接，也就是要使各相负载都连接在电源的两根相线之间，如图 5-7a 所示。

5.2.2.1　负载端电压

不论负载对称与否，各相负载承受的电压均为对称的电源线电压，如图 5-7b 所示。

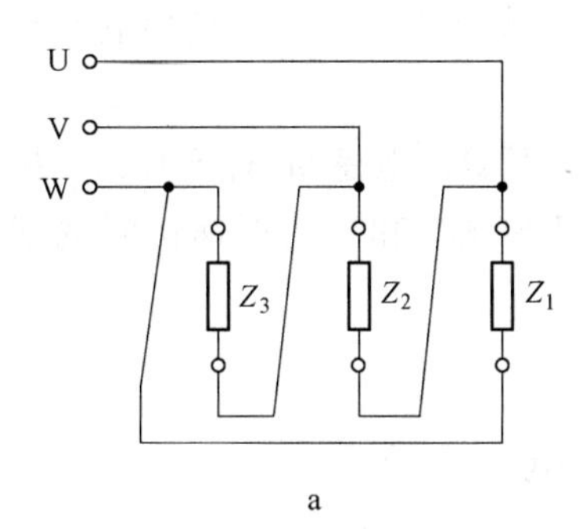

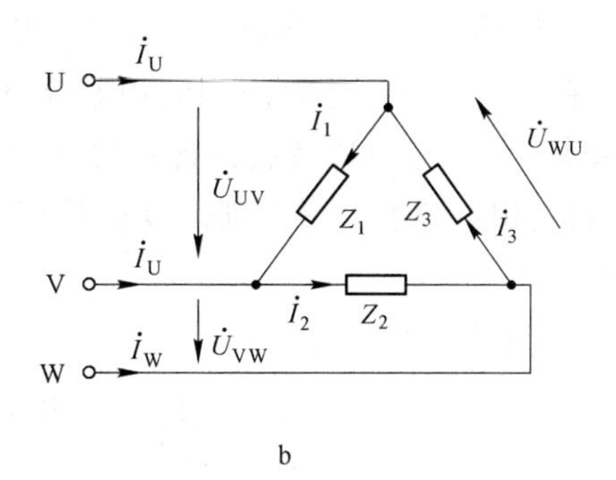

图 5-7 负载的三角形连接

我们按照前面的定义，把各相负载上承受的电压叫相电压，则相电压等于线电压，在负载对称条件下，即有：

$$U_{\Delta p} = U_{\Delta l} \tag{5-10}$$

5.2.2.2 相电流

各相负载上的电流有效值为

$$I_{\Delta p} = \frac{U_{\Delta p}}{|Z_p|}$$

同时，各相电压与各相电流的相位差也相同。即三相电流的相位差也互为 120°。各相电流的方向与该相的电压方向一致。

5.2.2.3 线电流

在展开图 5-7b 中可以清楚地看出负载作三角形接线时的电流关系，根据 KCL，应有

$$\dot{I}_U = \dot{I}_1 - \dot{I}_3$$

$$\dot{I}_V = \dot{I}_2 - \dot{I}_1$$

$$\dot{I}_W = \dot{I}_3 - \dot{I}_2$$

按照上述关系作出线电流和相电流的相量，如图 5-8 所示。

从图 5-8 中看出：各线电流在相位上比各相电流滞后 30°。由于相电流是对称的，所以线电流也对称，各相线电流之间也相差 120°。

按照三角函数余弦定理公式有

$$I_U = 2I_1\cos 30° = \frac{2I_1\sqrt{3}}{2} = \sqrt{3}I_1$$

所以负载作三角形接线时的电流关系为

$$I_{\Delta l} = \sqrt{3}I_{\Delta p} \tag{5-11}$$

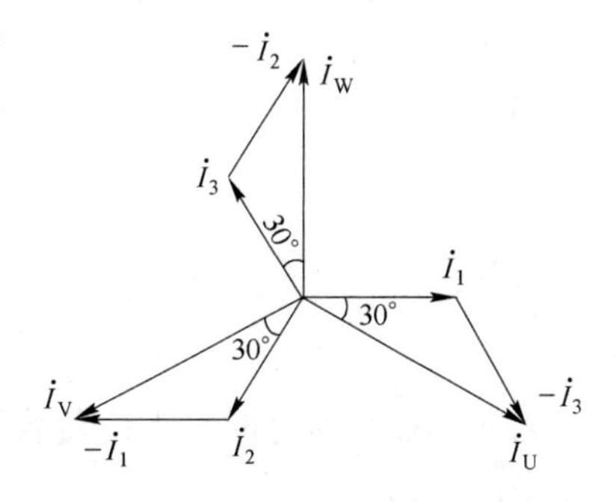

图 5-8 负载的三角形连接的电流相量

以上关系说明：对称三相负载呈三角形连接时，线电流的有效值是相电流有效值的 $\sqrt{3}$ 倍，线电流在相位上滞后于对应相的相电流 30°。

【例 5-3】 某三相对称负载，各相等效电阻 $R = 12\Omega$，电感抗 $X_L = 16\Omega$，接在线电压 $U_L = 380V$ 的三相电源上，试分别计算负载分别做星形连接和三角形连接时的线电流与相电流，并比较结果。

解：（1）负载星形连接

$$U_p = \frac{1}{\sqrt{3}}U_l = \frac{380}{\sqrt{3}} = 220V$$

$$I_p = \frac{U_p}{|Z_p|} = \frac{220}{\sqrt{12^2 + 16^2}} = 11A$$

$$I_{yl} = I_{yp} = 11A$$

（2）负载三角形连接

$$U_{\Delta p} = U_{\Delta l} = 380V$$

$$I_{\Delta p} = \frac{U_{\Delta p}}{|Z_p|} = \frac{380}{\sqrt{12^2 + 16^2}} = 19A$$

$$I_{\Delta l} = \sqrt{3}I_{\Delta p} = \sqrt{3} \times 19 = 33A$$

比较其结果可知，同一三相负载，在同一电源下作三角形连接时负载的端电压是作星形连接时的 $\sqrt{3}$ 倍，由于两种连接情况下的端电压不同，造成了通过各相负载的电流也不同，线电流上的相差则更大，三角形连接时线电流是作星形连接时线电流的 3 倍。这种结果说明，负载正常工作的额定电压是确定的，当负载的额定电压等于电源的线电压时，必须连接成三角形工作，如果接成星形就不能正常工作；而如果负载的额定电压等于电源的相电压时，就必须接成星形工作，如果接成三角形，就会因过压过流而损坏。

5.3　三相电路的功率

在前一章单相交流电路中，我们学习到了交流电路的有功功率、无功功率和视在功率三种形式，三相电路的功率实际就是三相电路上的各相功率之和，三相功率等于各相负载吸收功率的总和，也就是说，三相电路的功率同样有有功功率、无功功率和视在功率三种形式。

即

$$\left.\begin{aligned} P &= P_1 + P_2 + P_3 \\ Q &= Q_1 + Q_2 + Q_3 \\ S &= S_1 + S_2 + S_3 \end{aligned}\right\} \tag{5-12}$$

当三相负载对称时，无论负载是接成三角形还是星形，各相功率均相等，总功率为一相功率的三倍。

即

$$\left.\begin{aligned} P &= 3P_p = 3U_pI_p\cos\varphi \\ Q &= 3Q_p = 3U_pI_p\sin\varphi \\ S &= 3S_p = 3U_pI_p \end{aligned}\right\} \tag{5-13}$$

在实际生产中，因为负载的相电流是不易测量的，测量线电流则很方便，故此计算三相电路的功率时，更多的是通过线电压和线电流来计算。不论负载作星形连接还是三角形连接，总的有功功率、无功功率和视在功率，计算三相负载总功率的公式是相同的，即：

$$\left.\begin{aligned} P &= \sqrt{3}U_lI_l\cos\varphi \\ Q &= \sqrt{3}U_lI_l\sin\varphi \\ S &= \sqrt{3}U_lI_l \end{aligned}\right\} \tag{5-14}$$

【例 5-4】 一台三相异步电动机，铭牌标注额定电压为 380/220V，接线是星形/三角形，额定电流是 6.48/11.2A，$\cos\varphi = 0.84$。试分别计算出电源的线电压分别是 380V 和 220V 时，输入电动机的电功率。

解：（1）$U_l = 380$V 按照铭牌规定必须接为星形接线，对应线电流为 6.48A，故

$$\begin{aligned} P &= \sqrt{3}U_lI_l\cos\varphi \\ &= 1.732 \times 380 \times 6.48 \times 0.84 \\ &= 3584\text{W} \end{aligned}$$

（2）$U_l = 220$V 按照铭牌规定只能接为三角形接线，对应线电流为 11.2A，故

$$\begin{aligned} P &= \sqrt{3}U_lI_l\cos\varphi \\ &= 1.732 \times 220 \times 11.2 \times 0.84 \\ &= 3584\text{W} \end{aligned}$$

可见，按照铭牌规定的电压和接线相对应，在不同的电压条件下，电动机可以获得同样的功率。

【例 5-5】 某三相用电器，已知电源的线电压为 380V，各相的等效阻抗，试计算分别作星形和三角形连接时，从电源吸取的视在功率 S、有功功率 P 和无功功率 Q。

解：（1）电路作星形接线

$$U_{yp} = \frac{1}{\sqrt{3}}U_{yl} = \frac{380}{\sqrt{3}} = 220\text{V}$$

$$I_{yp} = \frac{U_{yp}}{|Z_p|} = \frac{220}{\sqrt{6^2 + 8^2}} = 22\text{A}$$

$$I_{yl} = I_{yp} = 22\text{A}$$

$$\cos\varphi = \frac{R}{Z} = \frac{6}{10} = 0.6$$

$$\sin\varphi = \frac{X}{Z} = \frac{8}{10} = 0.8$$

$$P=\sqrt{3}U_1I_1\cos\varphi=\sqrt{3}\times380\times22\times0.6=8688\text{W}\approx8.7\text{kW}$$

$$Q=\sqrt{3}U_1I_1\sin\varphi=\sqrt{3}\times380\times22\times0.8=11583\text{Var}\approx11.6\text{kVar}$$

$$S=\sqrt{3}U_1I_1=\sqrt{3}\times380\times22=14479\text{VA}\approx14.5\text{kVA}$$

（2）电路作三角形接线

$$U_{\Delta p}=U_{\Delta L}=380\text{V}$$

$$I_{\Delta p}=\frac{U_{\Delta p}}{|Z_p|}=\frac{380}{\sqrt{6^2+8^2}}=38\text{A}$$

$$I_{\Delta l}=\sqrt{3}I_{\Delta p}=\sqrt{3}\times38\approx66\text{A}$$

$$P=\sqrt{3}U_1I_1\cos\varphi=\sqrt{3}\times380\times66\times0.6=26063\text{W}\approx26.1\text{kW}$$

$$Q=\sqrt{3}U_1I_1\sin\varphi=\sqrt{3}\times380\times66\times0.8=34751\text{Var}\approx34.8\text{kVar}$$

$$S=\sqrt{3}U_1I_1=\sqrt{3}\times380\times66=43439\text{VA}\approx43.4\text{kVA}$$

此例说明：同一三相负载，在同一电源下作三角形与作星形连接时比较，除线电流相差3倍外，从电源吸取的功率也是相差3倍。这里再次提醒三相负载的星形与三角形连接不可乱接，必须按照各相负载的额定电压正确选择连接方式。

【例5-6】 如图5-9所示电路为 $U_L=6000\text{V}$ 的对称三相高压电网向工厂变电站供电，已知每条配电线的复阻抗为 $Z_1=1+\text{j}1.5\Omega$，变电站的变压器初级作星形连接，每相等效复阻抗为 $Z_2=30+\text{j}20\Omega$，试计算变压器的入端电压 U_2、吸收的功率 P_2 及配电线的传输效率。

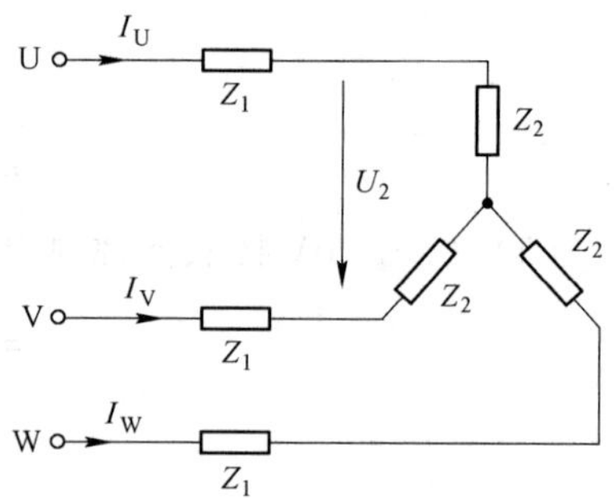

图5-9　例5-6电路图

解： 由于负载对称中性点电压为零，线路阻抗可以算作是与各相负载阻抗串联，于是

$$U_{yp}=\frac{U_{yl}}{\sqrt{3}}=\frac{6000}{\sqrt{3}}=3464\text{V}$$

以U相电压为参考相量

$$\dot{U}_u=3464\angle0°\ \ \text{V}$$

则有

$$\dot{I}_u=\frac{\dot{U}_u}{Z_1+Z_2}=\frac{3464\angle0°}{1+\text{j}1.5+30+\text{j}20}=\frac{3464\angle0°}{37.73\angle34.74°}$$

$$=91.81\angle-34.74°\ \text{A}$$

变电站中变压器初级的相电压相量为

$$\dot{U}_{2up}=Z_2\dot{I}_u=(30+\text{j}20)\times91.81\angle-34.74°$$

$$=36.06\angle33.69°\times91.81\angle-34.74°$$

$$=3311\angle -1.05^\circ\ \text{V}$$

变压器入端线电压的有效值

$$U_2 = \sqrt{3}U_{2\text{up}} = \sqrt{3}\times 3311 = 5735\text{V}$$

变电站从电网吸收的功率

$$P_2 = \sqrt{3}U_1I_1\cos\varphi_2 = \sqrt{3}\times 5735\times 91.81\times \cos 33.69^\circ = 758800\text{W} = 758.8\text{kW}$$

配电线上的消耗功率

$$\Delta P = 3I_1^2R_1 = 3\times 91.81^2\times 1 = 25290\text{W} = 25.29\text{kW}$$

电网输出的功率

$$P_1 = P_2 + \Delta P = 758.8 + 25.29 = 784.1\text{kW}$$

配电线上的传输效率

$$\eta = \frac{P_2}{P_1} = \frac{758.8}{784.1} = 0.9679 = 96.79\%$$

5.4 特殊不对称三相电路的分析

前面讨论的三相电路是三相负载对称的情况，而实际生产中有许多时候三相负载是不对称的，在不对称条件下，三相电路会出现一些与对称负载不一样的特点，如：

（1）当电源和负载都作星形连接时，电源的中性点与负载中性点不再是等电位点。用中性线将它们连接起来，中性线上就会出现电流。

（2）各相电压与电流之间不再存在对称关系，因而不可能由一相的计算结果直接写出其他两相的结果，也就是说不对称三相电路不能应用归结为一相的计算方法。

实际应用中，只能把不对称三相电路作为一个复杂电路，应用前面学过的方法来处理，在理论上并没有什么新的概念，这里不作深入的讨论，仅对于在星形-星形条件（电源和负载均作星形连接）下，负载不对称时引起的一些特点做初步地分析，因为在大多数情况下三相电源都是比较接近对称的可以看作对称来处理，而负载的不对称则是经常出现的。

图5-10所示为星形-星形连接不对称负载电路，$Z_U Z_V Z_W$ 为三相负载，两个中性点 NN′

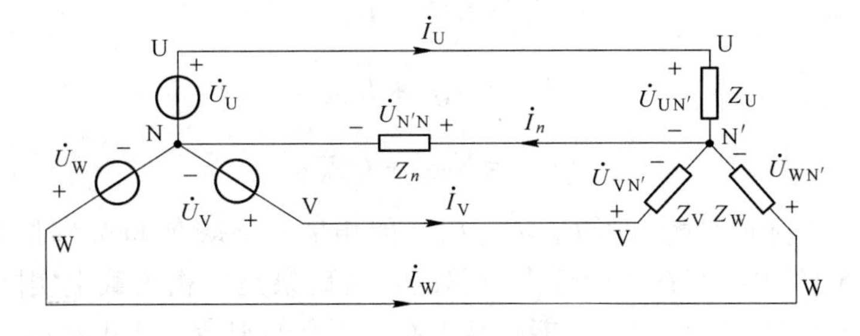

图5-10 不对称三相电路

间用复数阻抗为 Z_n 的中线连接起来。这实际上是一个复杂的正弦交流电路，它只有两个节点，因而用节点电位法是最方便的。

以电源中性点 N 为参考电位点，即：$\dot{V}_N = 0$

根据弥尔曼定理有

$$\dot{U}_{N'N} = \dot{V}_{N'} = \frac{\dfrac{\dot{U}_U}{Z_U} + \dfrac{\dot{U}_V}{Z_V} + \dfrac{\dot{U}_W}{Z_W}}{\dfrac{1}{Z_U} + \dfrac{1}{Z_V} + \dfrac{1}{Z_W} + \dfrac{1}{Z_n}} \tag{5-15}$$

这里用复导纳来表示阻抗

即
$$Y = \frac{1}{Z}$$

则上式写为

$$\dot{U}_{N'N} = \frac{\dot{U}_U Y_U + \dot{U}_V Y_V + \dot{U}_W Y_W}{Y_U + Y_V + Y_W + Y_n} \tag{5-16}$$

我们对式（5-15）作讨论如下：

当三相负载对称即 $Y_U = Y_V = Y_W$ 时，由于三相电源对称 $\dot{U}_U + \dot{U}_V + \dot{U}_W = 0$。故此两个中性点的电位相等，$\dot{U}_{N'N} = 0$；当三相负载不对称时，$\dot{U}_{N'N} \neq 0$。电源中性点与负载中性点之间电位不再相等。各电压的相量图如图 5-11 所示。

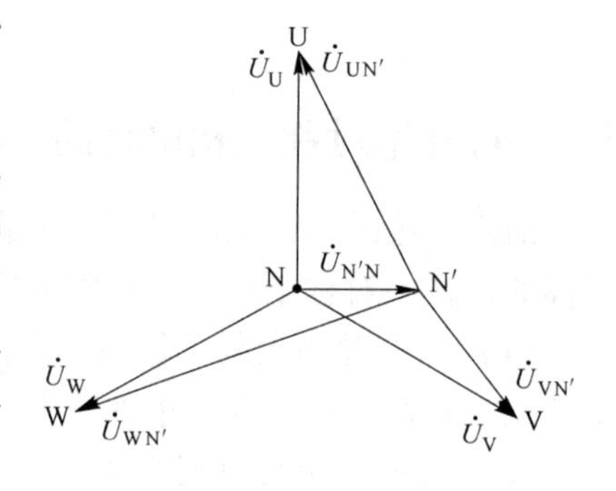

图 5-11　中性点位移

在图 5-11 中，因电源电压对称，$\dot{U}_U \dot{U}_V \dot{U}_W$ 三个相量仍是大小相等，相位上相差 120°，故此其相量图与前面学习到的相同，三个电源电压相量的始点即表示电源中性点 N，两个中性点之间的电压 $\dot{U}_{N'N}$ 由式（5-16）决定，计算出 $\dot{U}_{N'N}$ 后，可从 N 点出发，画出相量 $\dot{U}_{N'N}$，由此得到 N′点，即为负载的中性点，可以看到负载的中点 N′与电源的中点 N 不再重合而出现位移，通常称之为中性点位移，而把式（5-16）称之为中性点位移公式。

根据 KVL，有

$$\dot{U}_U = \dot{U}_{UN'} + \dot{U}_{N'N}$$

$$\dot{U}_V = \dot{U}_{VN'} + \dot{U}_{N'N}$$

$$\dot{U}_W = \dot{U}_{WN'} + \dot{U}_{N'N}$$

于是，负载上实际承受的电压 $\dot{U}_{UN'} \dot{U}_{VN'} \dot{U}_{WN'}$ 的相量就是从 N′点分别指向 U、V、W 三个点的相量。图 5-11 中我们看到中性点位移的直接后果是三相负载上实际承受的电压不再平衡，有的小于正常值，使负载不能正常工作，而有的则会大于正常值，使负载过压过流而烧毁。

实际中如何解决这一问题呢？由中性点位移公式（5-16）可知，在电源对称的条件下，中性点位移是由于负载的不对称导致的，但是位移量的大小则是取决于中线上的复阻抗 Z_n，如果没有中性线，相当于 $Z_n = \infty$，这样导致的后果是最严重的；而如果令 $Z_n = 0$，$Y_n = \infty$ 则 $\dot{U}_{N'N} = 0$，没有中性点位移。当中性线不长，且采用较粗的导线时，就接近这种情况，这时即使负载不对称，由于中线上的阻抗很小，会使得各相负载的电压接近于对称。

综上所述，在照明电路，生活用电等线路中必须采用三相四线制，且中性线必须有足够的强度和粗度。

本 章 小 结

三相电路是交流复杂电路的一种特殊形式，对其分析计算的依据仍然是基尔霍夫两条定律。三相电路的特点是：（1）三相电源的电压是对称的；（2）电源和负载都有三角形和星形两种接法。本章着重讨论了对称三相电路的计算。

1. 在三相电源多为三相四线制电源，可以提供线电压和相电压两个电压，它们之间的关系是：

$$U_1 = \sqrt{3}U_p$$

低压配电系统中常见 380/220V 这一电压等级，也就是说，线电压是 380V，相电压是 220V。

2. 负载作星形连接时，各相负载上得到的是电源的相电压，线电流与相电流相等。负载平衡时可以不要中性线，负载不平衡时，必须要中性线，否则就会造成三相负载上的电压不平衡，使其不能正常工作，甚至烧坏设备。

3. 负载作三角形连接时，各相负载上得到的是电源的线电压，而线电流与相电流之间相差 $\sqrt{3}$ 倍，它们之间的关系为：

$$I_{\Delta l} = \sqrt{3}I_{\Delta p}$$

同样的负载在相同电源下作星形和三角形接线时，会存在 3 倍的电流差和功率差，因而三相电路的接线是不能任意改变的。

4. 三相电路的功率是三相的功率之和，在对称负载中应用最多的三相功率计算式是：

$$P = \sqrt{3}U_1I_1\cos\varphi$$

式中，电流和电压是线电流与线电压，功率因数角是负载的阻抗角。

5. 在三相负载不对称条件下，三相电路必须采用中性线，否则会造成中性点位移，而使负载电压不平衡。

习题与思考题

5-1 已知电压 $u_{WU} = 380\sqrt{2}\sin(314t + 60°)$ V，试写出 U_{UV}、U_{VW}、U_{WU}的解析式。

5-2 已知图 5-12 中 V_1 表读数为 380V，指出各表的读数。

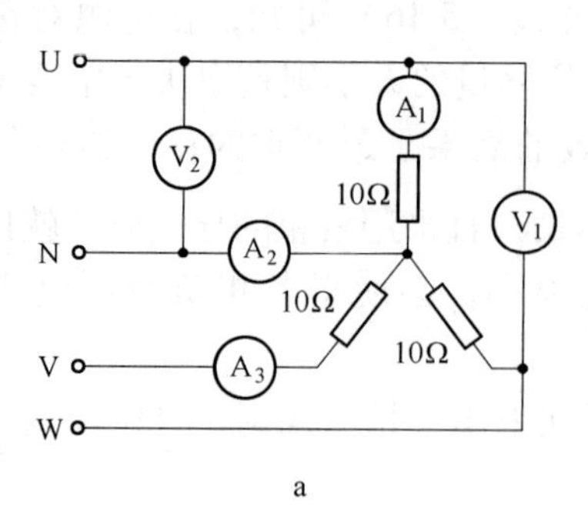

a

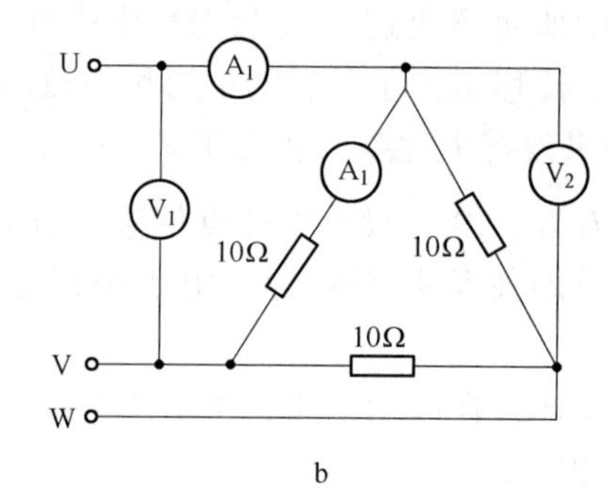

b

图 5-12　题 5-2 图

5-3　三相对称负载，已知 $Z=3+\mathrm{j}4\Omega$，接在 $U_L=380\mathrm{V}$ 的三相四线制电源上，试计算当负载作星形连接时的 I_L，I_P，S，P，Q。

5-4　计算题 5-3 中负载作三角形连接时的 I_L，I_P，S，P，Q。

5-5　已知对称三相电路的线电压 $U_l=380\mathrm{V}$，各相负载阻抗 $Z=10+\mathrm{j}15\Omega$。

（1）若负载为星形连接，求相电压和负载吸收的功率。

（2）若负载为三角形连接，求线电流和负载吸收的功率。

5-6　一台三相异步电动机，定子绕组按照星形连接在 $U_L=380\mathrm{V}$ 的三相电源上，测出线电流为 6A，总的有功功率为 3kW，试计算各相绕组的等效电阻 R 和等效电感抗的数值。

5-7　某三相对称负载成三角形接线，接到线电压为 220V 的三相电源上，测得各相线上的电流均为 17. 3A，三相功率为 4. 5kW。试求各相负载的电阻和感抗。

5-8　某三相三线制输电线路向高压负载供电，负载吸收的功率为 50kW，$\cos\varphi=0.6$ 感性，每根导线的复阻抗为 $Z_l=(1+\mathrm{j}2)\Omega$，若要保证负载端线电压为 6000V，电源端线电压应为多少？

5-9　三相对称线电压的有效值为 220V，给三个单相负载供电，第一组是电感性负载功率为 35. 2kW，功率因数 0. 8，连接在 UV 线间；第二组和第三组都是电阻性负载功率均为 33kW，分别连接在 VW 和 WU 两线间，求各线电流。

5-10　求题 5-9 中 V 相电源断线时的各线电流。

6 耦合电感与理想变压器

知识点

1. 耦合电感与去耦等效。
2. 同名端。
3. 理想变压器。
4. 含互感电路的分析方法。
5. 含理想变压器电路的分析方法。

学习要求

1. 理解互感线圈、互感系数、耦合系数的含义。
2. 理解互感电压和互感线圈的同名端。
3. 掌握互感线圈串联去耦等效及T型去耦等效方法。
4. 理解理想变压器的含义。
5. 掌握含有互感耦合电路去耦等效的分析方法。
6. 掌握理想变压器变换电压、电流及阻抗的关系。

6.1 耦合电感元件

6.1.1 耦合电感的概念

在实际应用电路中，含有互感耦合元件的电路形式是最常见的，如变压器就是一个带有铁心的互感耦合器件。互感耦合元件属于多端动态元件，其电流电压关系也是微分关系。

通过第3章的学习，我们知道电感量与磁链的关系为

$$L = \frac{N\Phi}{i} = \frac{\psi}{i}$$

而:

$$u = \frac{\mathrm{d}\psi}{\mathrm{d}t} = L\frac{\mathrm{d}i}{\mathrm{d}t}$$

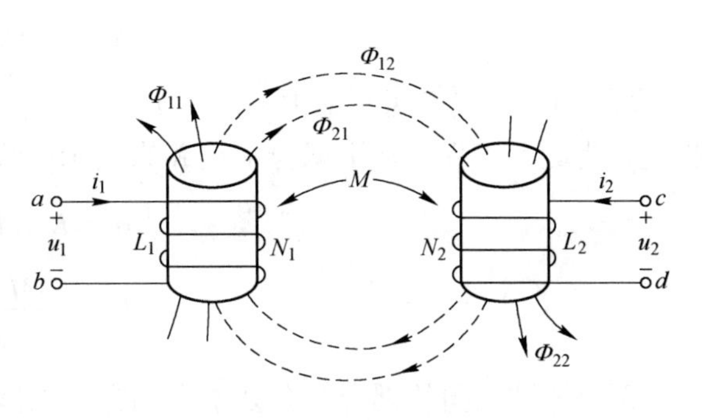

图6-1　磁通相助的耦合电感

图6-1是两个相距很近的电感线圈，当线圈1中通入电流 i_1 时，在线圈1中就会产生自感磁通 Φ_{11}，而其中势必会有一部分磁通 Φ_{21}，它不仅穿过本线圈1，同时也穿过相邻线圈2。同样，若在线圈2中

通入电流 i_2，它产生的自感磁通 Φ_{22}，其中也会有一部分磁通 Φ_{12}不仅穿过线圈 2，同时也穿过线圈 1。像这种一个线圈的磁通与另一个线圈相交链的现象，称为磁耦合，即互感。像 Φ_{21}和 Φ_{12}这种穿过相邻线圈的磁通称为互感磁通。

假定穿过线圈每一匝的磁通都相等，则交链线圈 1 的自感磁链与互感磁链分别为

$$\psi_{11} = N_1\Phi_{11}$$

$$\psi_{12} = N_1\Phi_{12} \tag{6-1}$$

交链线圈 2 的自感磁链与互感磁链分别为

$$\psi_{22} = N_2\Phi_{22}$$

$$\psi_{21} = N_2\Phi_{21} \tag{6-2}$$

类似于自感系数的定义，互感系数的定义为：

$$M_{21} = \frac{\psi_{21}}{i_1} \tag{6-3}$$

$$M_{12} = \frac{\psi_{12}}{i_2} \tag{6-4}$$

式（6-3）表明线圈 1 对线圈 2 的互感系数 M_{21}，等于穿越线圈 2 的互感磁链与激发该磁链的线圈 1 中的电流之比。式（6-4）则表明线圈 2 对线圈 1 的互感系数 M_{12}，等于穿越线圈 1 的互感磁链与激发该磁链的线圈 2 中的电流之比。

可以证明

$$M_{21} = M_{12} = M \tag{6-5}$$

故此我们以后不再加下标，一律用 M 表示两线圈的互感系数，简称互感。互感的单位与自感相同，也是亨利（H）。

因为 $\Phi_{21}\leqslant\Phi_{11}$，$\Phi_{12}\leqslant\Phi_{22}$，所以

$$\psi_{21}\cdot\psi_{12}\leqslant\psi_{11}\cdot\psi_{22}$$

$$M^2 i_1 i_2\leqslant L_1L_2 i_1 i_2$$

$$M^2\leqslant L_1L_2$$

同此可以得出这一结论：两线圈的互感系数小于等于两线圈自感系数的几何平均值，即

$$M\leqslant\sqrt{L_1L_2} \tag{6-6}$$

式（6-6）仅说明互感 M 比 $\sqrt{L_1L_2}$ 小（或相等），但并不能说明 M 比 $\sqrt{L_1L_2}$ 小到什么程度。为此，工程上常用耦合系数 K 来表示两线圈的耦合松紧程度，其定义为

$$M = K\sqrt{L_1L_2}$$

即

$$K = \frac{M}{\sqrt{L_1L_2}} \tag{6-7}$$

两个线圈之间的耦合只会处于全耦合与无耦合之间，即 $0\leqslant K\leqslant 1$，K 值越大，说明两个线圈之间耦合越紧，当 $K=1$ 时，称全耦合，当 $K=0$ 时，说明两线圈没有耦合。

耦合系数 K 的大小与两线圈的结构、相互位置以及周围磁介质有关。如图 6-2a 所示的两线圈绕在一起，其 K 值可能接近 1。相反，如图 6-2b 所示，两线圈相互垂直，其 K 值可能近似于零。由此可见，改变或调整两线圈的相互位置，可以改变耦合系数 K 的大小。

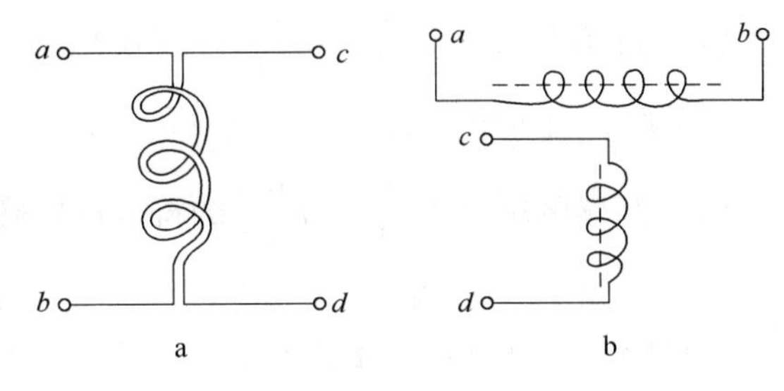

图 6-2 全耦合与无耦合

6.1.2 耦合电感元件的电压、电流关系

前面分析已知，每个交链线圈上磁链由自感磁链与互感磁链组成，也就是每一交链线圈的磁链不仅与该线圈本身的电流有关，也与另一个线圈的电流有关，故其电压也势必与本线圈流经的电流和另一线圈流经的电流有关。

当有互感的两线圈上都有电流时，产生磁通的方向可能有两种情况：

（1）磁通相助。如果每个线圈的电压、电流为关联参考方向，而自感磁通又与互感磁通方向一致时，我们称其为磁通相助，图 6-1 就是磁通相助的情况。这种情况，互感线圈 1、2 的端电压与电流关系分别为：

$$u_1 = \frac{\mathrm{d}\psi_1}{\mathrm{d}t} = L_1 \frac{\mathrm{d}i_1}{\mathrm{d}t} + M \frac{\mathrm{d}i_2}{\mathrm{d}t}$$

$$u_2 = \frac{\mathrm{d}\psi_2}{\mathrm{d}t} = L_2 \frac{\mathrm{d}i_2}{\mathrm{d}t} + M \frac{\mathrm{d}i_1}{\mathrm{d}t} \qquad (6\text{-}8)$$

式中，$L_1 \frac{\mathrm{d}i_1}{\mathrm{d}t}$、$L_2 \frac{\mathrm{d}i_2}{\mathrm{d}t}$ 分别为线圈 1、2 的自感电压，而 $M \frac{\mathrm{d}i_2}{\mathrm{d}t}$ 和 $M \frac{\mathrm{d}i_1}{\mathrm{d}t}$ 分别为线圈 1 和线圈 2 的互感电压。

（2）磁通相消。如果每个线圈的电压、电流为关联参考方向，而自感磁通与互感磁通的方向相反，则称为磁通相消，如图 6-3 所示。

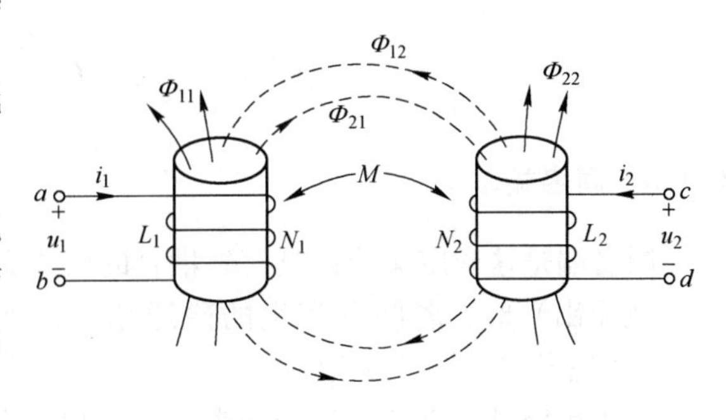

图 6-3 磁通相消的耦合电感

当磁通相消时，耦合电感的电压、电流关系方程式为：

$$u_1 = \frac{\mathrm{d}\psi_1}{\mathrm{d}t} = L_1 \frac{\mathrm{d}i_1}{\mathrm{d}t} - M \frac{\mathrm{d}i_2}{\mathrm{d}t}$$

$$u_2 = \frac{\mathrm{d}\psi_2}{\mathrm{d}t} = L_2 \frac{\mathrm{d}i_2}{\mathrm{d}t} - M \frac{\mathrm{d}i_1}{\mathrm{d}t} \qquad (6\text{-}9)$$

综上所述，针对磁通相助、相消两种情况的电压关系，可以得出式（6-8）和式（6-9）中各项的正负号取值规律。

（1）自感电压项 $L_1\frac{\mathrm{d}i_1}{\mathrm{d}t}$、$L_2\frac{\mathrm{d}i_2}{\mathrm{d}t}$ 取正还是取负，取决于本电感的 u、i 的参考方向是否关联，若关联，自感电压取正；反之取负。

（2）互感电压项 $M\frac{\mathrm{d}i_2}{\mathrm{d}t}$、$M\frac{\mathrm{d}i_1}{\mathrm{d}t}$ 的符号这样确定：当两线圈电流均从同名端流入（或流出）时，线圈中磁通相助，互感电压与该线圈中的自感电压同号，即自感电压取正号时互感电压亦取正号，自感电压取负号时互感电压亦取负号；与之相反，当两线圈电流从异名端流入（或流出）时，由于线圈中磁通相消，故互感电压与自感电压异号，即自感电压取正号时互感电压取负号，反之亦然。

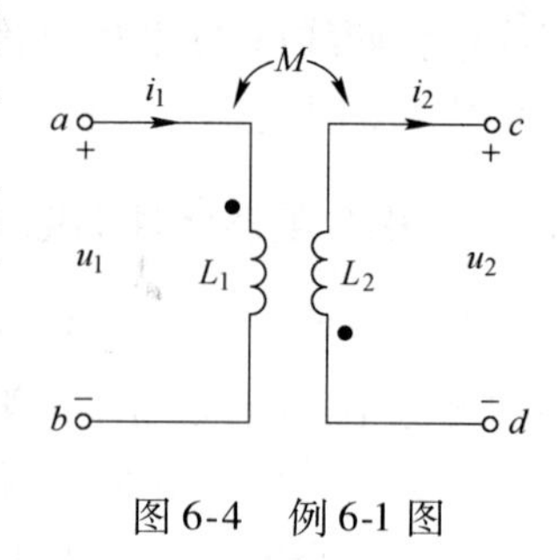

图 6-4　例 6-1 图

【例 6-1】 试写出图 6-4 中 u、i 关系的表达式。

解： 首先看 u、i 的方向是否关联，来决定自感项的正负。图中可见 u_1 与 i_1 的方向是关联方向，所以 $L_1\frac{\mathrm{d}i_1}{\mathrm{d}t}$ 取正，而 u_2 与 i_2 的方向非关联，故此 $L_2\frac{\mathrm{d}i_2}{\mathrm{d}t}$ 应该取负；然后看磁通相助还是相消，来决定互感项的正负取值。图中 i_1 与 i_2 均从同名端流入，故此互感项的正负应该与自感项相同，即 $M\frac{\mathrm{d}i_2}{\mathrm{d}t}$ 取正，$M\frac{\mathrm{d}i_1}{\mathrm{d}t}$ 取负。

于是得表达式

$$u_1=L_1\frac{\mathrm{d}i_1}{\mathrm{d}t}+M\frac{\mathrm{d}i_2}{\mathrm{d}t}$$

$$u_2=-L_2\frac{\mathrm{d}i_2}{\mathrm{d}t}-M\frac{\mathrm{d}i_1}{\mathrm{d}t}$$

6.1.3　同名端

同名端是这样定义的：具有磁耦合的两线圈，当电流分别从两线圈各自的某端同时流入（或流出）时，若两者产生的磁通相助，就称这两端为互感线圈的同名端，用黑点“·”或星号“*”作标记。

在图 6-5a 中，当 i_1、i_2 分别由端纽 a 和 d 流入（或流出）时，它们各自产生的磁通相助，因此 a 端和 d 端是同名端（当然 b 端和 c 端也是同名端）；a 端与 c 端（或 b 端与 d

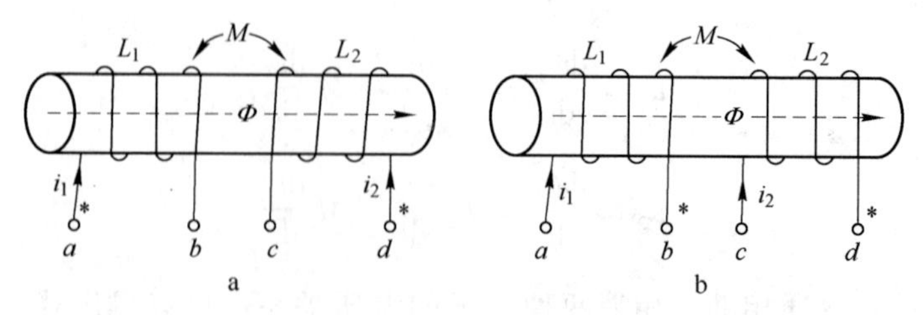

图 6-5　互感线圈的同名端

端）称异名端。而图 6-5b 中则只有当 i_1、i_2 分别由端组 a 和 c 流入（或流出）时，它们各自产生的磁通才能相助，因此图 6-5b 中的 a 端和 c 端是同名端。b 端和 d 端也是同名端。

明确了同名端规定后，像图 6-5a、b 所示的互感线圈在电路中可以用图 6-6a、b 所示的电路模型表示。

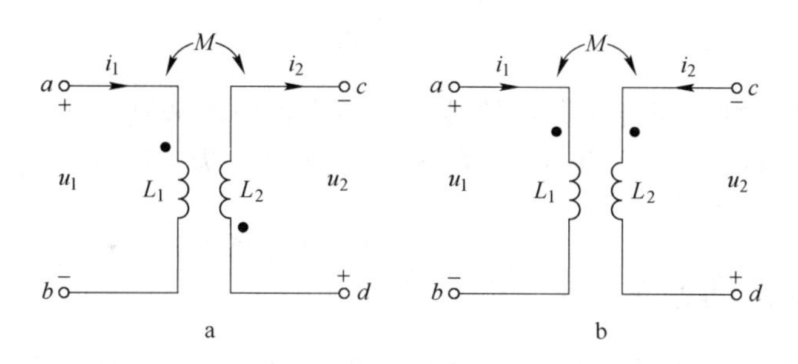

图 6-6　互感线圈的电路模型

在图 6-6a 中，电流 i_1、i_2 分别从 a、d 端流入，磁通相助，图中各线圈的 u、i 均为关联参考方向，两线圈上的电压分别为

$$u_1 = L_1 \frac{\mathrm{d}i_1}{\mathrm{d}t} + M \frac{\mathrm{d}i_2}{\mathrm{d}t}$$

$$u_2 = L_2 \frac{\mathrm{d}i_2}{\mathrm{d}t} + M \frac{\mathrm{d}i_1}{\mathrm{d}t}$$

在图 6-6b 中，i_1 仍从 a 端流入，而 i_2 从 c 端流入，两电流均从同名端流入，仍是磁通相助，u_1、i_1 为关联参考方向，而 u_2、i_2 为非关联参考方向，两线圈上的电压分别为

$$u_1 = L_1 \frac{\mathrm{d}i_1}{\mathrm{d}t} + M \frac{\mathrm{d}i_2}{\mathrm{d}t}$$

$$u_2 = -L_2 \frac{\mathrm{d}i_2}{\mathrm{d}t} - M \frac{\mathrm{d}i_1}{\mathrm{d}t}$$

6.1.4　同名端的判别方法

同名端问题在工程实际中具有重要意义，这一问题就是电机变压器等电器设备的绕组首尾问题，如果接线时找不对绕组的首尾，会发生严重的事故。

像图 6-5 这样的图中，我们用右手螺旋法则就可以轻易地看出磁通相消还是相助，从而找出同名端，但是在实际工作中的互感线圈是密封的，我们只能看到四个线头，无法知道线圈的内部绕向，也就无法用右手螺旋法则来判断同名端，这种情况下我们只能用实验的手段来判断同名端了。

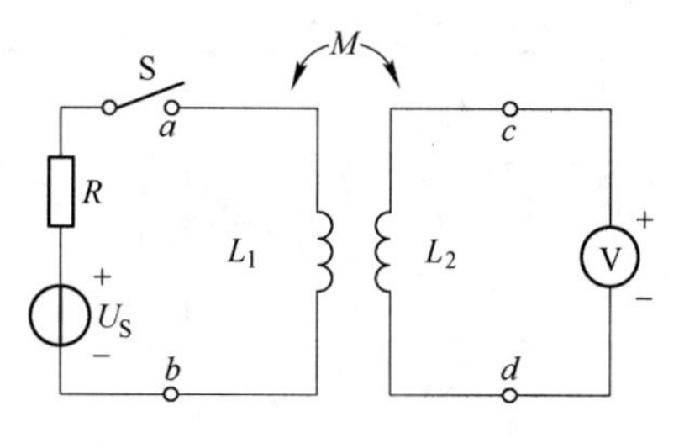

图 6-7　同名端的测定

图 6-7 为常用的测试电路，a、b、c、d 为四个未知首尾的线头，用万用表就可轻易测出 a、b 和 c、d 各为一个线圈。我们取直流电压源、直流电压表、限流电阻和开关各一只，按照图示电路完成接线，当开

关 S 闭合的瞬间，两个线圈上必然产生感应电压。

$$u_1 = L_1 \frac{\mathrm{d}i_1}{\mathrm{d}t}$$

$$u_2 = M \frac{\mathrm{d}i_1}{\mathrm{d}t}$$

连接在 c、d 间的电压表将会发生偏转，如果是正向偏转则说明 c 端为实际的高电位端，那么 a 与 c 就是同名端；如果是反向偏转则说明 d 端为实际的高电位端，同名端就应该是 a 与 d 了。

6.2　耦合电感的去耦等效

两个耦合线圈上的电压电流关系，与同名端的位置及各个线圈上电流电压是否关联等因素相关，从而导致了表达式出现多种形式，这对于我们分析含有互感的电路问题来说是非常不方便的。本节讨论如何通过电路的等效变换去掉耦合电感，从而简化含有互感耦合电路的分析。

6.2.1　耦合电感的串联等效

耦合电感的串联有两种方式——顺接和反接。图 6-8a 所示 L_1 和 L_2 两个串联在一起的互感线圈它们的异名端相连接，这种形式叫做顺接串联。

图 6-8b 为图 6-8a 的等效电路，由所示电压电流的参考方向及互感线圈的电流电压关系，可得

$$u = u_1 + u_2 = L_1 \frac{\mathrm{d}i}{\mathrm{d}t} + M \frac{\mathrm{d}i}{\mathrm{d}t} + L_2 \frac{\mathrm{d}i}{\mathrm{d}t} + M \frac{\mathrm{d}i}{\mathrm{d}t}$$

$$= (L_1 + L_2 + 2M) \frac{\mathrm{d}i}{\mathrm{d}t} = L \frac{\mathrm{d}i}{\mathrm{d}t}$$

于是有

$$L = L_1 + L_2 + 2M \tag{6-10}$$

由此可知，顺接串联的耦合电感可以用一个等效电感 L 来代替，等效电感 L 的值由式（6-10）来定。

耦合电感的另一种串联方式是反接串联。如图 6-9a 所示，反接串联是同名端相连接。

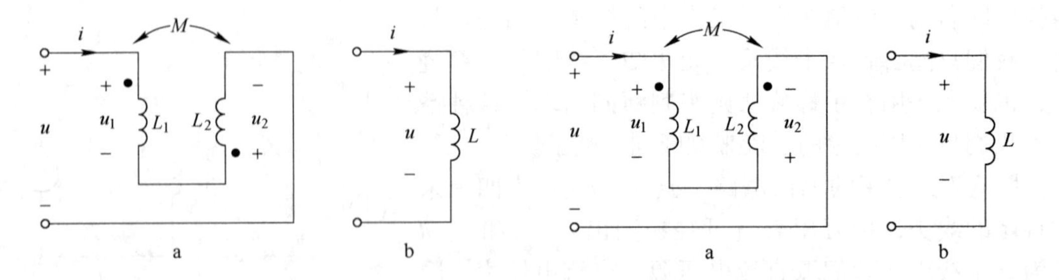

图 6-8　互感线圈的顺接等效　　图 6-9　互感线圈的反接串联等效

由所示电压电流的参考方向及互感线圈的电流电压关系，特别注意到电流 i 是从 L_1 的同名端流入，从 L_2 的同名端流出，互感项都是负值，可得

$$u = u_1 + u_2 = L_1\frac{\mathrm{d}i}{\mathrm{d}t} - M\frac{\mathrm{d}i}{\mathrm{d}t} + L_2\frac{\mathrm{d}i}{\mathrm{d}t} - M\frac{\mathrm{d}i}{\mathrm{d}t}$$

$$= (L_1 + L_2 - 2M)\frac{\mathrm{d}i}{\mathrm{d}t} = L\frac{\mathrm{d}i}{\mathrm{d}t}$$

于是有

$$L = L_1 + L_2 - 2M \tag{6-11}$$

由此可知，反接串联的耦合电感可以用一个等效电感 L 代替，等效电感 L 的值由式（6-11）来定。

6.2.2 耦合电感的 T 型等效

互感耦合线圈的串联等效适用于两端电路的等效，而互感耦合线圈电路许多时候是多端电路，这就必须用 T 型去耦等效的办法。下面分两种情况加以讨论。

6.2.2.1 同名端为公共端的 T 型去耦等效

图 6-10a 所示为互感耦合线圈，由标识可知，L_1 的 b 端与 L_2 的 d 端是同名端，当然 a、c 两端也是同名端，由电压和电流的参考方向可知，两线圈的电压与电流都是关联方向，i_1 和 i_2 均从同名端流入。

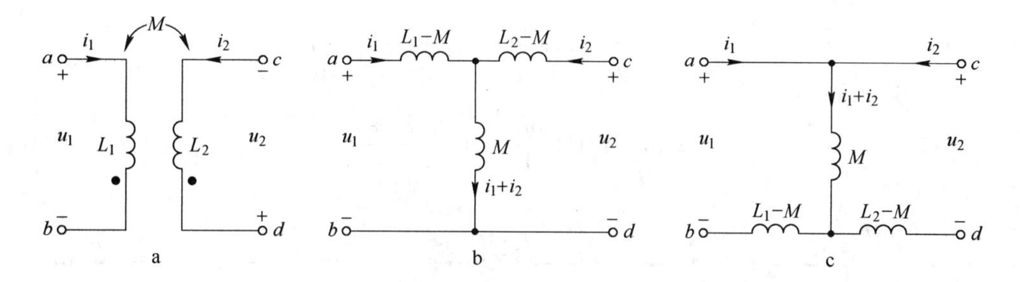

图 6-10　同名端为公共端的 T 型去耦等效

两线圈上的电压分别为

$$u_1 = L_1\frac{\mathrm{d}i_1}{\mathrm{d}t} + M\frac{\mathrm{d}i_2}{\mathrm{d}t}$$

$$u_2 = L_2\frac{\mathrm{d}i_2}{\mathrm{d}t} + M\frac{\mathrm{d}i_1}{\mathrm{d}t}$$

将以上两式经恒等数学变换，可得

$$u_1 = L_1\frac{\mathrm{d}i_1}{\mathrm{d}t} - M\frac{\mathrm{d}i_1}{\mathrm{d}t} + M\frac{\mathrm{d}i_1}{\mathrm{d}t} + M\frac{\mathrm{d}i_2}{\mathrm{d}t}$$

$$= (L_1 - M)\frac{\mathrm{d}i_1}{\mathrm{d}t} + M\frac{\mathrm{d}(i_1 + i_2)}{\mathrm{d}t} \tag{6-12}$$

$$u_2 = L_2\frac{\mathrm{d}i_2}{\mathrm{d}t} - M\frac{\mathrm{d}i_2}{\mathrm{d}t} + M\frac{\mathrm{d}i_2}{\mathrm{d}t} + M\frac{\mathrm{d}i_1}{\mathrm{d}t}$$

$$=(L_2-M)\frac{di_2}{dt}+M\frac{d(i_1+i_2)}{dt} \tag{6-13}$$

根据式（6-12）和式（6-13），可以画出两式的T型等效电路如图6-10b所示。在图6-10b中，虽然有3个电感元件，但是它们相互间已经无互感，它们的自感系数分别为L_1-M、L_2-M和M，又连接成T型结构形式，所以称之为互感线圈的T型去耦等效电路。如果我们把a和c两端看作公共端，则可以有图6-10c电路形式。

6.2.2.2 异名端为公共端的T型去耦等效

图6-11a所示也是两个互感耦合线圈，与图6-10a两电路相比较结构一样，只是具有互感的两支路的异名端在同一侧，两线圈上的电压分别为

$$u_1=L_1\frac{di_1}{dt}-M\frac{di_2}{dt}$$

$$u_2=L_2\frac{di_2}{dt}-M\frac{di_1}{dt}$$

同样将以上两式经数学变换，可得

$$u_1=L_1\frac{di_1}{dt}+M\frac{di_1}{dt}-M\frac{di_1}{dt}-M\frac{di_2}{dt}$$

$$=(L_1+M)\frac{di_1}{dt}-M\frac{d(i_1+i_2)}{dt} \tag{6-14}$$

$$u_2=L_2\frac{di_2}{dt}+M\frac{di_2}{dt}-M\frac{di_2}{dt}-M\frac{di_1}{dt}$$

$$=(L_2+M)\frac{di_2}{dt}-M\frac{d(i_1+i_2)}{dt} \tag{6-15}$$

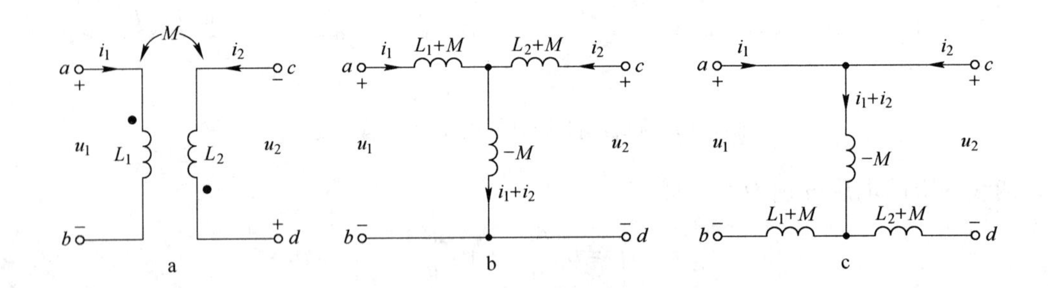

图6-11 异名端为公共端的T型去耦等效

画得T型等效电路如图6-11b所示，这里图6-11b中$-M$为一等效的负电感，应该说明的是$-M$只是一种数学形式，它没有任何物理意义，因为负电感是不可能制造的。

同理，如果我们把图6-11a中的a和c两端看作公共端，也可以有图6-11c电路形式。

【例6-2】 求在图6-12a所示电路中a、b间的等效电感。

解： T型等效电路正确与否的关键是要弄清等效电路与原电路的对应端子，为了保证不出错，可以采用标号法，即在选定公共端后，就将其标注为③，而对于左右两个互感耦

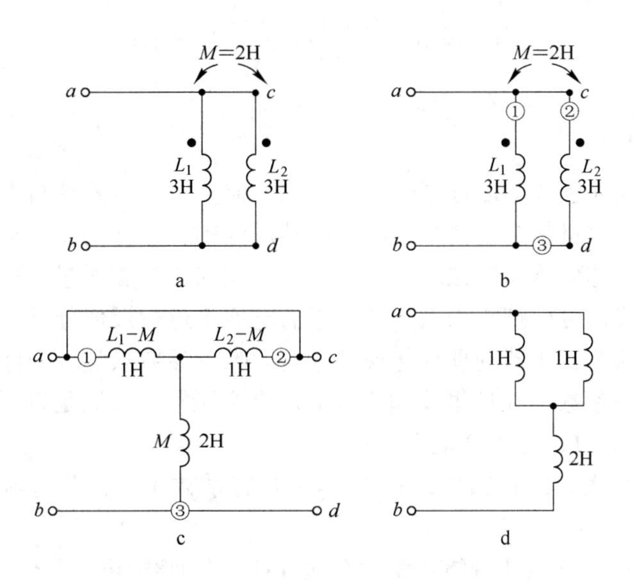

图 6-12　例 6-2 图

合线圈的另外两端分别标注为①和②，如图 6-12b 所示。

由于两线圈的公共端是同名端，故①和②之间串联元件的值应为 L_1-M 和 L_2-M，并联元件的值为 M，同时注意到 a、c 之间是相连接的，故此在 T 型等效电路中①和②必须用一条线连接起来，于是得图 6-12c 所示电路。在图 6-12c 电路中不难看出三个元件之间已经变成简单的串并联关系了，所以电路可以整理成图 6-12d 的样子。

由此可得

$$L_{ab}=\frac{1\times 1}{1+1}+2=2.5\mathrm{H}$$

【例 6-3】　求在图 6-13a 所示的电路中 a、b 间的等效电感。

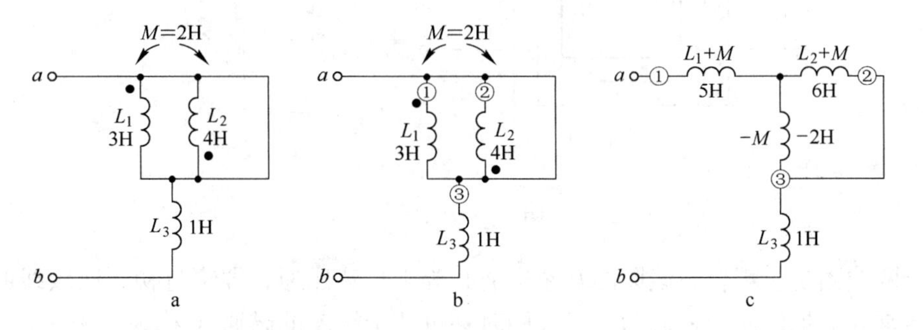

图 6-13　例 6-3 图

解： 先做标号，公共端为③，左右两互感线圈的另外两端分别标注为①和②，如图 6-13b所示。由于是异名端为公共端，串联元件的值应为 L_1+M 和 L_2+M，并联元件的值为 $-M$，同时要注意保留②、③之间连线，得 T 型等效电路如图 6-13c 所示。

可得

$$L_{ab} = 5 + \frac{6 \times (-2)}{6 - 2} + 1 = 3\text{H}$$

6.3　理想变压器

变压器是建立在互感线圈原理基础上的实用电器，由于铁磁性材料具有高磁导率的特殊性质，当我们用铁磁材料穿过两个线圈，使其成为耦合磁通的闭合通路时，就构成实用的铁芯变压器了。铁芯变压器中铁芯上的磁通量远比周边的磁通量大得多，两个线圈几乎处于全耦合状态，我们可以把它当做一种理想的电器来进行近似分析。

理想变压器是铁芯变压器的理想化模型，它的唯一参数只是一个称之为变比的常数 n，而不是 L_1、L_2、M 等参数。在这里我们所说的理想变压器应该满足以下 3 个理想条件：

（1）耦合系数 $K=1$，即为全耦合。

（2）参数为无穷大，即自感系数 L_1 与 L_2、互感系数 M、铁芯材料的磁导率 μ 均为无穷大。

（3）无任何损耗，这意味着绕线圈的金属导线无任何电阻。

工程上实际制作的变压器是不可能这样理想的，只能尽量接近这三个理想条件，譬如尽量选择磁导率高的玻莫合金和硅钢片做铁芯，并尽量减少空气隙，使磁路有很好的磁导率性能；选择电阻率很小的铜导线做线圈，并尽量增加匝数以提高 L_1 和 L_2。

6.3.1　理想变压器的变电压关系

图 6-14a 表示匝数分别为 N_1 和 N_2 的初、次级两个线圈，绕制在一个理想的环形铁磁材料上所构成的铁芯变压器，设定两边电流方向要形成磁通相助，即 i_1、i_2 分别从同名端流入，初、次级电压 u_1、u_2 与各自线圈上的电流 i_1、i_2 为关联参考方向。

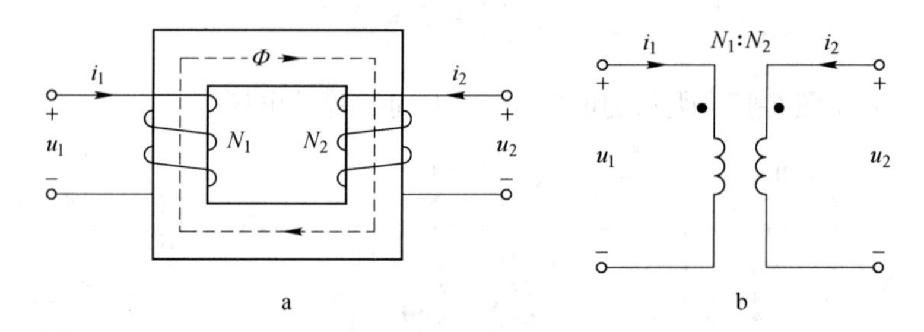

图 6-14　变压器

由于两线圈是全耦合，线圈的互感磁通必等于自感磁通，即穿过初、次级线圈的磁通相同，通常我们把以闭合铁芯为路径，同时穿过两个线圈的磁通 Φ 称为主磁通。

初、次级线圈交链的磁链 ψ_1、ψ_2 分别为

$$\psi_1 = N_1\Phi$$

$$\psi_2 = N_2\Phi$$

由法拉第电磁感应可知，对 ψ_1、ψ_2 求导，即得初、次级电压分别为

$$u_1 = \frac{\mathrm{d}\psi_1}{\mathrm{d}t} = N_1 \frac{\mathrm{d}\Phi}{\mathrm{d}t}$$

$$u_2 = \frac{\mathrm{d}\psi_2}{\mathrm{d}t} = N_2 \frac{\mathrm{d}\Phi}{\mathrm{d}t}$$

所以有

$$\frac{u_1}{u_2} = \frac{N_1}{N_2} = n \tag{6-16}$$

或写作

$$u_1 = nu_2$$

式（6-16）为理想变压器初、次级电压之间的变换关系公式，式中 n 称为匝数比或变压比，它等于初级与次级线圈的匝数之比。

理想变压器的电路模型如图 6-14b 所示。

我们知道同名端的定义是指瞬时极性相同的端，这一定义决定了理想变压器中初、次级的电压极性，如图 6-15 所示。通常初级作为电源端，习惯上把上端头作为瞬时极性的“+”端，在图 6-15a 中，同名端标注在同一侧 a、c 时，次级电压的瞬时极性也应和初级电压相同，上正下负；而图 6-15b 的同名端是 a、d，不在同一侧，次级电压的瞬时极性就与初级电压的相反。由此可见，次级电压的参考方向取“+”还是取“-”，仅取决于初级电压的参考方向与同名端的位置。

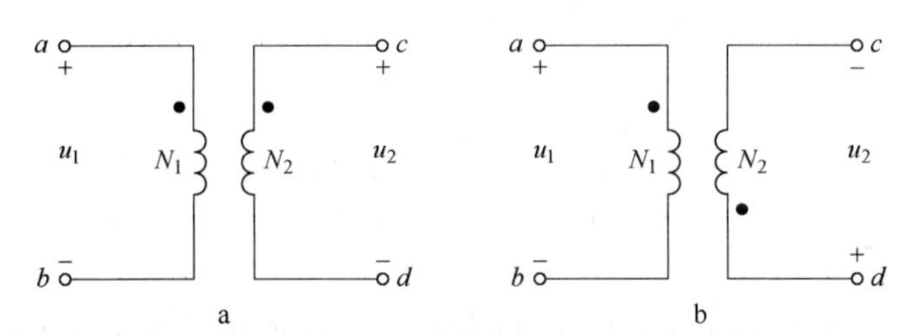

图 6-15　变压器电压的参考方向

6.3.2　理想变压器的变电流关系

图 6-16a 表示理想变压器的负载状态，Z_L 为变压器所带负载，电压电流的参考方向仍然沿用图 6-14 的参考方向。磁路中，两个线圈的电流起到给铁芯共同励磁的作用，或者说变压器磁路中的磁动势是由两个线圈上的磁动势叠加而成的。

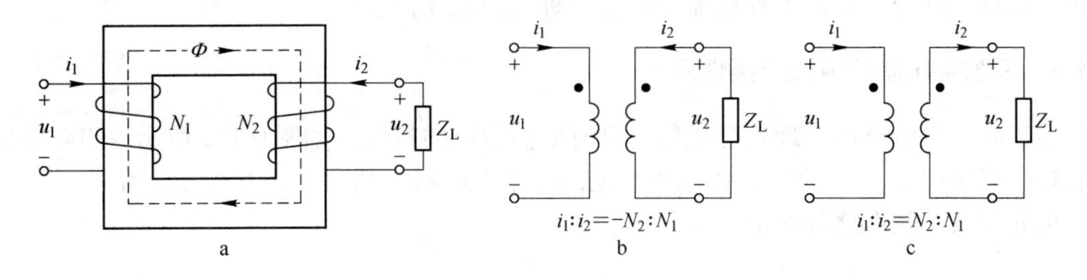

图 6-16　负载的理想变压器

由安培环路定律得

$$i_1N_1 + i_2N_2 = Hl$$

又因 $H = \dfrac{B}{\mu}$，则 $Hl = \dfrac{\Phi}{\mu s}l$。

由于理想变压器铁芯材料的磁导率 μ 为无穷大，磁通 Φ 为有限值，因此其磁动势必为零。即

$$i_1N_1 + i_2N_2 = Hl = 0$$

$$i_1N_1 = -i_2N_2$$

则有

$$\frac{i_1}{i_2} = -\frac{N_2}{N_1} = -\frac{1}{n} \tag{6-17}$$

式（6-17）说明理想变压器初、次级电流之间也存在着变换的关系，这一关系与电压比恰好相反，即变压器的电流比是电压比的倒数，而负号表明了实际电流的方向与图6-16a、b中所示方向恰好相反，而应该与图6-16c中所示方向相同。

以上分析说明理想变压器具有变换电压和同时变换电流的作用。在正弦稳态下，对于图6-16a、b的相量形式为

$$\frac{\dot{U}_1}{\dot{U}_2} = \frac{N_1}{N_2} = n \tag{6-18}$$

$$\frac{\dot{I}_1}{\dot{I}_2} = -\frac{N_2}{N_1} = -\frac{1}{n} \tag{6-19}$$

还应该注意的是：

（1）对于变电流关系式取“+”还是取“-”，仅取决于电流参考方向与同名端的位置。当初、次级电流 i_1、i_2 分别从同名端同时流入（或同时流出）时，该式冠以“-”号，反之若 i_1、i_2 一个从同名端流入，一个从异名端流入，该式冠以“+”号。

（2）理想变压器任意时刻吸收的功率恒等于零。例如对图6-16a所示的理想变压器，其瞬时功率为

$$p(t) = u_1i_1 + u_2i_2 = nu_2\left(-\frac{1}{n}i_2\right) + u_2i_2 = 0$$

即理想变压器不消耗能量也不储存能量，从初级线圈输入的功率全部都能从次级线圈输出到负载。理想变压器不存储能量，是一种无记忆元件。

6.3.3 理想变压器的阻抗变换性质

在正弦稳态电路中，理想变压器还具有变换阻抗的特性，如图6-17a所示理想变压器，次级接负载阻抗 Z_L，并设定次级电压、电流参考方向以负载边关联参考方向为准。

由此得其正弦电路相量形式为

$$\dot{U}_1 = \frac{N_1}{N_2}\dot{U}_2 \tag{6-20}$$

$$\dot{I}_1 = \frac{N_2}{N_1}\dot{I}_2 \tag{6-21}$$

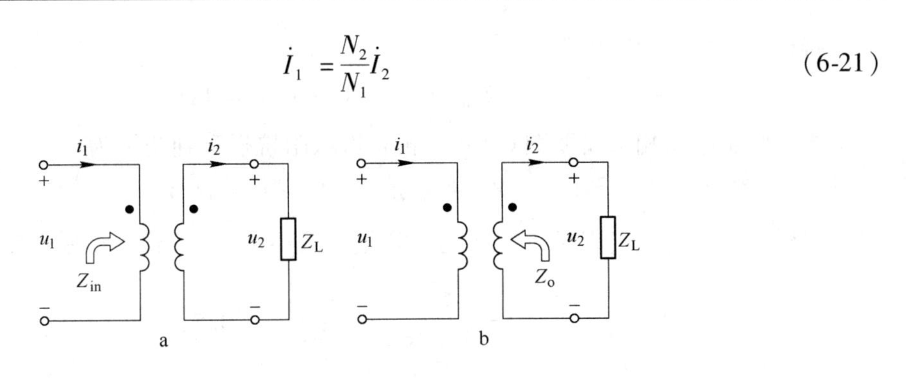

图 6-17 变压器的阻抗变换

从输入端看，输入阻抗为 Z_{in}。

显然，$Z_{in} = \dfrac{\dot{U}_1}{\dot{I}_1}$。将式（6-20）与式（6-21）带入，得

$$Z_{in} = \frac{\frac{N_1}{N_2}\dot{U}_2}{\frac{N_2}{N_1}\dot{I}_2} = \left(\frac{N_1}{N_2}\right)^2 \frac{\dot{U}_2}{\dot{I}_2} = n^2 Z_L \tag{6-22}$$

式（6-22）表明，对于初级来讲，次级所接阻抗 Z_L 相当于在初级接一个值为 $n^2 Z_L$ 的阻抗。这就说明理想变压器有变换阻抗的作用。

习惯上我们把这里的 Z_{in} 称为次级对初级的折合阻抗。应该注意的是理想变压器的阻抗变换作用只能改变阻抗的大小，而不能改变阻抗的性质。实际应用中，当电阻负载 R_L 接在变压器次级时，在变压器初级相当于接 $(N_1/N_2)^2 R_L$ 的电阻。如果改变 $n = N_1/N_2$，输入电阻 $n^2 R_L$ 也改变，所以可利用改变变压器匝数比来改变输入电阻，实现与电源匹配，使负载获得最大功率。例如音响电路的输出变压器就是起到这样的作用。

同理，如果要将初级所接的阻抗变换到次级时，则有

$$Z_o = \frac{1}{n^2} Z_1 \tag{6-23}$$

通过上述分析可知，理想变压器有 3 个主要变换性能，即变压器不仅可以变换电压，还可以变换电流和变换阻抗。

【例 6-4】 在图 6-18 所示电路中，已知理想变压器的变比 $n = 4$，电压源 $u_S = 10\sqrt{2}\sin t$V。求初级电流 i_1 及 1Ω 电阻上消耗的有功功率。

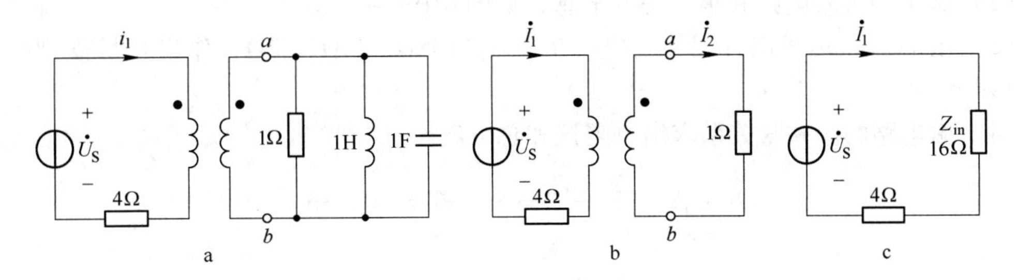

图 6-18 例 6-4 图

解：先求出次级阻抗为

$$Z_{ab} = 1 /\!/ j1 /\!/ -j1 = 1\Omega$$

于是画出电路相量模型图 6-18b，再将次级阻抗折算到初级为

$$Z_{in} = n^2 Z_{ab} = 4^2 \times 1 = 16\Omega$$

这样在求解初级电流时，电路就可简化为图 6-18c，而不必考虑次级回路了。故有

$$\dot{I}_1 = \frac{\dot{U}_S}{4+16} = \frac{10\angle 0^\circ}{20} = 0.5\angle 0^\circ$$

于是

$$i_1 = 0.5\sqrt{2}\sin t \text{ A}$$

最后计算 1Ω 电阻上消耗的有功功率，这里可以采用两种方法求得。

方法一：直接利用初级电流和折合阻抗求取

$$P = I_1^2 R_{in} = I_1^2 Z_{in} = 0.5 \times 0.5 \times 16 = 4\text{W}$$

方法二：利用次级电流和原电阻求取，根据图 6-18b

$$I_2 = nI_1 = 4 \times 0.5 = 2\text{A}$$

$$P = I_2^2 R = 2 \times 2 \times 1 = 4\text{W}$$

6.4　含有互感耦合或理想变压器电路的分析方法

含有互感耦合线圈的电路或者是含有理想变压器的电路，利用等效变换关系后，都是可以简化为第 3 章或者第 4 章那样的普通电路来进行求解的，但变换的各种电路情况对于初学者来说需要一个逐步掌握的过程，本节通过例题的形式，列举几种常见的电路情况来介绍求解方法。

6.4.1　含有互感耦合电路的分析方法

通过前面所学，我们已知含有互感的电路可以用串联等效或者 T 型等效的办法，把互感去掉，这样就将复杂的互感耦合电路变成了简单的、互不牵连的单个电感元件组成的电路，就可以利用前面章节学到的电路分析方法对互感耦合电路进行求解了。

【例 6-5】　含有互感线圈的正弦稳态电路如图 6-19a 所示，已知 $L_1 = 7\text{H}$，$L_2 = 4\text{H}$，$M = 2\text{H}$，$R = 8\Omega$，$u_S = 20\sqrt{2}\sin t$ V，求电流 i_1。

解：(1) 对互感元件的线端做标记，如图 6-19b 所示。

(2) 做 T 型等效电路并求出等效电感，如图 6-19c 所示。

(3) 由 $jX_L = j\omega L$ 求出各元件的电抗值分别为 j5Ω，j2Ω，j2Ω，作出相量模型图，如图 6-19d 所示。

(4) 由电路的串并联关系求出总阻抗和总电流。

$$Z = 8 + j5 + \frac{j2 \times j2}{j2 + j2} = 8 + j6 = 10\angle 36.9^\circ\ \Omega$$

$$\dot{I} = \frac{\dot{U}_S}{Z} = \frac{20\angle 0^\circ}{10\angle 36.9^\circ} = 2\angle -36.9^\circ \text{ A}$$

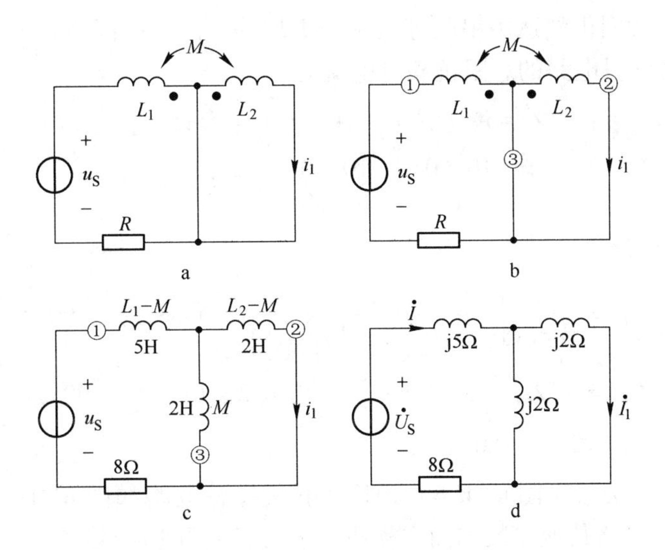

图 6-19　例 6-5 图

(5) 根据分流公式

$$\dot{I}_1 = \frac{j2}{j2 + j2}\dot{I} = \frac{1}{2}\dot{I} = 1\angle -36.9^\circ \text{ A}$$

于是　　$i_1 = \sqrt{2}\sin(t - 36.9^\circ)$ A

【例 6-6】　在图 6-20a 所示正弦稳态电路中，已知各元件的阻抗值为 $\omega L_1 = 8\Omega$，$\omega L_2 = 6\Omega$，$\omega M = 4\Omega$，$\frac{1}{\omega_C} = 2\Omega$，$\dot{U}_S = 10\angle 0^\circ$V。求电流 $\dot{I}_C$ 和电压 $\dot{U}_C$。

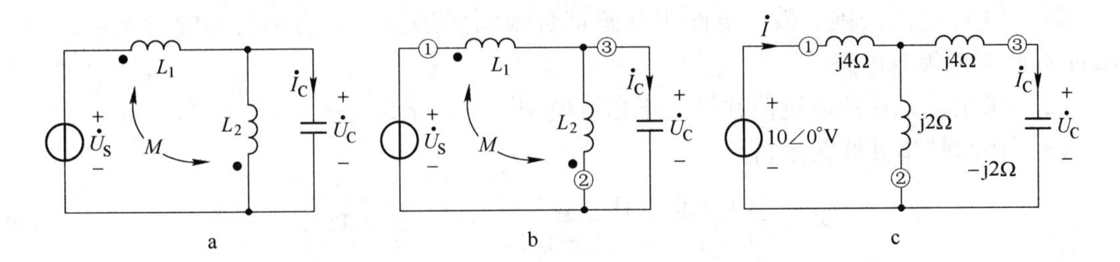

图 6-20　例 6-6 图

解：(1) 类似本题两个电感值不同的电路，为避免出错，一定要注意先标示线端标记，公共端标示为③，另外两端分别标注为①和②，如图 6-20b 所示。

(2) 由于公共端是同名端，①和②之间的串联阻抗依次为

$$j\omega(L_1 - M) = j\omega L_1 - j\omega M = j8 - j4 = j4\Omega$$

$$j\omega(L_2 - M) = j\omega L_2 - j\omega M = j6 - j4 = j2\Omega$$

而与③之间的并联阻抗为

$$j\omega M = j4$$

得 T 型等效电路，如图 6-20c 所示。这里我们看到，由于 $jX_L = j\omega L$，故以电感抗形

式出现的互感耦合线圈仍然适用串联等效法和T型等效法做去耦等效。

（3）由图6-20c得电路的总阻抗和总电流为

$$Z = \mathrm{j}4 + \mathrm{j}2 \mathbin{/\!/} (\mathrm{j}4 - \mathrm{j}2) = \mathrm{j}5\Omega$$

$$\dot{I} = \frac{10\angle 0^\circ}{\mathrm{j}5} = \frac{10\angle 0^\circ}{5\angle 90^\circ} = 2\angle -90^\circ\mathrm{A}$$

（4）由分流公式得

$$\dot{I}_{\mathrm{C}} = \frac{\mathrm{j}2}{\mathrm{j}2 + (\mathrm{j}4 - \mathrm{j}2)}\dot{I} = \frac{1}{2} \times 2\angle -90^\circ = 1\angle -90^\circ\mathrm{A}$$

$$\dot{U}_{\mathrm{C}} = -\mathrm{j}2\dot{I}_{\mathrm{C}} = -\mathrm{j}2 \times \angle -90^\circ = 2\angle(-90^\circ - 90^\circ)$$

$$= 2\angle -180^\circ\mathrm{V}$$

【例6-7】 含有互感线圈且 $M = 0.5\mathrm{H}$ 的正弦稳态电路如图6-21a所示，已知 $u_{\mathrm{S}} = 20\sin(2t + 45^\circ)\mathrm{V}$，电路其他参数如图中标注，求负载电阻上吸收的平均功率 P_{L}。

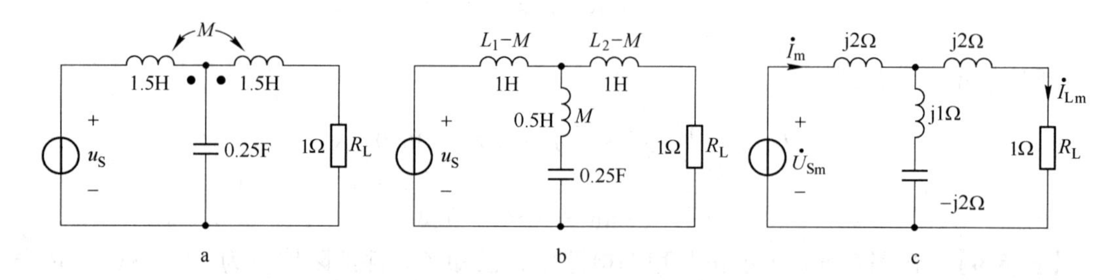

图6-21　例6-7图

解：（1）先做去耦等效，电路中互感耦合线圈属于公共端为同名端的情况，故得图6-21b所示T型等效电路。

（2）求出各元件的电抗值并标注于相量模型图中，于是得图6-21c所示电路。

（3）由阻抗串并联关系得

$$Z = \frac{(1 + \mathrm{j}2)(\mathrm{j}1 - \mathrm{j}2)}{(1 + \mathrm{j}1) + (\mathrm{j}1 - \mathrm{j}2)} + \mathrm{j}2 = \frac{\sqrt{2}}{2}\angle 45^\circ\Omega$$

$$\dot{I}_{\mathrm{m}} = \frac{\dot{U}_{\mathrm{Sm}}}{Z} = \frac{20\angle 45^\circ}{\frac{\sqrt{2}}{2}\angle 45^\circ} = 20\sqrt{2}\angle 0^\circ\mathrm{A}$$

由分流公式得

$$Z = \frac{(1 + \mathrm{j}2)(\mathrm{j}1 - \mathrm{j}2)}{(1 + \mathrm{j}1) + (\mathrm{j}1 - \mathrm{j}2)} + \mathrm{j}2 = \frac{\sqrt{2}}{2}\angle 45^\circ\Omega$$

$$\dot{I}_{\mathrm{Lm}} = \frac{\mathrm{j}1 - \mathrm{j}2}{1 + \mathrm{j}2 + \mathrm{j}1 - \mathrm{j}2}\dot{I}_{\mathrm{m}} = 20\angle -135^\circ\mathrm{A}$$

负载电阻上吸收的平均功率

$$P_{\mathrm{L}} = I_{\mathrm{L}}^2 R_{\mathrm{L}} = \frac{1}{2}I_{\mathrm{Lm}}^2 R_{\mathrm{L}} = \frac{1}{2} \times 20^2 \times 1 = 200\mathrm{W}$$

【例 6-8】 图 6-22a 所示电路开关动作前已经稳定，$t=0$ 时，将 S 从 a 扳到 b，求 $t>0$ 时的电流 i。

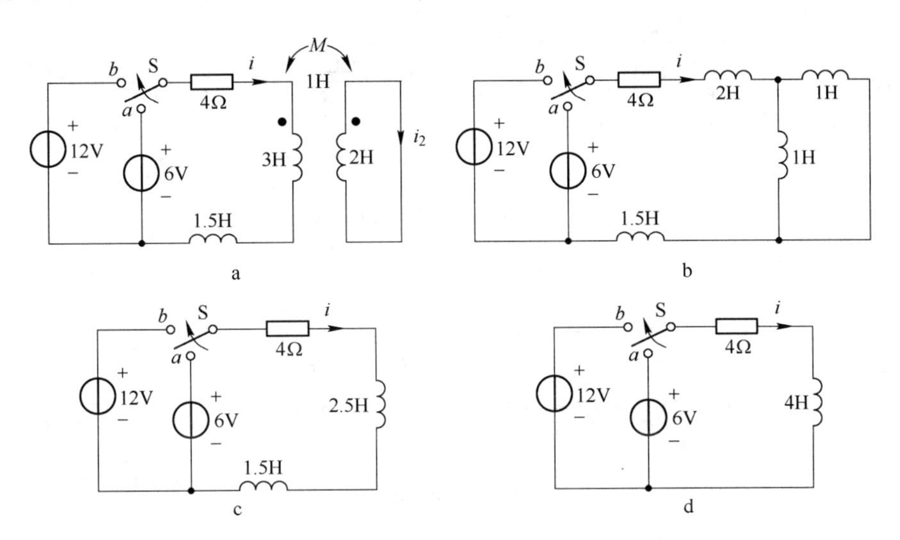

图 6-22 例 6-8 图

解：本题是含有互感耦合线圈的动态电路，解题思路应为首先做去耦等效，求出总的等效电感后再按照三要素法进行求解。

首先把两个互感耦合线圈做 T 型等效，得图 6-22b 所示电路，对电路分析可得，四个电感构成了串并联电路。图 6-22c 和图 6-22d 为等效电感的求解过程。

得到图 6-22d 的等效电路就可按照三要素公式法求解了。

开关动作前电路稳定，电感相当于短路，于是

$$i(0_-) = \frac{6}{4} = 1.5\text{A}$$

根据换路定律 $$i_L(0_+) = i_L(0_-) = 3\text{A}$$

$$i(0_+) = i(0_-) = 1.5\text{A}$$

当 $t=\infty$ 时，电感仍然是短路的，故此

$$i(\infty) = \frac{12}{4} = 3\text{A}$$

时间常数 $$\tau = \frac{L}{R} = \frac{4}{4} = 1\text{s}$$

由三要素公式 $$i_L(t) = i_L(\infty) + [i_L(0_+) - i_L(\infty)]\text{e}^{-\frac{t}{\tau}}$$

可得 $$i(t) = 3 + (1.5-3)\text{e}^{-t} = 3 - 1.5\text{e}^{-t}$$

【例 6-9】 在图 6-23a 所示含有互感的正弦稳态电路中，耦合元件的参数为 L_1、L_2 和 M，电源电压的角频率为 ω，次级线圈开路，试计算变比 $K=\dfrac{\dot{U}_1}{\dot{U}_2}$。

解：本题是异名端为公共端的互感耦合电路，注意到 T 型等效电路中的等效电感应该

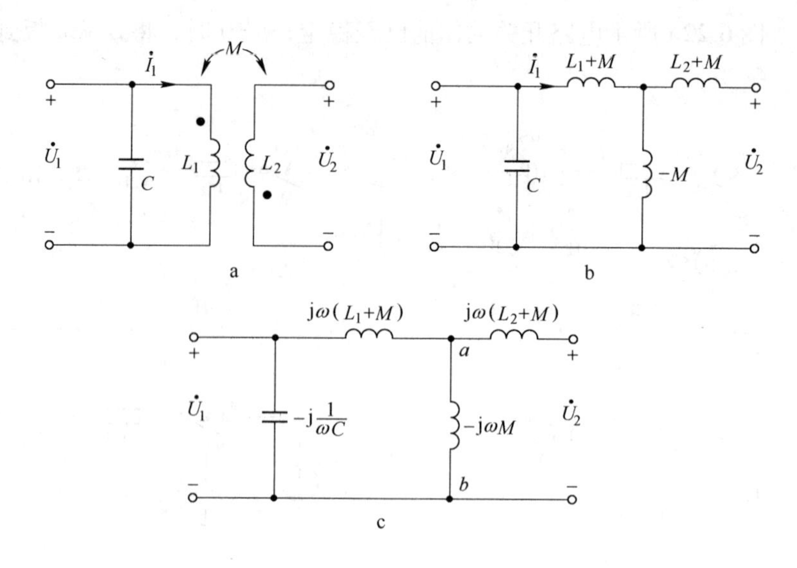

图 6-23　例 6-9 图

为 L_1+M，L_2+M 和 $-M$，做 T 型等效后，得如图 6-23b 所示电路，画出相量模型图如图 6-23c 所示。

分析本题所求的变比 K 是在次级开路（空载）条件下的，$\mathrm{j}\omega(L_2+M)$ 元件上不通过电流，也就不产生压降，故此 U_2 仅是 $-\mathrm{j}\omega M$ 元件上的电压 U_{ab}，可以利用分压关系求得

$$\dot{U}_2=\dot{U}_{ab}=\frac{-\mathrm{j}\omega M}{\mathrm{j}\omega(L_1-M)-\mathrm{j}\omega M}\times\dot{U}_1$$

$$=\frac{-\mathrm{j}\omega M}{\mathrm{j}\omega L_1}\times\dot{U}_1=-\frac{M}{L_1}\dot{U}_1$$

于是，变比为

$$K=\frac{\dot{U}_1}{\dot{U}_2}=-\frac{L_1}{M}$$

式中，负号说明输出电压 U_2 与输入电压 U_1 之间的极性是相反的。

6.4.2　含有理想变压器电路的分析方法

与含有互感线圈电路一样，对于含有理想变压器的电路，我们可以充分利用变压器的变换特性，对电路进行求解。理想变压器电路，一般都应该是正弦稳态电路，这是因为理想变压器是建立在参数 L_1、L_2 和 M 都是无穷大基础上的，从而其阻抗模 ωL_1、ωL_2、ωM 也都应该是无穷大，只有交变电路才存在 ω，而对于直流来说，$\omega=0$，这个基础就不存在了。所以，直流电路不能使用变压器，当然也不能用理想变压器来分析。

一般说来，分析求解含有理想变压器的电路步骤为：

（1）从阻抗变换入手，通常需要将次级阻抗折算到初级。

（2）求解含有折算阻抗的初级电路响应，对于次级电路暂不考虑。

（3）将初级电流和电压利用理想变压器的变换关系，求出次级的电压和电流。

【例 6-10】 在图 6-24a 所示的含有理想变压器电路中，已知电压源 $\dot{U}_S = 36\angle 0°$ V，试求电源电流 $\dot{I}_S$ 及次级电压 $\dot{U}_2$。

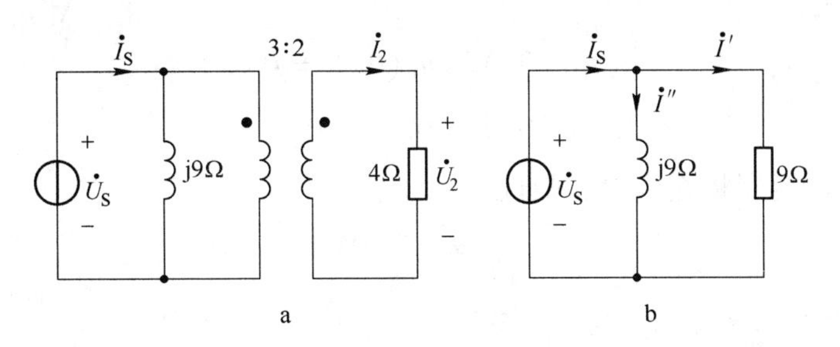

图 6-24 例 6-10 图

解：按照一般含有理想变压器电路的解题步骤，首先将次级电阻折算到初级

$$Z_{in} = n^2 Z_2 = \left(\frac{3}{2}\right)^2 \times 4 = 9\Omega$$

于是得图 6-24b 所示的等效电路，各电流

$$\dot{I}' = \frac{36\angle 0°}{9} = 4\text{A}$$

$$\dot{I}'' = \frac{36\angle 0°}{\text{j}9} = 4\angle -90°\ \text{A}$$

初级电源电流为

$$\dot{I}_S = \dot{I}' + \dot{I}'' = 4 - \text{j}4 = 4\sqrt{2}\angle -45°$$

次级电压为

$$\dot{U}_2 = \frac{1}{n}\dot{U}_1 = \frac{2}{3} \times 36\angle 0° = 24\angle 0°\ \text{V}$$

【例 6-11】 在图 6-25 电路中，理想变压器的变比为 2∶1，开关 S 闭合前电容器上无储能，$t=0$ 时开关闭合，求开关动作后的电压 $u_2(t)$。

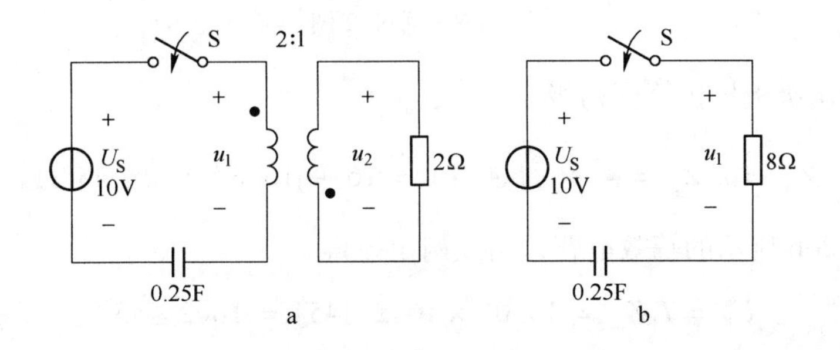

图 6-25 例 6-11 图

解：本题是含有理想变压器的动态电路，解题思路为首先将次级电阻折算到初级，然后再按照三要素法进行求解。

$$Z_{in} = n^2 Z_2 = 2^2 \times 2 = 8\Omega$$

折算后的等效电路如图 6-25b 所示。

由换路定律得

$$u_C(0_+) = u_C(0_-) = 0$$

$$u_1(0_+) = U_S = 10V$$

当 $t \to \infty$ 时，电容器将充满电，故此

$$u_1(\infty) = 0V$$

电路的时间常数

$$\tau = RC = 8 \times 0.25 = 2s$$

由三要素公式

$$u_1(t) = u_1(\infty) + [u_1(0_+) - u_1(\infty)]e^{-\frac{t}{\tau}}$$

得

$$u_1(t) = 0 + (10 - 0)e^{-\frac{t}{2}} = 10e^{-\frac{t}{2}}$$

再按照变压器的变电压关系，将初级电压折算到次级，同时注意到公共端并非同名端，次级电压标示的极性又与初级电压相同，故有负号出现。

$$u_2(t) = -\frac{1}{n}u_1 = -\frac{1}{2} \times 10e^{-\frac{t}{2}} = -5e^{-\frac{t}{2}}$$

【例 6-12】　在图 6-26a 电路中，理想变压器的变比为 4 : 1，求 $\dot{U}_1$、$\dot{U}_2$。

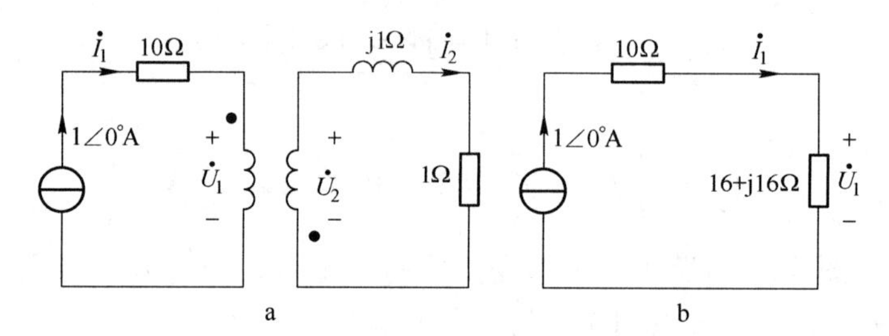

图 6-26　例 6-12 图

解： 首先把次级阻抗折算到初级

$$Z_{in} = n^2 Z_2 = 4^2 \times (1 + j1) = 16 + j16 = 16\sqrt{2}\angle 45°\Omega$$

于是得图 6-26b 所示的等效电路，由欧姆定律得

$$\dot{U}_1 = \dot{I}_1 Z_{in} = 1\angle 0° \times 16\sqrt{2}\angle 45° = 16\sqrt{2}\angle 45°$$

再将初级电压折算到次级，同时注意到公共端并非同名端，故 $\dot{U}_2$ 的极性与 $\dot{U}_1$ 相差 180°，公式中带有负号。

$$\dot{U}_2 = -\frac{\dot{U}_1}{n} = -\frac{16\sqrt{2}\angle 45°}{4} = -4\sqrt{2}\angle 45° = 4\sqrt{2}\angle -135°$$

【例 6-13】　图 6-27 所示为一个自耦变压器，这是一种只由一个线圈构成，而在线圈的中间引出一个抽头做次级输出端的变压器，在实验室里和一些电子电路中都很常见。线圈 a 与 c 间的总匝数就是初级匝数 N_1，中间抽头 b 与公共端 c 之间的匝数就是次级匝数 N_2。已知各端电压和负载电阻如图所示，试求各电流的相量式。

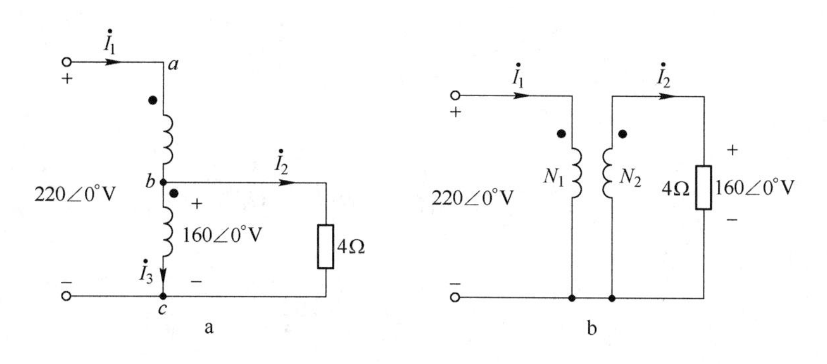

图 6-27　例 6-13 图

解：由理想变压器的变比关系得

$$n = \frac{N_1}{N_2} = \frac{220}{160} = 1.375$$

仅对于负载端来说，其 VCR 的相量关系等效为相量模型图 6-27b，由此得

$$\dot{I}_2 = \frac{160\angle 0^\circ}{4} = 40\angle 0^\circ\ \mathrm{A}$$

再由变流关系得

$$\dot{I}_1 = \frac{\dot{I}_2}{n} = \frac{40\angle 0^\circ}{1.375} = 29.091\angle 0^\circ\ \mathrm{A}$$

由图 6-27a KCL 得

$$\dot{I}_3 = \dot{I}_1 - \dot{I}_2 = 29.09\angle 0^\circ - 40\angle 0^\circ = -10.91\angle 0^\circ\ \mathrm{A}$$

这里我们看到，在公共线圈上流过的实际电流是初、次级电流之差，作为电力变压器使用时，可以节约有色金属的用量。

【例 6-14】　试求图 6-28 的等效电阻 R_{ab}。

解：由变比关系得

$$u_2 = \frac{u_1}{n} = \frac{1}{2}u_1 = \frac{1}{2}u$$

在对图 6-28 的各点电位比较得

$$i_3 = \frac{u - u_2}{4} = \frac{u - \frac{1}{2}u}{4} = \frac{1}{8}u$$

$$i_4 = \frac{u_2}{2} = \frac{1}{2} \times \frac{1}{2}u = \frac{1}{4}u$$

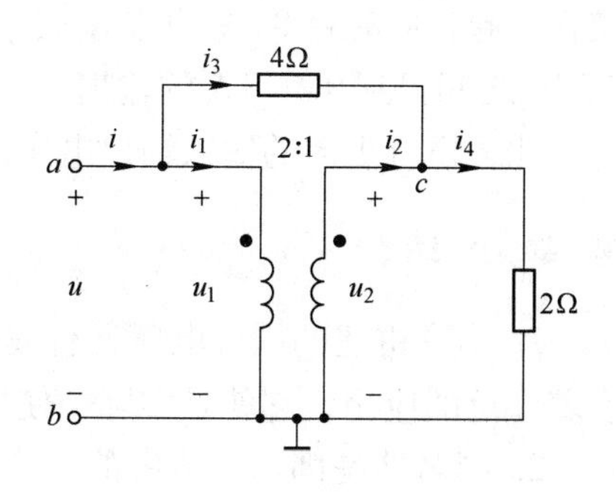

图 6-28　例 6-14 图

由 KCL 得

$$i_2 = i_4 - i_3 = \frac{1}{4}u - \frac{1}{8}u = \frac{1}{8}u$$

由变流关系得

$$i_1 = \frac{i_2}{n} = \frac{1}{2} \times \frac{1}{8}u = \frac{1}{16}u$$

由 KCL 得

$$i = i_1 + i_3 = \frac{1}{16}u + \frac{1}{8}u = \frac{3}{16}u$$

于是得等效电阻

$$R_{\text{ab}} = \frac{u}{i} = \frac{u}{\frac{3}{16}u} = \frac{16}{3}\Omega$$

【例 6-15】 多线圈变压器是在家电设备等电子电路中最常见的一种电源变压器形式，它可以不同线圈的串并联，灵活地实现多种电压等级的输出。初、次级线圈额定电压如图 6-29 所示，各线圈的额定电流均为 1A，试分别说明实现下列要求的接线。

（1）电源 220V，次级 24V，1A。

（2）电源 110V，次级 12V，2A。

（3）电源 220V，次级 9V，1A。

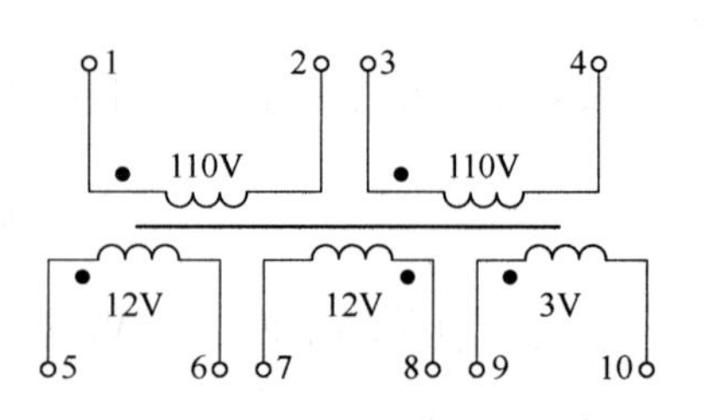

图 6-29　例 6-15 图

解： 利用同名端知识可以方便地解决这类问题，当我们将初级线圈接到额定电压上，次级的两个线圈的异名端连接起来，在另外两端输出时，输出电压就是两个线圈额定电压之和，称为顺串；反之为反串，反串得到的是两个线圈额定电压之差。

对于问题（1），必须将 2、3 两端连接在一起，同时将 6、8 也连接在一起，再将 1、4 两端连接到 220V 电源上时，就可以在 5、7 之间得到 24V、1A 的输出了；

对于问题（2），可以任意选择初级的两个线圈之一接到 110V 电源上，次级将 5 与 8、6 与 7 并联起来，就可以在两个并联点之间得到 12V、2A 的输出了；

对于问题（3），只有在次级采取反串的连接方式才能达到要求，必须将 2、3 两端连接在一起，同时将 8、9 也连接在一起，再将 1、4 两端连接到 220V 电源上时，就可以在 7、10 之间得到 9V、1A 的输出。

此题还有更多的输入输出电压可以实现，读者可以自己列出。

本 章 小 结

1. 本章讲述的耦合电感元件是线性电路中一种主要的多端动态元件，在实际电路中有着广泛的应用，它就是实际中使用的空芯变压器。

2. 同名端是耦合电感中的一个重要概念，它在列写伏安关系及去耦等效中的作用是非常重要的，只有知道了同名端，并设出电压、电流参考方向的条件下，才能正确列写

$u-i$ 关系方程，也才能进行去耦等效。

3. 理想变压器是实际铁芯变压器的理想化模型，它是满足无损耗、全耦合、参数无穷大三个理想条件的另一类多端元件。它的初、次级电压电流关系是代数关系，因而它是不储能、不耗能的即时元件，是一种无记忆元件。

变压、变流、变阻抗是理想变压器的三个重要特征，其变压、变流关系式与同名端及所设电压、电流参考方向密切相关，应用中只需记住变压与匝数成正比，变流与匝数成反比，至于变压、变流关系式中应是带负号还是带正号，则要看同名端位置与所设电压电流参考方向，不能一概而论盲目记住一种变换式。

习题与思考题

6-1 两耦合线圈的电感为 $L_1=0.1\text{H}$，$L_2=0.4\text{H}$，互感系数 $M=0.1\text{H}$，求耦合系数 K。

6-2 如图 6-30 所示的四个互感线圈，试写出各个线圈的 U_1 表达式和 U_2 表达式。

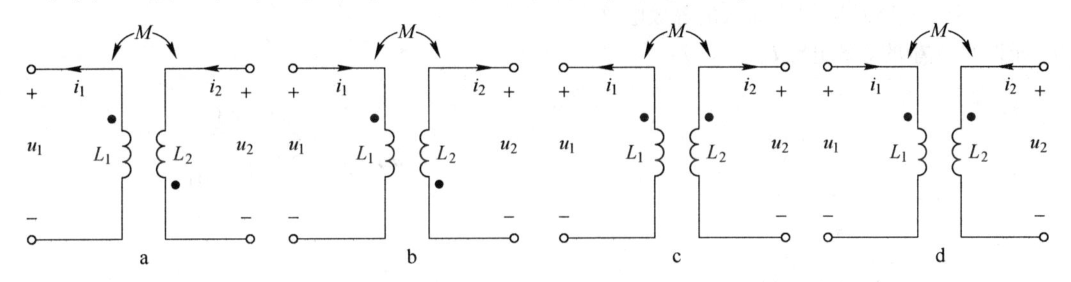

图 6-30 题 6-2 图

6-3 求图 6-31 中串联线圈的等效电感。

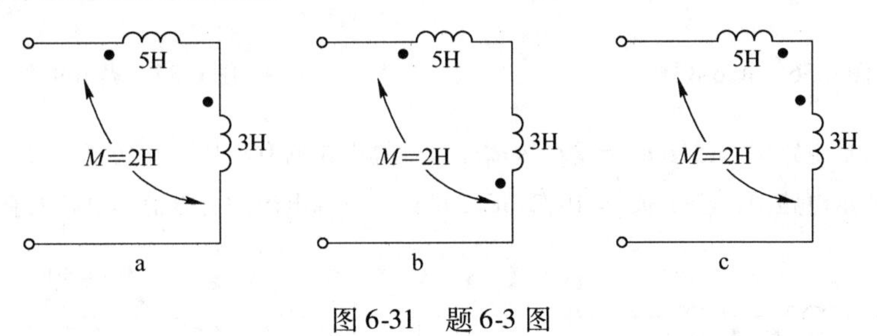

图 6-31 题 6-3 图

6-4 求图 6-32 中两线圈 ab 间的等效电感。

6-5 在图 6-33 中，两互感线圈作不同连接，已知不同连接的等效电感分别为 $L_{aba}=60\text{mH}$，$L_{abb}=100\text{mH}$，

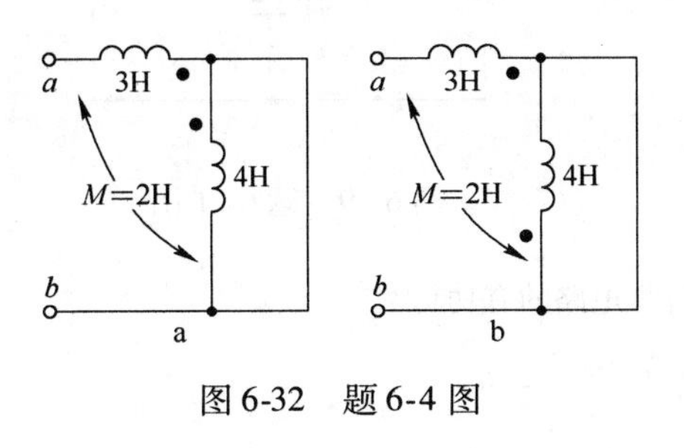

图 6-32 题 6-4 图

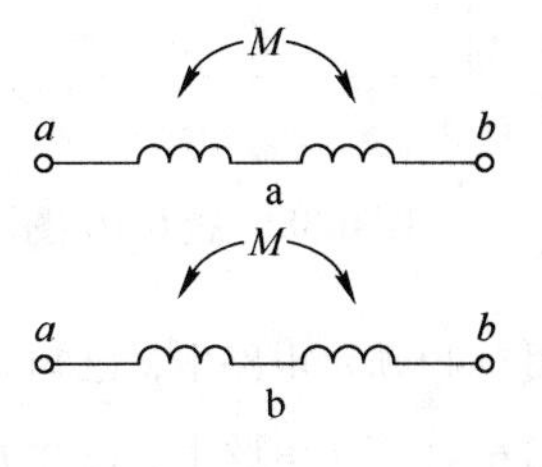

图 6-33 题 6-5 图

试求互感系数 M，并说明图 6-33a、b 中哪个是顺串，哪个是反串。

6-6　在图 6-34 中，分别求出开关 S 打开和闭合两种情况下的等效电感。

6-7　在图 6-35 所示电路中，已知图 6-35b 中 $M_1=4\text{H}$，$M_2=1\text{H}$，求从 ab 端看去的等效电感。

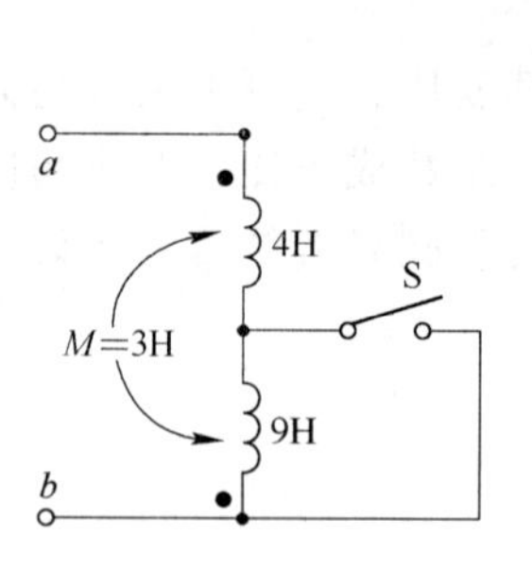

图 6-34　题 6-6 图

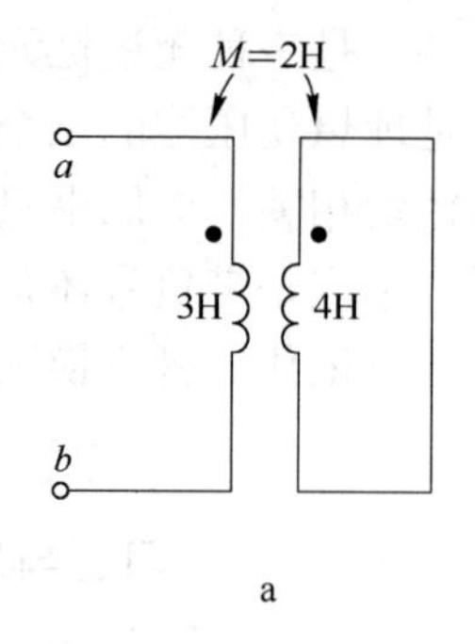

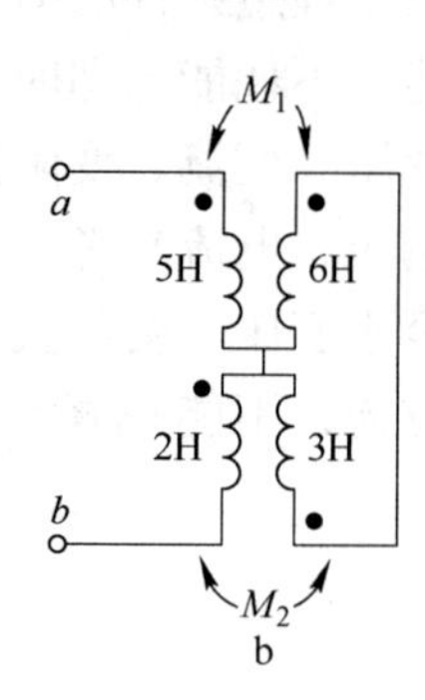

图 6-35　题 6-7 图

6-8　在图 6-36 所示电路中，以 bd 为公共端，试分别计算：（1）当 cd 短路时从 ab 端看去的等效电感；（2）当 ab 短路时从 cd 端看去的等效电感。

6-9　求图 6-37 中的等效电感 L_{ab}。

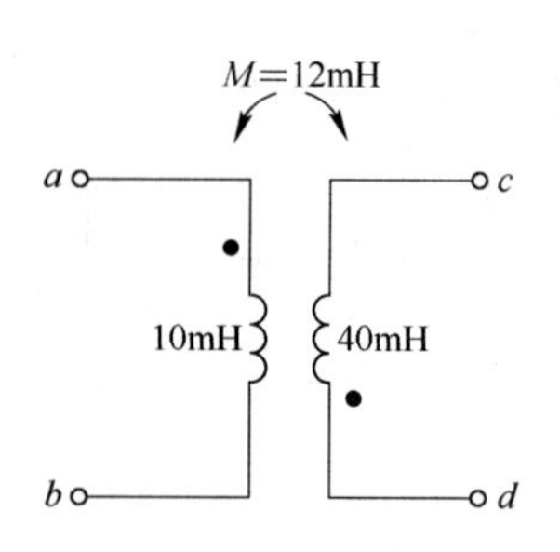

图 6-36　题 6-8 图

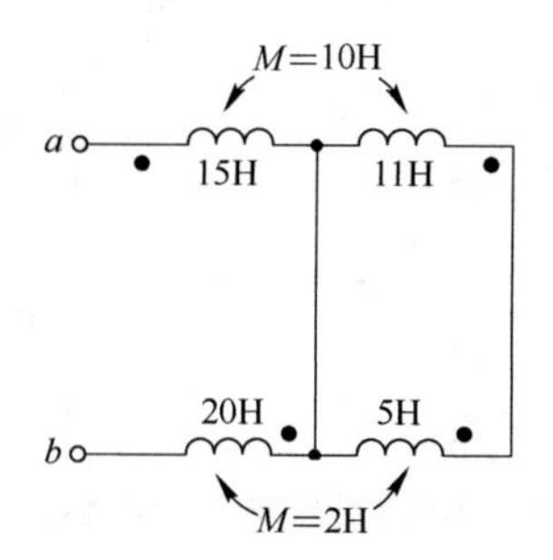

图 6-37　题 6-9 图

6-10　如图 6-38 所示电路中，已知 $u_{\text{S}}=20\sqrt{2}\sin 2t$，试计算电路的有功功率和功率因数。

6-11　如图 6-39 所示电路中，已知 $u_{\text{S}}=10\sqrt{2}\sin 2t$，试计算电源电流的有效值和电路的有功功率。

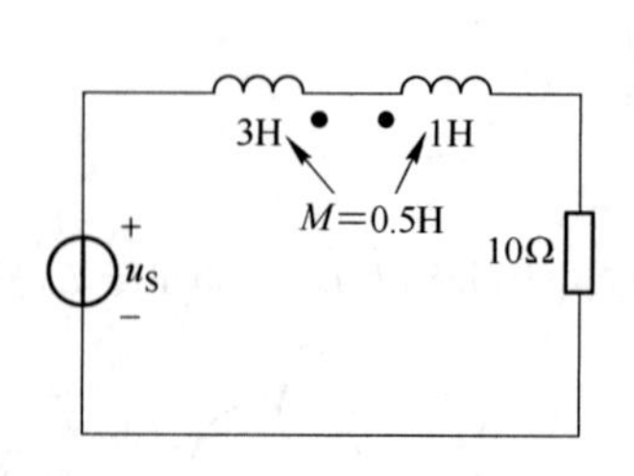

图 6-38　题 6-10 图

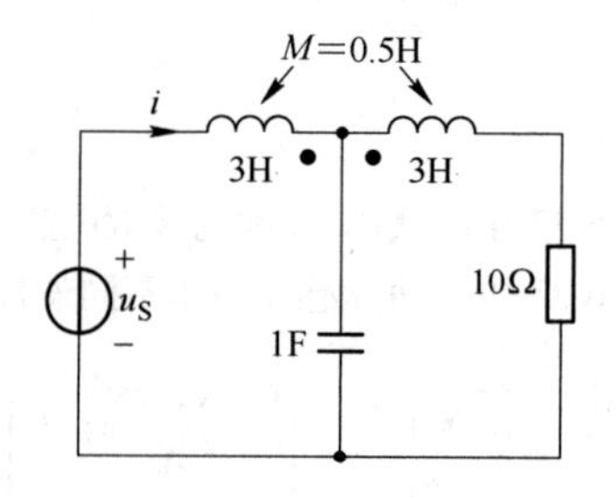

图 6-39　题 6-11 图

6-12　如图 6-40 所示电路中，已知 $u_{\text{S}}=50\sqrt{2}\sin t$，试计算电路的有功功率。

6-13　在图 6-41 所示电路中，已知 $\dot{U}_{\text{S}}=10\angle 0°$，求电流 $\dot{I}_2$。

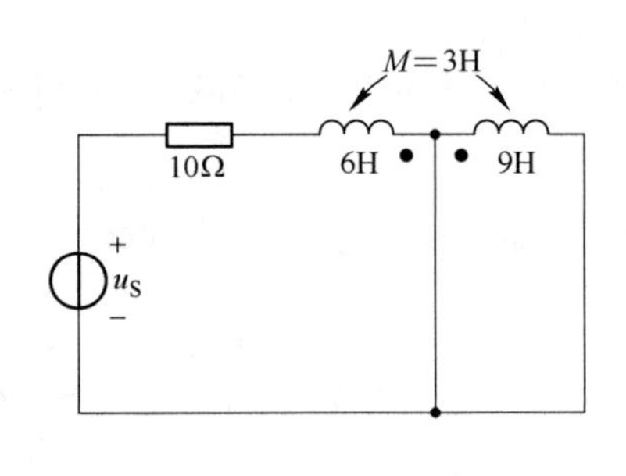

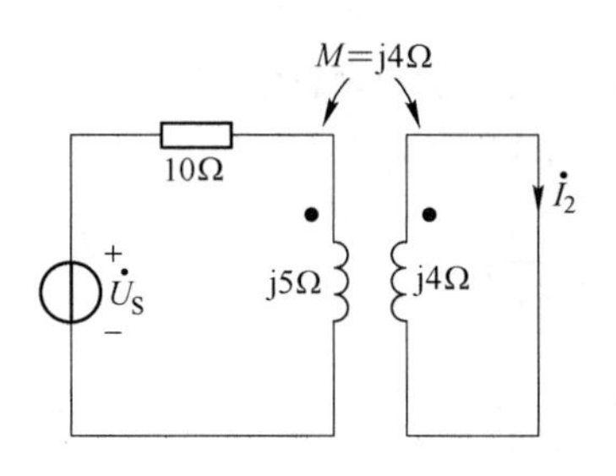

图 6-40　题 6-12 图　　　　图 6-41　题 6-13 图

6-14　如图 6-42 所示电路中，已知 $i_S = 10\sqrt{2}\sin t$，求开路电压 u_0。

6-15　图 6-43 中电路处于稳态，$t=0$ 时开关 S 由 1 合向 2，求 $t>0$ 时的 $i(t)$。

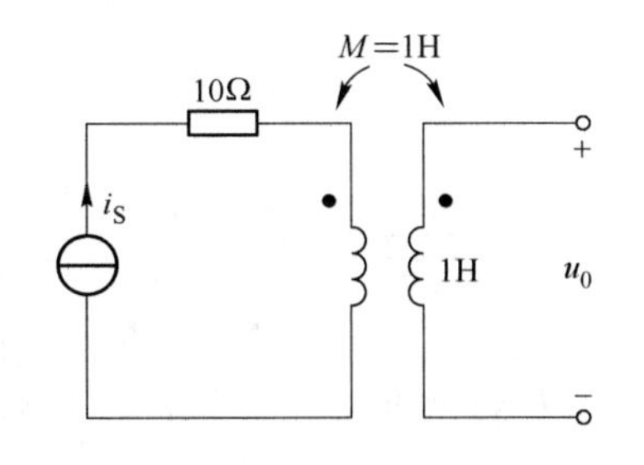

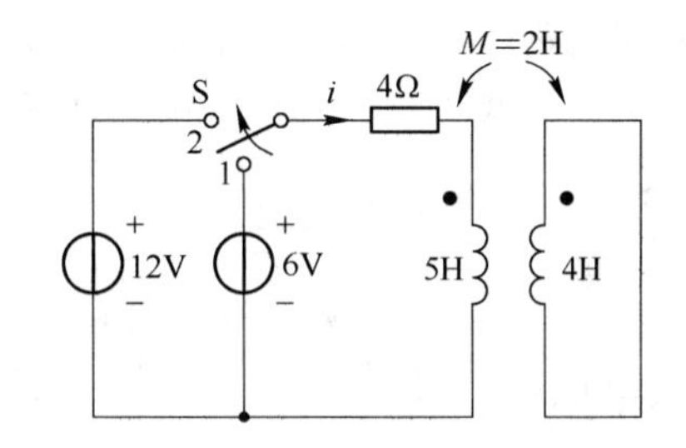

图 6-42　题 6-14 图　　　　图 6-43　题 6-15 图

6-16　图 6-44 电路含有理想变压器，已知电源，求 i_1、i_2 和 u_2 的解析式。

6-17　图 6-45 电路含有理想变压器，求 2Ω 电阻上消耗的功率。

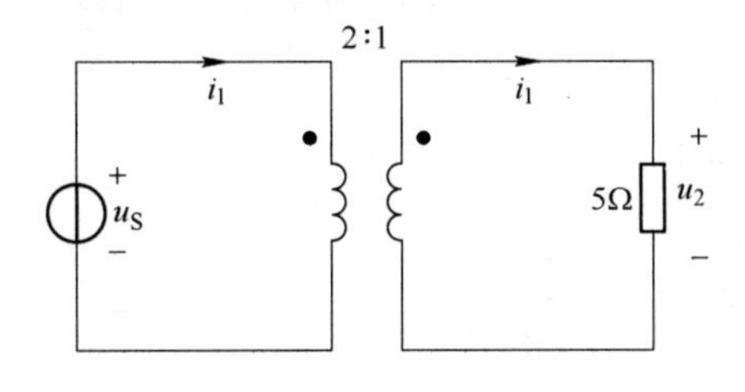

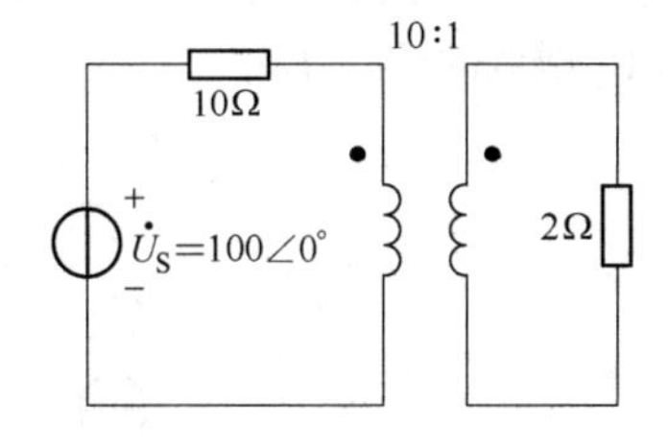

图 6-44　题 6-16 图　　　　图 6-45　题 6-17 图

6-18　在图 6-46 含有理想变压器电路中，求初级阻抗 Z_1。

6-19　在图 6-47 含有理想变压器电路中，求图示电流 $\dot{I}_1$ 和电压 $\dot{U}_2$ 的相量式。

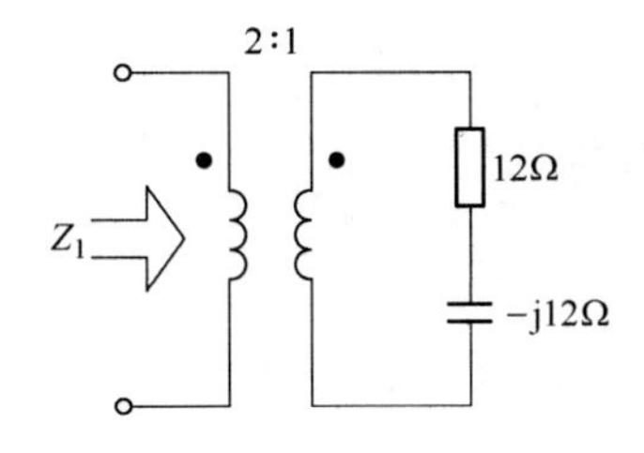

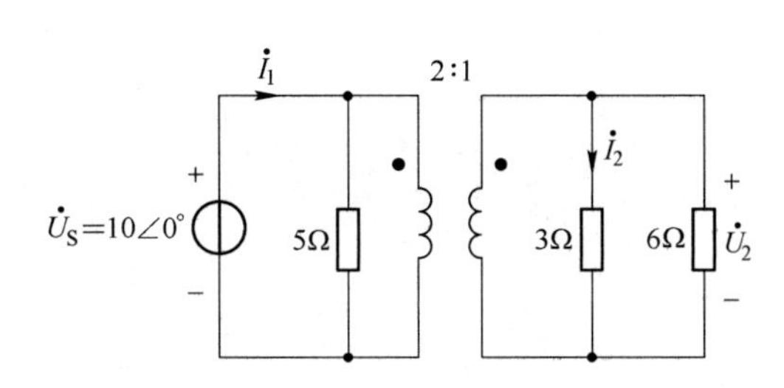

图 6-46　题 6-18 图　　　　图 6-47　题 6-19 图

6-20　在图 6-48 含有理想变压器电路中，求电容电压 $\dot{U}_C$ 的相量式。

6-21　图 6-49 电路含有理想变压器，负载 Z_l 可以任意改变，问 Z_l 取何值时，负载可以获得最大功率，并求此最大功率。

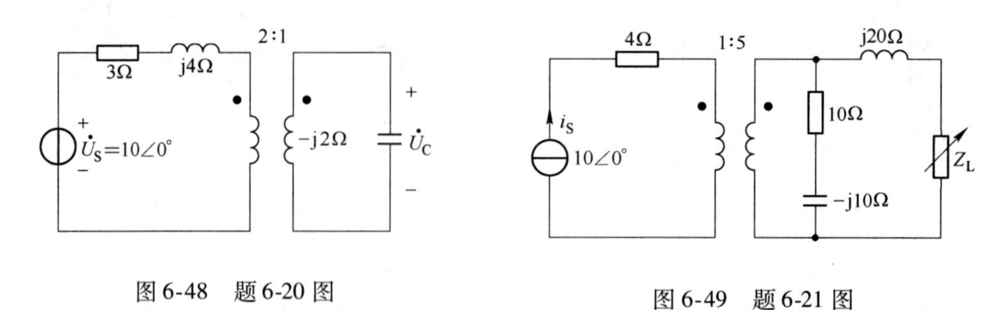

图 6-48　题 6-20 图　　　　图 6-49　题 6-21 图

6-22　图 6-50 电路含有两个理想变压器，试求 $\dot{I}_1$ 与 $\dot{U}_3$。

6-23　在图 6-51 理想变压器电路中电流表的读数是多少？

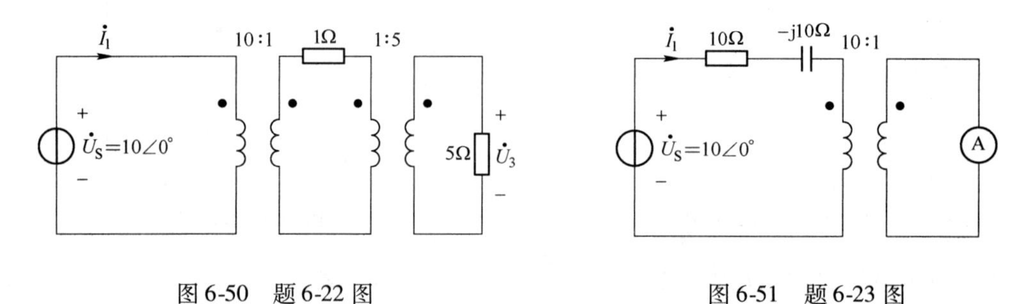

图 6-50　题 6-22 图　　　　图 6-51　题 6-23 图

6-24　在图 6-52 理想变压器电路中，为使负载 R_l 获得最大功率，理想变压器的匝数比 n 应为多少？并求出 RL 吸收的最大功率。

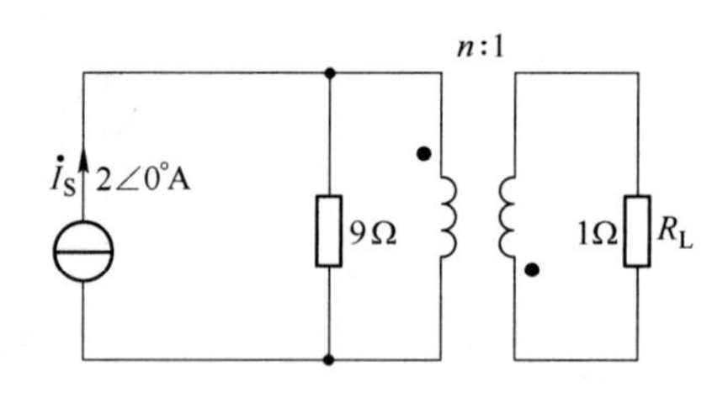

图 6-52　题 6-24 图

附录　电路原理课程实验

电路原理是一门实践性很强的专业基础课程，课堂教学都应该辅以必要的实验环节。通过实验，学生可以深化对所学理论知识的理解，进一步巩固学到的知识；通过实验环节还可以训练学生的基本技能，使学生掌握常见电气测量仪器与仪表的使用方法；实验过程还可以培养学生实事求是、一丝不苟的科学态度，提高独立分析问题和解决问题的能力。

为了做好每个实验，要求在实验前必须认真学习与实验相关的内容，在实验过程中仔细观察与思考，真实做好数据记录，实验结束后完整地写出实验报告，以期达到教学目的。

为安全、完善地做好每个实验，学生在实验前还应该注意以下事项：

（1）开始实验前要检查所用的仪器设备是否齐全、完好，并能满足实验要求。

（2）熟读实验电路，找准每个元件的安装位置，接线后要认真检查是否有误，有无断线和短路，并经教师检查认可后方能通电实验。

（3）在实验进行中，如发现有异常气味和异常现象时，应及时切断电源并报告老师，查明故障并排除后，方可继续实验。

（4）测量数据调整接线和交换仪器时，要认真仔细，注意安全，使用 50V 以上电压进行实验时，必须遵守安全操作规程，防止发生触电事故。

（5）实验结束后，必须先切断电源后才能拆线，将所有器材和元件复归原位，清理完毕方可离开。

实验一　常用仪器仪表的使用方法

一、实验目的与要求

（1）认识和熟悉电路原理实验台，学会正确使用台上直流稳压电源、交流电源、信号发生器；学习万用表、示波器的使用方法。

（2）掌握电子元器件的测试方法。

二、实验主要仪器与设备

（1）电路原理实验实训台。

（2）万用表。

（3）示波器。

（4）电阻元件若干。

三、实验内容和步骤

1. 万用表（指针式）的使用

（1）挡位的认识：万用表具有电阻挡 Ω、直流电压挡 $\overline{\mathrm{V}}$、交流电压挡 $\tilde{\mathrm{V}}$、直流电流挡

$\bar{I}$。各个挡位具有多种量程，使用时要根据测量对象和其大小选择适当的挡位与量程，通常以表针偏移到中间位置时为最佳挡位，此时的测量值是最接近真实的。

（2）表笔：红表笔应该插入标示“+”的插孔，黑表笔应该插入标示“-”的插孔。

（3）电阻值的测量：挡位开关拨到“Ω”的期间，选择适当量程挡位后必须先进行“调零”操作，方法是短接两只表笔的同时调节欧姆调零旋钮，使表针指到零点。测量时注意两手不要同时接触电阻，防止人体电阻的影响。

（4）直流电压的测量：挡位开关拨到“$\bar{V}$”的期间，量程大于被测量电压的最大值，对实验台上直流稳压电源的输出电压进行测量，表笔的正负极性应该与电源极性相符。

（5）万用表使用完毕，应该将挡位开关拨到交流电压的最高挡，以防下次使用时损坏万用表，同时也不会消耗内置电池的能量。

2. 直流稳压电源的使用

（1）合上实验台电源开关，选择一台0～24V直流稳压电源并合上其开关，调节输出值旋钮，使其输出电压分别为2V、4V、8V、12V、16V、24V，观察台上仪表指示。

（2）用万用表对上述电压进行测量并比较测量误差，分析误差原因。

3. 低频信号发生器的使用

（1）合上低频信号发生器电源开关。

（2）选择正弦波、三角波或矩形波之一输出插座，将实验电路的信号输入端插入。

（3）调节幅度旋钮观察输出振幅的相应仪表指示。

（4）调节频率旋钮观察输出频率的相应仪表指示。

4. 示波器的使用

（1）在熟悉示波器面板上各个旋钮作用的基础上，开启电源，尝试性地调节辉度、聚焦、X轴位移和Y轴位移，将触发极性开关和扫描速度“t/div”以及电平、稳定度等旋钮置于适当位置，使荧光屏上出现一条平稳而清晰的扫描亮线。反复练习上述操作，达到熟练程度。

（2）观测正弦波信号。将Y输入耦合方式开关置于“AC”，选择信号发生器的正弦波信号输出0.2V，1kHz的信号，经示波器探头输入Y轴，再根据被测信号的大小与频率，合理选择Y轴衰减和X轴扫描速度“t/div”的挡位，并调节电平旋钮，使荧光屏上出现2～3个稳定的正弦波时，读出被测正弦波信号的峰值。

（3）周期的测量。首先对示波器扫描速度进行校准，使扫描微调处于校准位置上，量程由X轴的扫描速度开关“t/div”来确定，然后将被测正弦波信号输入Y轴，调节相关旋钮，使荧光屏上出现1～2个稳定的波形时，读出一个周期所占的格数，该格数乘以扫描速度“t/div”所指的时间数即为所测波形的周期。

（4）观测矩形波、锯齿波等波形。选择信号发生器的矩形波、锯齿波等波形调节一个任意的输出频率和幅度，重复用（2）、（3）的方法测量出被测波形的幅值和周期。

四、实验报告

（1）简要说明万用表测量电压和电阻的不同使用方法。

（2）简要说明示波器使用时，需要调节哪些旋钮来使波形清晰、亮度适中、波形稳定而完整。

（3）说明示波器测量交流信号频率的方法。

实验二　基尔霍夫定律的验证

一、实验目的

（1）验证基尔霍夫电流定律 KCL 和基尔霍夫电压定律 KVL。
（2）加深对电压、电流参考方向的理解。
（3）建立理论联系实际的思想观点，提高实际动手能力。

二、实验的主要仪器和设备

（1）电路原理实验实训台、直流稳压源。
（2）万用表。
（3）直流电流表、直流电压表。
（4）电阻元件若干。

三、实验内容与步骤

1. 基尔霍夫电流定律 KCL 的验证
（1）按附图 1 接好电路。

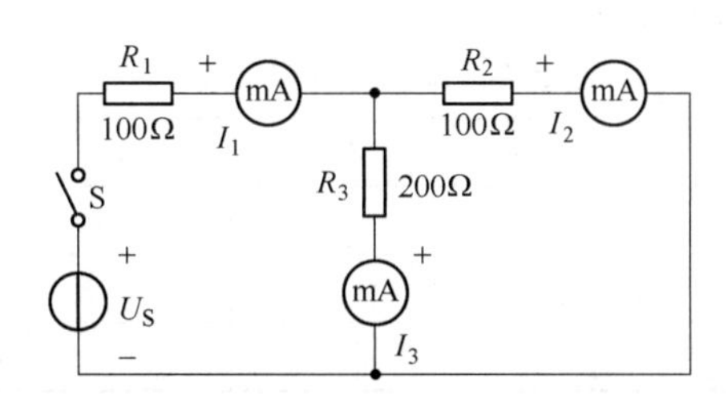

附图 1　电流定律实验电路

（2）选择直流稳压源 12V 电压连接到电路中的电源端。
（3）合上开关 S，测量并记录各电流表的读数 I_1、I_2、I_3 于附表 1 中。

附表 1　电流定律实验数据

电　流	$U_S=12V$		$U_S=9V$		平均误差
	测量值	计算值	测量值	计算值	
I_1					
I_2					
I_3					

（4）调节直流稳压电源为 9V 后，再次测量记录各电流表读数。
（5）理论计算 I_1、I_2、I_3 的数值比较实测误差，也填入表中。

2. 基尔霍夫电压定律 KVL 验证

（1）按附图 2 连接电路，并接入 $U_1=U_2=12\text{V}$ 的直流稳压电源，接通开关 S_1、S_2。

（2）用直流电压表或万用表直流电压挡依次测量各支路电压并记录。

（3）理论计算各支路电压和两个回路电压关系，比较误差。

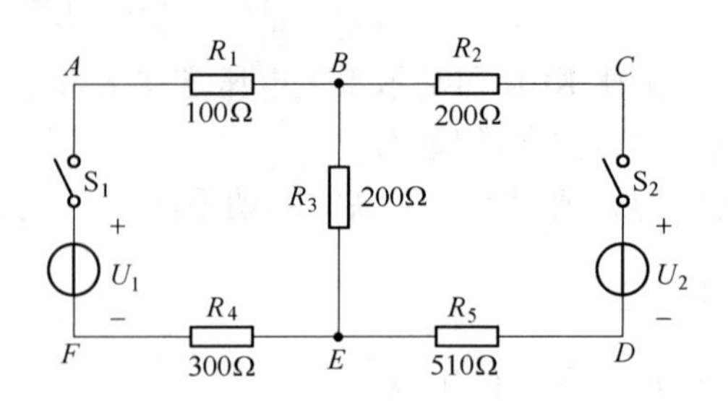

附图 2　电压定律实验电路

四、实验报告

（1）简述基尔霍夫定律的内容。

（2）依据附表 1 的数据验证基尔霍夫电流定律的正确性。

（3）依据附表 2 的数据验证基尔霍夫电压定律的正确性。

（4）找出测量误差，分析其原因。

附表 2　电压定律实验数据

电　压	U_{AB}	U_{BC}	U_{BE}	U_{EF}	U_{DE}	$\Sigma U_{ABEFA}=0$	$\Sigma U_{BCDEB}=0$
计算值							
测量值							
误　差							

实验三　戴维南定理的验证

一、实验目的

（1）通过实验证明戴维南定理。
（2）学会测量电源的内阻和开路电压的方法。
（3）实验证明负载获得最大功率的条件。

二、实验的主要仪器和设备

（1）电路原理实验实训台或直流稳压源。
（2）直流电流表、直流电压表。

三、实验内容和步骤

1. 按附图 3 连接好电路

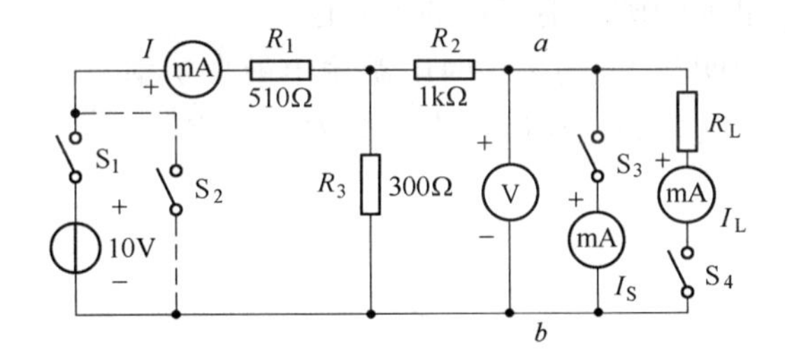

附图 3　验证戴维南定理

2. 测量开路电压和短路电流

（1）断开开关 S_2、S_3、S_4 后闭合开关 S_1，读出此时电压表的计数就是开路电压 U_0。
（2）闭合开关 S_3，读出此时电流表 I_S 的计数就是短路电流。
（3）断开开关 S_2、S_3，闭合开关 S_1、S_4，在不同的负载电阻下测量对应的电压和电流记入附表 3 中，计算各种负载下 R_L 获得的功率。

附表 3　戴维南定理实验数据

R_L/Ω	0	510	1.2k	1.5k	2k	∞
I/mA						
I_L/mA						
U/V						
P/W						

3. 测量并计算戴维南等效电源的内阻 R_0

（1）断开开关 S_2、S_3 后，闭合开关 S_1、S_4，读出电压表计数，利用公式 $R_0 = (U_0/U - 1)R_L$，计算出 R_0 的值。

（2）断开开关 S_1、S_3、S_4 后，闭合开关 S_2，用万用表欧姆挡直接测量 ab 间的电阻 R_{ab}，按照定义应有 $R_0 = R_{ab}$。

（3）应用测得的开路电压 U_0 与短路电流 I_S，按照公式 $R_0 = U_0/I_S$，计算 R_0 的值。

4. 戴维南定理的验证

选择一只与 R_0 阻值相等的 1.19kΩ 的电阻，按照附图 4 连接后接到与 U_0 相等的直流电源上，读出电流表的读数，并与附表 3 中 1.2kΩ 时的电流 I_L 对比，如果数值基本相同，则验证了戴维南定理的正确性。

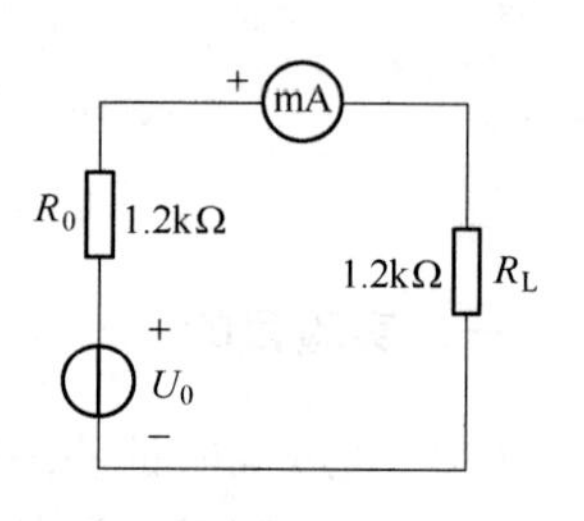

附图 4 戴维南定理的验证

5. 负载获得最大功率的条件验证

在第 3 步中测得 R_0 的数值，根据最大功率输出条件 $R_0 = R_L$，从附表 3 找到相应最大功率值，比较应用理论公式 $P_{max} = \dfrac{U_0^2}{4R_0}$ 计算的结果，从而验证最大功率传输定理。

四、实验报告

（1）由实验测量结果证明戴维南定理的正确性。

（2）根据实测数据说明当 R_L 为多大时电源输出最大功率。

（3）由附表 3 实测的功率数据绘制功率曲线 $P = f(R_L)$。

实验四　一阶电路的零输入响应和零状态响应

一、实验目的

（1）验证一阶电路的三要素对电路响应的影响。
（2）验证零状态响应。
（3）验证零输入响应。

二、实验主要仪器、设备和元件

（1）电路原理实验台或低频信号发生器。
（2）双综示波器。
（3）电容器、电阻若干。

三、实验电路与原理

认真学习第3章的相关内容，理解零输入响应和零状态响应，理解三要素公式的基础上，容易理解在附图5a中当开关合上1的位置时，电路处于零状态响应，此时应有 $u_C(t) = u_0(1 - e^{-\frac{t}{\tau}})$，电容电压的波形如附图5b所示，式中的时间常数为 $\tau = RC$。

在稳定状态下将开关从1合向2时，电路处于零输入响应，此时又应有 $u_C(t) = u_0 e^{-\frac{t}{\tau}}$。电容电压的波形如附图5c所示。

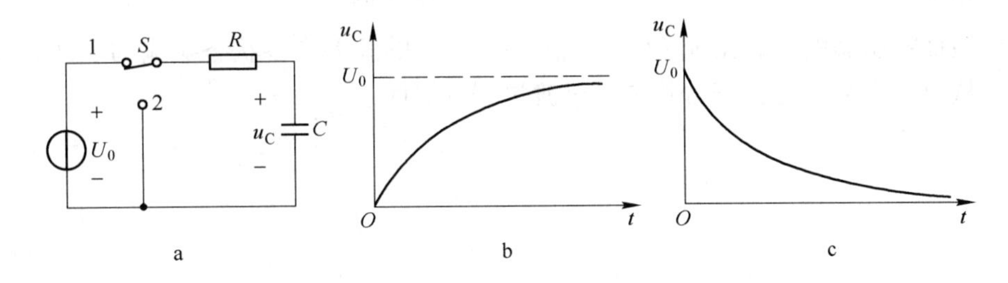

附图5　零输入响应和零状态响应原理图

四、实验的内容和步骤

（1）选择低频信号发生器的方波信号代替附图5中的电源与开关，在方波作用期间（0～T/2），相当于开关合上1的位置接通电源 U_0，而在方波间隔期间（T/2～T）相当于开关合在2的位置，在方波周期 $T > 10\tau$ 的条件下，可以认为每个方波周期下的零状态响应和零输入响应都可以基本结束，于是在双综示波器上可以观察出对应于方波条件下的零状态响应和零输入响应的波形。

（2）调整方波频率为 $f = 1\text{kHz}$，幅度 $U_0 = 5\text{V}$，分别按照附表4的参数选择电阻和电容，接成RC串联电路后分别观察各种情况的波形并记入表中。

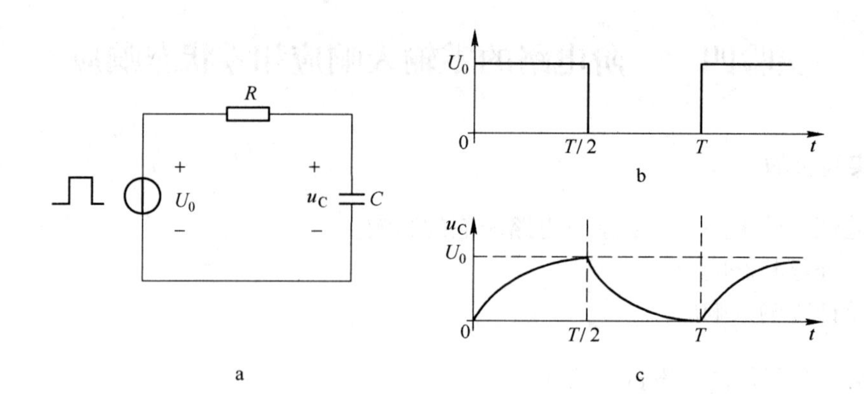

附图 6　零输入响应和零状态响应实验图

附表 4　零状态响应和零输入响应实验数据与波形

元件参数	R/kΩ	2.2	2.2	6.2	6.2
	C/μF	0.047	0.01	0.01	0.047
τ					
波形对比					

五、实验报告

（1）绘制零状态响应和零输入响应的相应波形于附表 4 中。

（2）验证零输入响应，由 $u_C(t) = u_0 e^{-\frac{t}{\tau}}$ 波形作零输入响应的定性分析。

（3）验证零状态响应，由 $u_C(t) = u_0(1 - e^{-\frac{t}{\tau}})$ 的波形作零状态响应的定性分析。

（4）从时间常数的变化来分析 τ 对过渡过程的影响。

实验五　日光灯电路

一、实验目的

（1）了解日光灯电路的工作原理，学会日光灯电路的接线。
（2）通过典型电路理解正弦 R、L、C 电路的电流电压的数值和相位关系。
（3）理解功率因数的意义和提高的方法。

二、实验主要仪器和设备

（1）电路原理实验台。
（2）交流电流表、万用表。
（3）老式 8W 日光灯。
（4）400V、2μF、1μF 电容器各一个。

三、实验内容和步骤

1. 日光灯电路接线

（1）按附图 7 电路将日光灯电路连接完好。

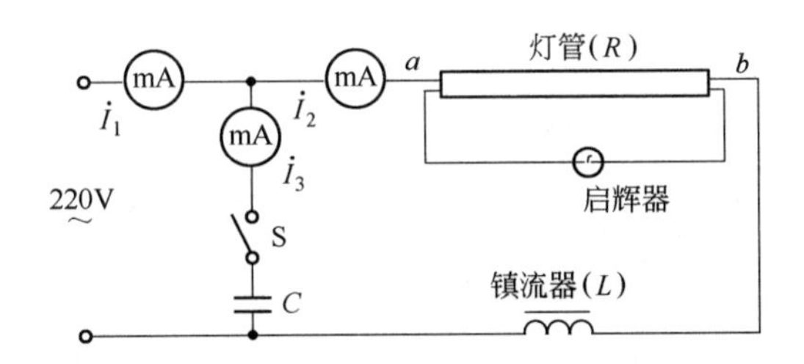

附图 7　日光灯实验电路

（2）认真检查接线的正确性，不允许有线头裸露，实验过程中一定要注意安全，防止触电。

2. 点亮日光灯并实测参数

（1）接通交流 220V 电源，点亮日光灯。

（2）在断开电容器开关 S 的条件下，测量记录各电流表的计数填入附表 5，用万用表测量日光灯两端电压 U_{ab}，镇流器端电压 U_{bc}和电源电压 U_{ac}并填入附表 5。

附表 5　日光灯电路参数

参　数	I_1	I_2	I_3	U_{ab}	U_{bc}	U_{ac}	S/VA	$\cos\varphi$
无电容								
$C=1\mu F$								
$C=2\mu F$								

3. *改善功率因数*

(1) 合上开关 S。观察电流表的变化情况测量记录各电流表的计数填入附表 5，用万用表测量日光灯两端电压 U_{ab}，镇流器端电压 U_{bc} 和电源电压 U_{ac} 并填入附表 5。

(2) 计算投入电容器前后的电路视在功率和功率因数并填入附表 5。

四、实验报告

(1) 绘制日光灯电路的接线图，说明日光灯的工作原理。

(2) 比较附表 5 中电流电压关系，说明 KCL 和 KVL 在交流电路中的形式。

(3) 说明提高功率因数的方法。

实验六　三相负载实验

一、实验目的

（1）理解三相电路的两种连接关系，学会相应的接线方法。
（2）验证对称三相负载作星形连接时的电压和电流关系，验证中性线的作用。
（3）验证对称三相负载作三角形连接时的电压和电流关系。

二、实验主要仪器和设备

（1）电路原理实验台或三相调压器。
（2）交流电流表5A六个、万用表或交流电压表500V一个。
（3）三相负载灯板25W九个。

三、实验内容和步骤

1. 三相负载的星形连接
（1）按照附图8完成接线。

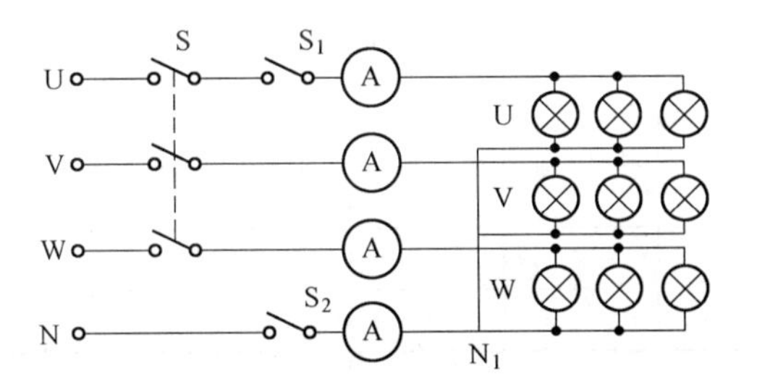

附图8　负载星形连接实验电路

（2）调节三相调压器输出线电压220V后，合上三相开关S。
（3）按照附表6的几种状态测量相应电压和电流记入表中，分析比较在负载对称与不对称的情况下中线的作用。

附表6　三相星形负载的实验数据

内　容		I_U	I_V	I_W	I_N	U_{UN}	U_{VN}	U_{WN}	U_{N_1N}
负载对称	S_2 闭合								
	S_2 断开								
负载不对称	S_2 闭合								
	S_2 断开								
S_1 断开	S_2 闭合								
	S_2 断开								

2. 三相负载的三角形连接

（1）按照附图 9 完成接线。

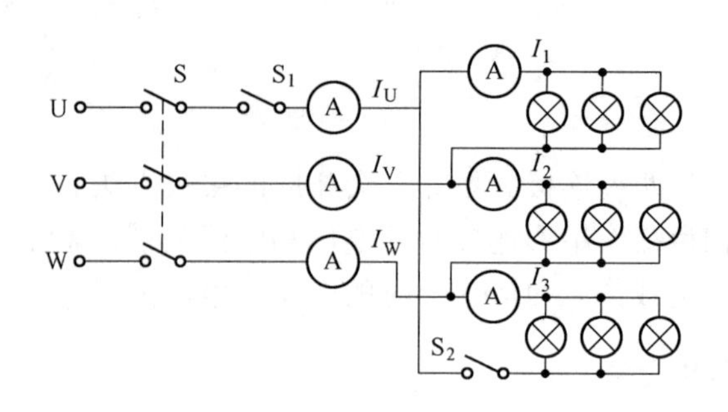

附图 9　负载三角形连接实验电路

（2）调节三相调压器输出线电压 220V 后，合上三相开关 S。

（3）按照附表 7 的几种状态测量相应线电压和相电压、线电流和相电流记入表中，分析比较在负载对称与不对称，电源掉相及负载掉相的情况下，电流与电压的变化情况。

附表 7　三相三角形负载的实验数据

内　容	I_U	I_V	I_W	I_1	I_2	I_3	U_{UV}	U_{VW}	U_{WU}
对　称									
不对称									
S_1 断开									
S_2 断开									

四、实验报告

（1）说明负载在两种情况下各相负载承受的电压情况。

（2）说明星形连接时当负载不对称时，满足三相电压平衡的条件，从而总结中线的作用。

（3）分析总结三角形连接时各种情况的电流与电压情况。

参 考 文 献

[1] 王仁道. 电路原理[M]. 北京：科学出版社，2004.
[2] 张永瑞，王松林. 电路基础教程[M]. 北京：科学出版社，2005.
[3] 曾令琴，李伟. 电工电子技术[M]. 北京：人民邮电出版社，2006.